LINGERIE PATTERN MAKING

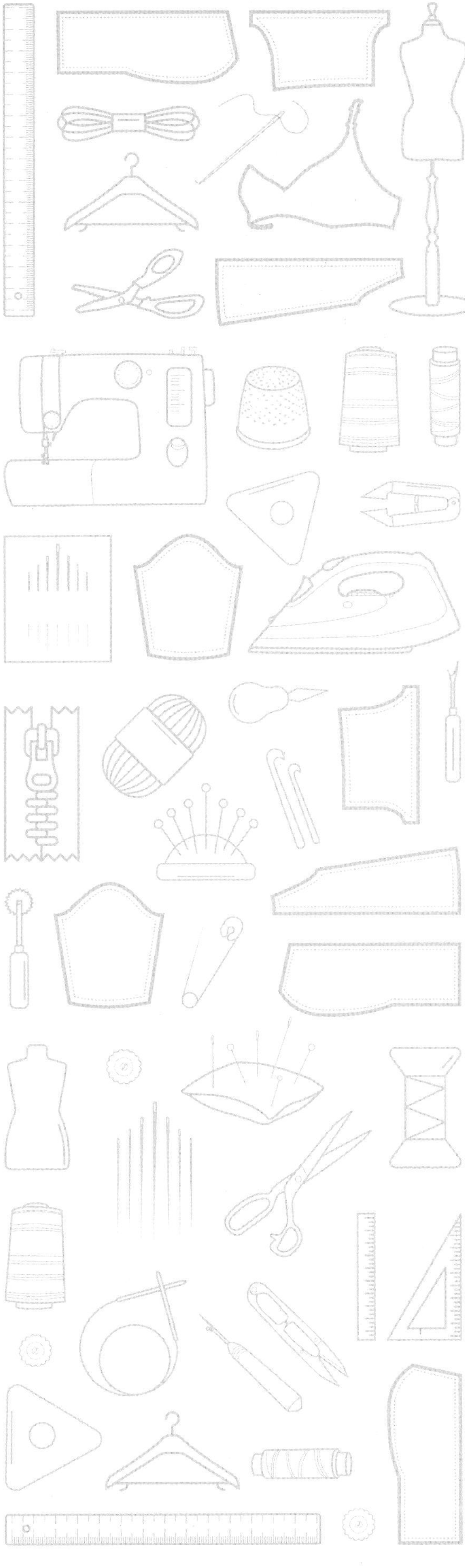

란제리
패턴메이킹

차수정 저

제1편 란제리 개요 | **제2편** 란제리 기본 원형
제3편 슬립 | **제4편** 잠옷 및 가운

예문사

서문

경제수준의 향상과 여성의 사회진출 증가로 패션에 대한 관심이 증가하며, 소비자의 패션 감각도 향상되고 있다. 이와 더불어 '진정한 패션 리더는 속옷을 잘 입는 사람이다'라는 말이 있을 정도로 란제리의 중요성 또한 높아지고 있다. 이는 같은 옷을 입어도 어떤 속옷을 입느냐에 따라 겉옷의 실루엣이 달라지기 때문이다. 체형의 단점을 커버해주고 몸매를 아름답게 만들어주는 속옷, 움직임이 편안한 속옷 등 란제리에 대한 소비자의 니즈가 높아지고 있다. 최근에는 여성뿐만 아니라 남성도 체형을 커버해주는 란제리에 관심을 갖기 시작하면서 란제리는 남녀노소 누구에게나 중요한 패션아이템으로 자리 잡고 있다.

이처럼 시대적인 변화에 따라 패션을 전공한 디자이너나 학생뿐만 아니라 일반인들 사이에서도 란제리에 대한 관심이 높아지며, 란제리 교육의 중요성 또한 증가하고 있지만 패션 관련 학과에서조차 체계적으로 정리된 교재가 부족한 실정이다. 특히 브래지어나 팬티, 거들 등의 파운데이션에 대한 교재는 몇 권이 출간되어 있으나 슬립, 가운, 파자마 등의 란제리에 대한 교재는 전무한 상황이다. 이에 본 교재에서는 파운데이션을 제외한 란제리 패턴 메이킹에 대한 체계적이고 실질적인 내용을 제시하고자 하였다. 다년간의 실무를 통해 터득한 란제리 패턴 메이킹에 대한 내용 및 노하우를 단계별로 알기 쉽게 정리하였으며, 이를 통해 란제리 관련 업체의 신입디자이너 및 패션전공 학생들의 실무에 대한 이해를 돕고자 하였다.

본 교재는 란제리 개요, 란제리 기본원형, 슬립, 잠옷 및 가운 등 총 4개 파트로 구성하였다. Part 1 란제리 개요에서는 란제리의 정의, 란제리의 종류, 란제리의 역사, 란제리의 소재 등 란제리에 대한 기초 이론을 다룬다. Part 2는 여성용 란제리 패턴 기본 원형과 남성용 란제리 패턴 기본 원형의 제도법을 자세히 설명하였다. Part 3은 풀슬립 패턴의 제도법과 그레이딩 방법, 캐미솔 패턴의 제도법과 그레이딩 방법에 대해서 단계별로 제시하였다. Part 4는 여성용 원피스 잠옷인 네글리제의 패턴 제도법을 소개하며, 네글리제 중 래글런 소매 네글리제, 돌만 소매 네글리제, 프릴 퍼프소매 네글리제의 제도법과 그레이딩 방법에 대해서 설명하였다. 그리고 여성용과 남성용 기본 파자마, 모시메리 파자마, 파자마 반바지, 여성용 로맨틱 파자마 등의 제도법과 그레이딩 방법을 제시하였다. 가운 패턴에서는 밴드 칼라 가운과 여성용 숄칼라 바스로브, 남성용 숄칼라 바스로브의 제도법과 그레이딩 방법을 설명하였다. 란제리의 기본이 되는 슬립과 네글리제, 파자마, 가운 등의 제도법을 알기 쉽게 단계별로 설명하였으며, 사이즈 그레이딩 방법까지 스타일별로 제시하여 란제리 패턴 제작 능력을 향상시킬 수 있도록 구성하였다.

본 교재를 통해 미래의 란제리 디자이너들이 실제적인 패턴 제도 능력을 함양하고 패션에 대한 열정과 흥미를 갖게 되기를 기대한다. 또한 본 교재의 장점에 여러분들의 노력이 더해져 우수한 디자이너로 거듭나기를 바란다. 마지막으로 이 책이 출판되기까지 도움을 주신 도서출판 예문사의 관계자분들께 진심으로 감사 인사를 전하고 싶다.

2017년 10월
저자 차수정

SUMMARY
알고가기

◀ **힙곡자(Hip curve measure)**

엉덩이선이나 밑단과 같이 완만한
곡선을 그릴 때 사용한다.

◀ **직각자(Square measure)**

35cm, 60cm의 변으로 된 직각자로,
직각선을 그리거나 축도치수를 계산
할 때 주로 사용된다.

직선자(Straight measure) ▲

직선을 그리거나 길이를 잴 때 사용.
플라스틱이나 알루미늄 제품이 있
으며 길이는 20cm, 30cm, 50cm,
60cm, 100cm 등 다양하다. 두께
가 얇고 눈금이 정확한 것이 좋으며,
inch와 cm가 함께 표시된 방안자도
있다.

▼ **축도자(Scale)**

실제 크기의 패턴을 축소하여 제도할 때
사용되는 자로, 노트에 옮겨 그릴 때 사
용한다. 한쪽은 1/4, 다른 한쪽은 1/5로
축도되어 있다.

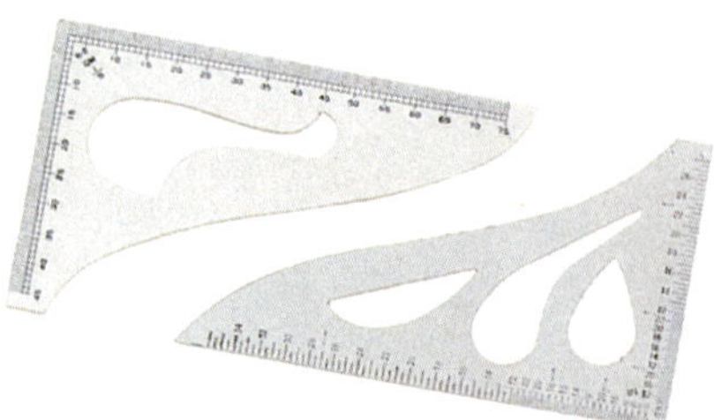

◀ **암홀자(Armhole measure)**

진동둘레, 목둘레, 칼라의 외곽선 등 특수한
곡선을 그릴 때 주로 사용된다. 프렌치 커브
(French curve)라고도 한다.

◀ 너처(Notcher)

패턴에 너치(Notch) 표시를 하기 위해 사용된다.

▲ 룰렛(Roulette, Tracing wheels)

제도한 것을 다른 종이에 옮기거나 안감에 표시할 때 초크 페이퍼를 대고 사용한다. 직물에 사용 시에는 휠이 너무 뾰족하지 않은 것을 사용하여 실이 끊어지지 않도록 한다.

▶ 컴퍼스(Compass)

원이나 선의 교차점 등을 찾을 때 사용된다.

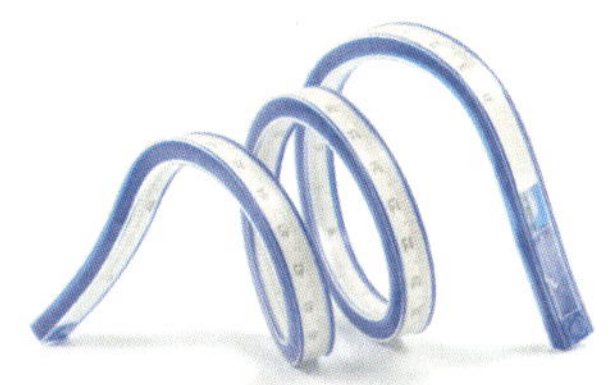

▲ 연필(Pencil)

필기용으로는 HB, 2H, H 연필을 사용하고, 제도 시에는 2B, 4B와 같이 심이 무른 것으로 준비하여 기초선은 연하게, 완성선은 진하게 그린다.

▲ 커브자(Curved measure)

곡선을 따라 구부릴 수 있는 자로 암홀이나 목둘레 등의 곡선부위 치수를 측정할 때 사용된다.

▶ 네임펜(Name pen)

빨강이나 파랑 등을 준비해서 제도 후 완성선을 표시하는 데 사용한다.

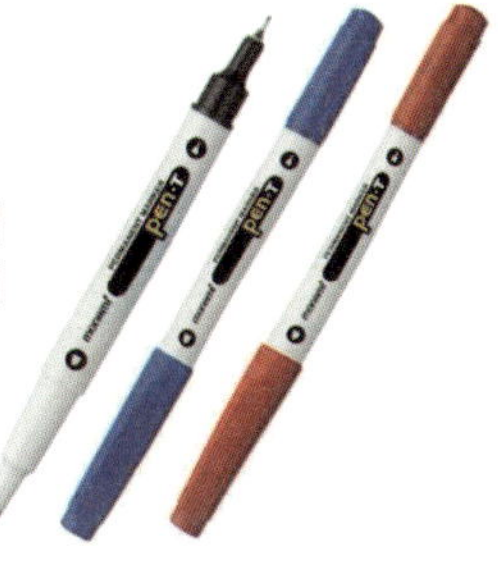

▼ 줄자(Tape measure)

인체의 치수를 측정하거나 곡선 부위를 재는 데 사용되는 테이프 형태의 자로, 너무 딱딱하거나 뻣뻣하지 않고 변화가 되지 않는 제품을 선택한다.

▲ 제도용지(Patternmaking Paper)

전지나 모조지를 주로 사용하는데 제도를 위해서는 일반적으로 70g의 용지가 사용된다.

▲ 매직테이프(Magic tape)

종이에 붙였다 떼어도 표시가 나지 않으며, 테이프 위에 연필선을 그릴 수 있는 테이프로 제도 시 유용하게 사용된다.

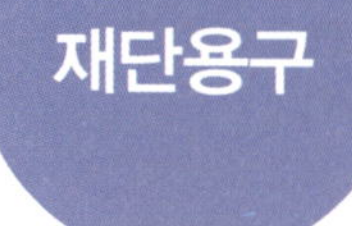

▼ 파라핀 초크(Paraffin Chalk)

파라핀으로 만들어진 초크로 열을 가하여 다리면 지워진다.

◀ 초크(Chalk)

흰색, 파랑, 빨강, 노랑 등 다양한 색깔이 있다. 선을 가늘고 뚜렷하게 그리기 위해서 칼로 깎으면서 사용하면 좋다.

▼ 재단가위(Scissors)

옷감 재단 시 사용하며 24cm, 26cm, 28cm, 30cm를 주로 사용한다. 제도용 종이가위와 구별해서 사용해야 가위의 수명이 길어진다.

◀ 핑킹가위(Pinking scissors)

옷감의 시접을 잘 풀리지 않도록 할 때나 장식용으로 사용한다. 자른 끝이 지그재그 모양이 되므로 지그재그 가위라고도 한다.

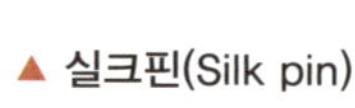

▲ 누름쇠(Paper Weight)

재단 시 패턴이나 옷감이 움직이지 않도록 고정시키기 위해 사용한다. 패턴을 옷감에 핀으로 고정시키는 과정을 생략할 수 있어 편리하다.

▲ 실크핀(Silk pin)

옷감에 패턴을 고정시키거나 두 장 이상의 옷감을 서로 맞추어 고정시키기 위해 사용된다. 가봉의 보정이나 입체재단 시에 사용된다.

▶ 송곳(Awl)

칼라의 끝이나 단 끝과 같이 뾰족한 부분의 모양을 다듬거나 겉감의 완성선을 안감에 옮길 때, 시침하거나 바느질한 실을 뽑을 때, 박은 땀 사이를 뜰 때 사용한다.

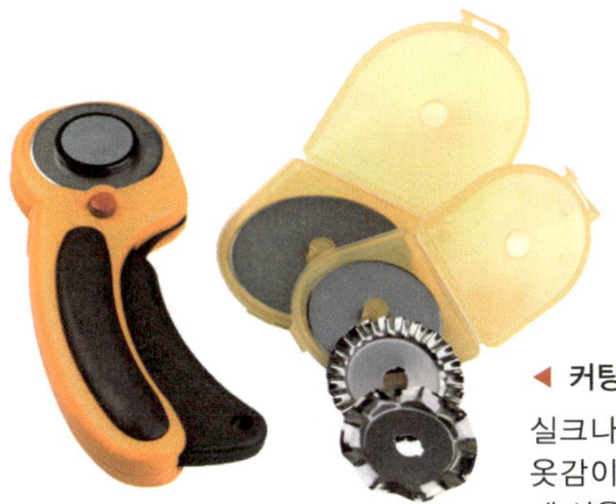

◀ **커팅휠(Cutting wheel)**

실크나 오간자와 같은 얇은 옷감이나 가죽 등을 재단할 때 사용한다.

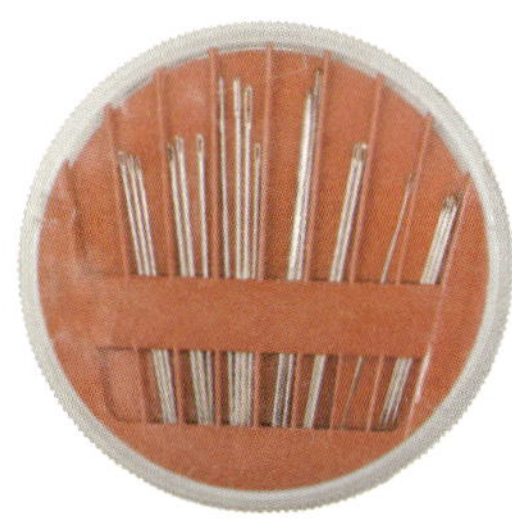

◀ **손바늘**

손바느질을 할 때 사용되며, 실의 종류 및 굵기에 따라 1~12호까지 다양한 바늘을 사용한다. 호수가 클수록 바늘이 가늘다. 1~5호는 두꺼운 옷감, 6~8호는 중간 두께의 옷감, 9~12호는 얇은 옷감에 사용한다.

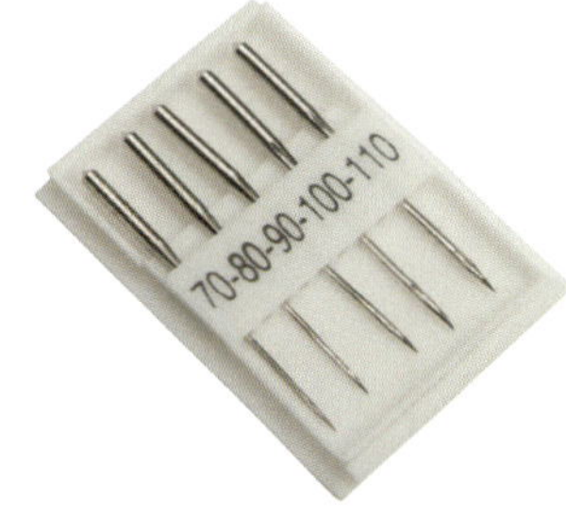

▲ **재봉틀 바늘**

공업용 · 가정용 · 특수용으로 나뉘며, 옷의 종류, 두께 등에 따라서 선택해야 한다. 재봉틀 바늘은 호수가 클수록 두꺼우며, 일반적인 면은 14호 바늘을 사용한다.

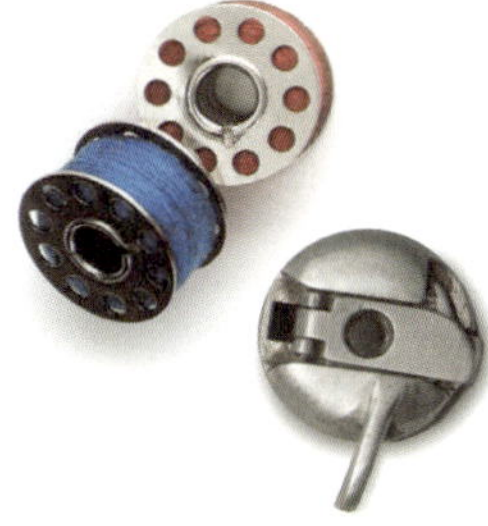

▶ **북/북집**

공업용과 가정용으로 나뉘며, 밑실을 감기 위해 사용된다.

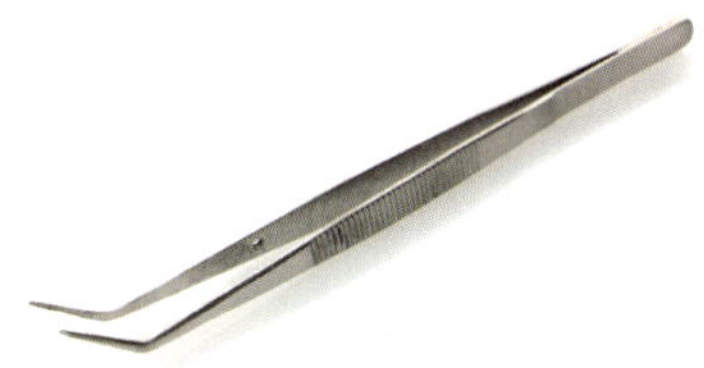

◀ **실**

실은 재료와 굵기에 따라 종류가 다양하다. 대체로 옷감과 같은 종류의 것을 선택하며, 색은 옷감보다 약간 짙은 것을 선택하는 것이 좋다.

▲ **쪽가위**

봉제 시 실을 자르거나 옷감 끝의 실밥을 제거할 때 사용한다.

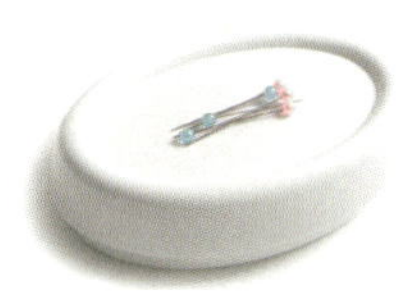

▲ **핀셋**

시침질이나 실표뜨기 한 실을 뽑을 때 사용하며, 맞물림이 정확하고 탄력성이 좋은 것을 선택한다.

▲ **자석**

바늘이나 핀 등을 정리할 때 사용한다.

▲ 외노루발

지퍼를 달 때 사용하는 노루발이다.

▲ 주름노루발

몸판이나 프릴 등에 주름을 잡기 위해 사용하는 노루발이다.

▲ 콘실지퍼 노루발

콘실지퍼를 달기 위해 사용하는 노루발이다.

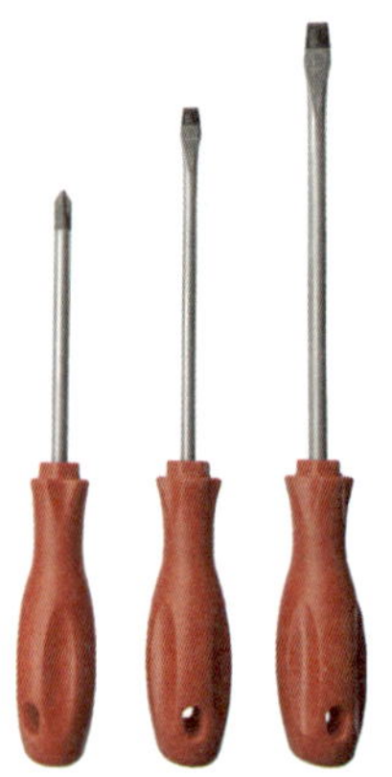

◀ 드라이버

노루발 또는 바늘을 교체할 때 사용한다.

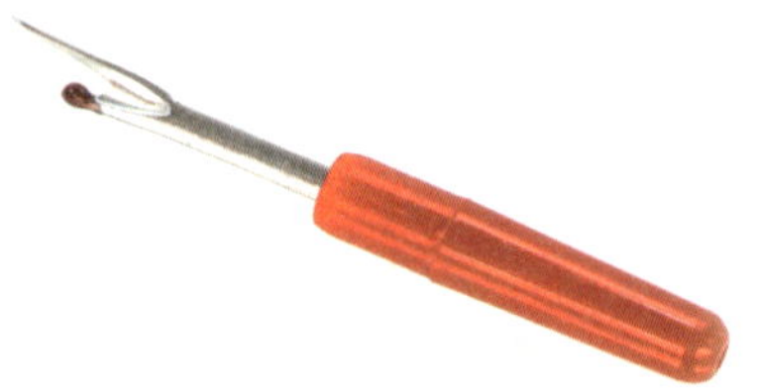

▲ 니퍼

실뜯개라고 하며, 박은 솔기 등을 뜯을 때 사용한다.

기타 용구

◀ 다리미

봉제 중간 및 마무리 단계에서 정리를 위해 필요하며, 주로 스팀다리미를 사용한다.

▲ 소매 다리미대

소매산과 목둘레, 바지통이나 좁은 솔기를 다림질할 때 주로 사용된다.

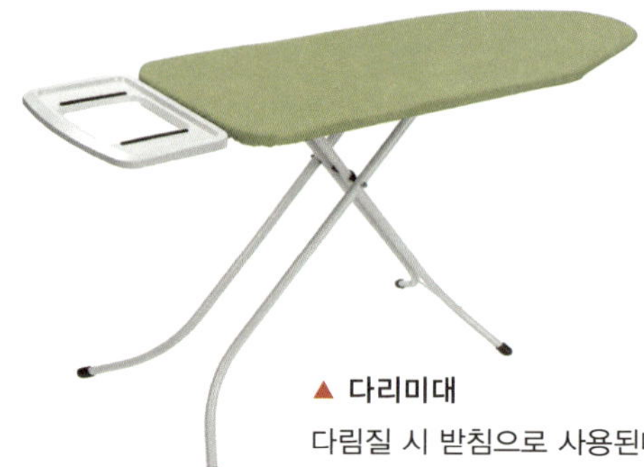

▲ 다리미대

다림질 시 받침으로 사용된다. 주로 광목 등의 천을 씌워 사용한다.

◉ 제도설계, 패턴 제작을 위한 기호 및 부호

의류 패턴의 표시기호는 한국산업규격(K0027)으로 규정되어 있으며 많은 기호와 부호가 있으나, 제도설계 및 패턴 제작 시에 주로 이용하는 기호에 대해서만 기술하였다.

기 호	항 목	기 호	항 목
	패턴 안내선, 기초선		맞춤 표시
	패턴 완성선		직각 표시
	선의 교차		주름 표시
	안단선		주름방향
	등분선, 등분 표시		단춧구멍 위치
	곬선 표시		단추 위치
	옷감의 결 표시 (식서 방향)		다트 표시
	바이어스 표시		털방향 표시
	늘림 표시		치수보조선
	오그림 표시		개더 표시

◉ 제도 용어

W(Waist Circumference)_허리둘레
N(Neck Circumference)_목둘레
B(Bust Circumference)_가슴둘레
H(Hip Circumference)_엉덩이둘레
HL(Hip Line)_엉덩이둘레선

WL(Waist Line)_허리둘레선
BL(Bust Line) _가슴둘레선
CF(Center Front)_앞중심
CB(Center Back)_뒤중심
SL(Shoulder Line)_어깨선

SS(Side seam) 옆선
FNP(Front neck point)_목앞점
SNP(Side neck point)_목옆점
BNP(Back neck point)_목뒤점

C O N T E N T S **목차**

MADE
WITH
LOVE
HAND MADE
WITH

PART

01

란제리 개요

란제리란?

란제리는 프랑스어(語)로는 랭주리(Lingerie)라고 한다. '린넨으로 만들었다'는 뜻인 랭주(Linge)에서 유래한 말이지만, 나일론 · 인조견 · 실크 등으로 재료가 다양해졌고 특히 수를 놓거나 레이스를 다는 등 화려하게 꾸며지고 있다. 란제리(Lingerie)는 내의 중 가장 장식성이 뛰어나고 겉옷의 바로 밑에 착용하여 겉옷의 실루엣을 보다 아름답게 보여주는 역할을 한다.

란제리의 종류

란제리는 착용목적과 기능에 따라 언더웨어(Underwear), 파운데이션(Foundation), 란제리(Lingerie)로 나눌 수 있다.

언더웨어는 피부에 직접 닿는 옷으로 체온을 조절하거나 땀 등의 분비물로부터 겉옷과 신체의 오염을 방지하는 목적으로 쓰이며 블루머(Bloomer), 브리프(Brief), 드로어즈(Drawers), 팬티(Panty) 등이 있다. 파운데이션은 '기초' 또는 '토대'라는 뜻으로 신체에 가장 밀착되어 몸매의 라인을 고정시켜주고 실루엣(Silhouette)을 아름답게 하는 역할을 한다. 파운데이션의 종류에는 브래지어(Brassiere), 거들(Girdle), 웨이스트 니퍼(Waist nipper), 보디슈트(Bodysuit), 가터벨트(Garter belt) 등이 있다. 란제리는 여성의 몸매 라인을 유지할 수 있도록 하는 파운데이션과는 달리 슬립(Slip), 캐미솔(Camisole)이나 홈웨어용 가운(Gown), 파자마(Pajama), 네글리제(Negligee), 페티코트(Petticoat) 등으로 속옷보다는 겉옷의 느낌을 주기 때문에 의복을 뜻하는 불어 '랑(Ling)'이 사용되는 것이다.

표 1-1 란제리의 종류

분 류	언더웨어(Underwear)	파운데이션(Foundation)	란제리(Lingerie)
착용목적	• 체온조절 • 분비물 흡수 • 생리위생	• 체형 보정 • 몸매라인 고정	• 의복의 실루엣 정리 • 겉옷의 형태
종 류	블루머, 브리프, 드로어즈, 팬티	브래지어, 거들, 웨이스트 니퍼, 보디슈트, 가터벨트	슬립, 캐미솔, 가운, 파자마, 네글리제, 페티코트

피부에 직접 닿는 옷으로 체온을 조절하거나 땀 등의 분비물로부터 겉옷과 신체의 오염을 방지하는 목적으로 착용하는 의복을 말한다.

 ## **01 언더웨어의 종류**

(1) 드로어즈(Drawers)

남자에게 착용되는 바지형 하의로, 몸에 꼭 맞는 사각 팬티 스타일이다. 보온과 흡수성이 주된 목적이며, 길이는 다양하다. 팬티의 기원인 드로어즈는 브레이즈(Braies)란 이름으로 12세기 후반 경부터 남자들에게 속옷으로 입혀진 것이 시초이며, 1910년 이후 현대에는 신축성 있어 신체에 밀착되는 스판덱스 원단을 사용하여 실용적·위생적인 기능의 형태로 변화하였다.

(2) 브리프(Brief)

브리프는 '짧은, 간결한'이란 뜻으로 밑아래에서 바짓가랑이가 전혀 없고 다리둘레에 꼭 맞는 짧은 속옷을 말한다. 주로 소재는 나일론, 레이온, 견, 메리야스 등을 사용하며, 타이트한 형태의 남성 팬티이다. 남성 하의 언더웨어 중 가장 기본이 되는 것으로 최근에는 허리를 약간 조여주고 힙업(hip up)을 시켜주는 거들 기능이 첨가된 브리프도 출시되고 있다.

(3) 블루머(Bloomers)

블루머는 1951년 블루머(Amelia Bollmer) 여사에 의해 만들어졌다. 여성이 입는 매우 풍성한 언더팬츠이며 발목을 매는 한복 바지와 비슷하게 생긴 여성용 바지로 타이트한 팬티 위에 입는 품이 넉넉한 속옷이다. 오늘날에는 심리적 안정감을 위해 스커트 안에 착용하여 활동성을 높이고 있으며, 캐미솔바지로도 불린다.

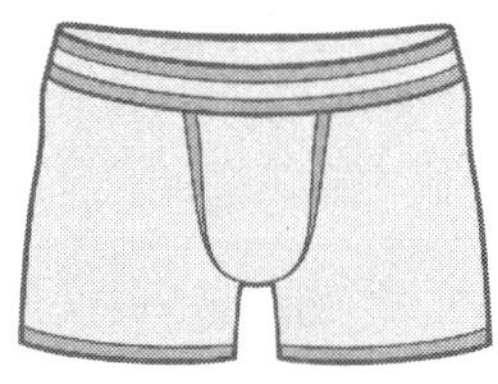

[그림 1-1] 드로어즈

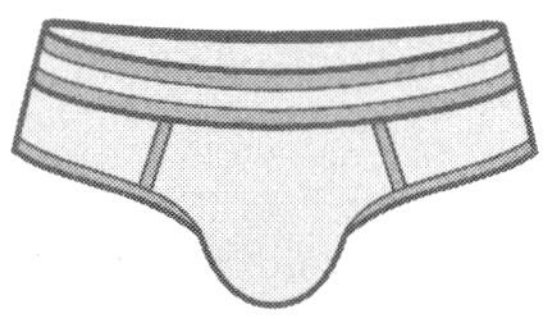

[그림 1-2] 브리프

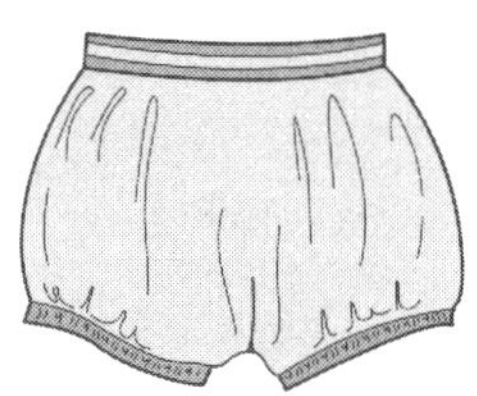

[그림 1-3] 블루머

(4) 팬티(Panty)

밑아래에서 바짓가랑이가 전혀 없고 다리둘레에 꼭 맞는 짧은 여성 속옷을 말하며, 여러 종류가 있으나 일반적으로 팬티(Panty)라고 한다. 팬티는 인체에 가장 밀착되는 속옷으로 위생상 밑면은 반드시 면으로 되어 있어야 한다. 팬티 스타일은 옆높이에 따라 그 종류를 분류할 수 있다.

탕가(Tanga)는 일명 T-Back이라 하며, 1cm 이내의 끈으로 연결된 팬티를 이른다. 비키니(Vikini)는 옆선 길이가 1~3.5cm인 팬티이다. 미니(Mini)는 옆선 길이가 3.6~7cm 사이이고 미디(Midi)는 7.1~10cm 사이이다. 맥시(Maxi)는 옆선 길이 10~15cm 사이의 팬티이다.

표 1-2 옆선 길이에 따른 팬티의 분류

종 류	옆선 길이	형 태
탕가(Tanga)	1cm 이내의 끈 형태	
비키니(Vikini)	1.1~3.5cm	
미니(Mini)	3.6~7cm	
미디(Midi)	7.1~10cm	
맥시(Maxi)	10.1~15cm	

표 1-3 팬티의 사이즈

표 1-3 팬티의 사이즈 (단위 : cm)

호 칭	90	95	100	105
엉덩이둘레	86~96	91~101	96~106	101~111

02 × 파운데이션(Foundation)

기초 또는 토대라는 뜻으로 신체에 가장 밀착되어 몸매의 라인을 고정시켜주고 실루엣(Silhouette)을 아름답게 하는 역할을 한다. 란제리가 기능보다 장식적 · 미적인 용도로 착용되는 것에 비해 파운데이션은 몸매의 라인을 만들 수 있는 기능이 강조되는 형태의 속옷이다. 체형을 가다듬고 몸 전체의 곡선을 보정하여 몸의 균형을 잡기 위한 기초 의류를 말한다.

01 파운데이션의 기능

(1) 밀착성(Fit)

몸에 밀착되면서 신축성이 좋아서 몸에 무리를 주지 않는 탄력이 있어야 한다. 몸에 꼭 맞으면서도 행동이나 인체생리에 방해가 되지 않을 정도로 적절히 조여 주는 피트성이 요구된다. 사이즈 체크를 통해 몸에 잘 맞게 갖춰 입으면 체형의 선을 항상 아름답게 유지할 수 있다.

(2) 서포트성(Support)

몸을 기분 좋게 감싸주는 지지력으로 몸을 받쳐 주어야 한다. 여성은 체내에 남성보다 많은 지방을 가지고 있다. 이러한 지방층은 근육에 비해 쉽게 처지고 조직이 느슨해지기 때문에 흔히 체형의 하수현상이 발생한다. 이러한 하수현상을 막고 신체를 지지해 주는 역할을 탄성 원단으로 만들어진 파운데이션이 하게 된다.

(3) 조형성(Form)

파운데이션은 입고 있는 여성의 몸매가 조형적인 균형에 맞도록 고려하여 만들어진다. 가슴의 위치와 높이, 허리의 위치와 힙의 높이, 허리와 힙의 조화 등 이상적인 여성의 체형으로서 가져야 할 황금 비율을 만들 수 있도록 하는 역할을 한다.

02 파운데이션의 종류

(1) 브래지어(Brassiere)

아름답고 균형 있는 상체를 만들기 위해 가장 중요한 것이 가슴이다. 등, 겨드랑이나 가슴 주변의 지방을 컵 안에 깨끗하게 정리하여 볼륨 있는 가슴선을 만들기 위해 브래지어를 착용한다.

또한 브래지어는 가슴을 아름답게 받쳐주고 컵 안에 모아주어 이상적인 유방의 모양을 유지할 수 있도록 하는 기능을 한다. 여성들의 가슴지방은 매우 부드럽고 유동적이라 쉽게 겨드랑이, 등, 팔뚝으로 빠져나갈 수 있기 때문에 체형에 맞는 디자인을 고르고 바른 방법으로 착용해야만 아름다운 가슴을 가질 수 있다.

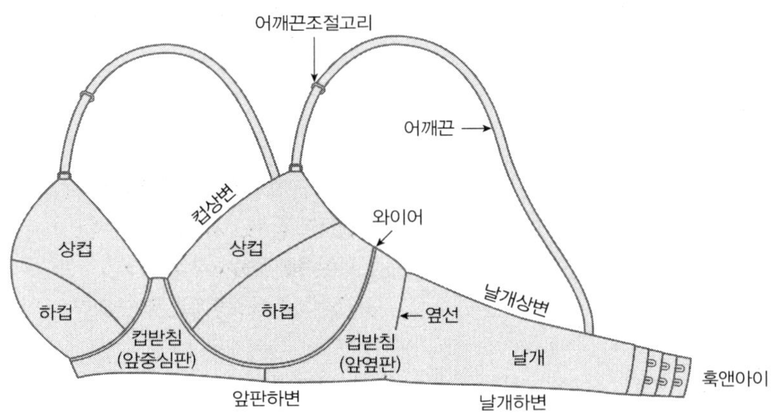

[그림 1-4] 브래지어의 각 부분별 명칭

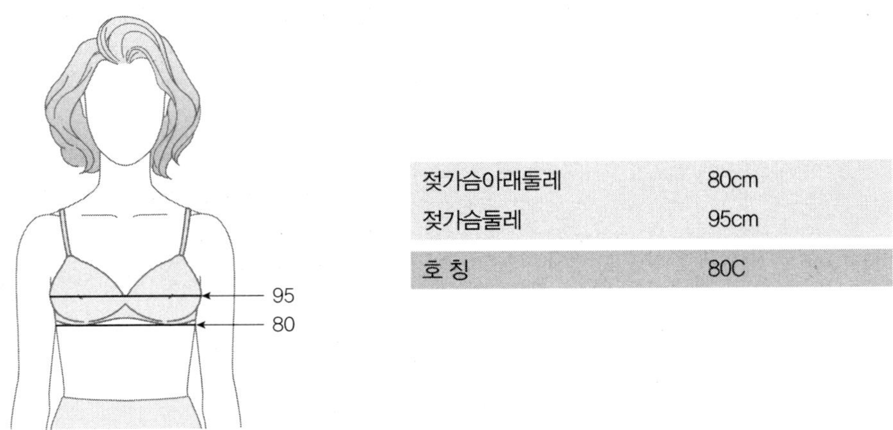

젖가슴아래둘레	80cm
젖가슴둘레	95cm
호 칭	80C

[그림 1-5] 브래지어의 치수 표기법

분류	디자인	특 성
라운드형		• 표준스타일로 컵 하단이 둥글게 처리된다. • 바스트 라인을 자연스럽게 고정시킨다.
밴드형		• 컵 아래쪽 하단부위가 없어서 심플하다. • 기본 스타일로 다양하게 응용된다. • 와이어라인이 안쪽에 있거나 와이어 없이 만든다.
사이드 스트레치형		• 컵 측면에 스트레치 원단을 사용한다. • 옆으로 퍼지는 지방을 모아준다. • 와이어를 사용하지 않는다. • 가슴이 퍼져 보이는 단점이 있다.
컵 사이드 스트레치형		• 컵 주위 전체에 스트레치 원단을 사용한다. • 가슴 상단과 가슴 전체를 충분히 감싸서 가슴이 큰 여성은 가슴이 작아 보이게 하는 장점이 있다. • 가슴이 퍼져 보이는 단점이 있다.
테이프형		• 날개 부분이 가는 스트레치 테이프이다. • 컵이 삼각형 모양이다. • 주로 면을 이용한 학생용 제품이나 하절기용 제품으로 제작한다. • Z모양의 고리로 채운다.

분 류	디자인	특 성
롱브래지어	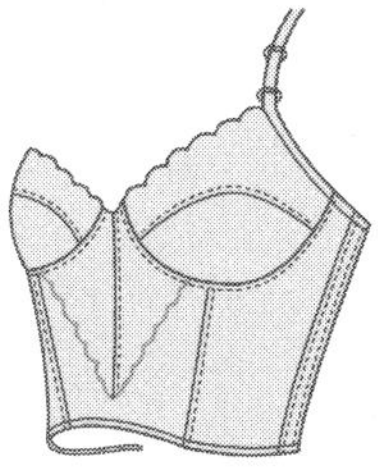	• 상반신 전체의 교정에 적합하다. • 등이나 윗배에 지방이 많은 경우에 효과적이다. • 주변의 지방을 가슴으로 쉽게 모을 수 있어 볼륨 있게 보인다.
심리스 브래지어	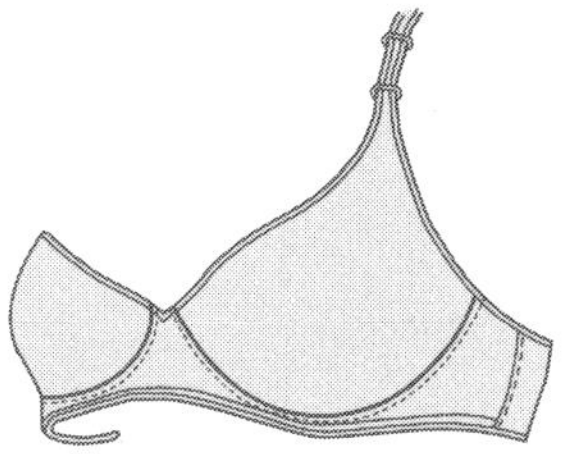	• 봉제선이 없어서 밀착되는 겉옷 착용 시 적합하다. • 패드를 이용해서 가슴의 모양을 정리하는 기능을 한다. • 두꺼운 패드와 얇은 패드 등으로 다양하게 응용하여 가슴 크기가 다른 여성이 체형에 맞게 선택할 수 있다.
스트랩리스 브래지어	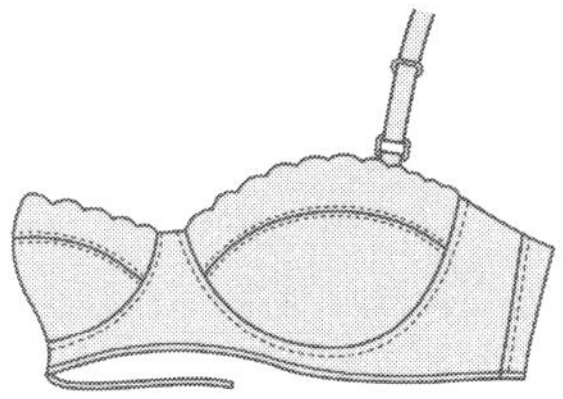	• 컵 하단에 와이어를 넣고 날개 부분도 일반 브래지어보다 강화하여 어깨끈 없이도 흘러내리지 않는다. • 여름철 노출이 많은 겉옷과 함께 착용한다. • 패드의 두께가 다양하게 적용된다.
스포츠 브래지어	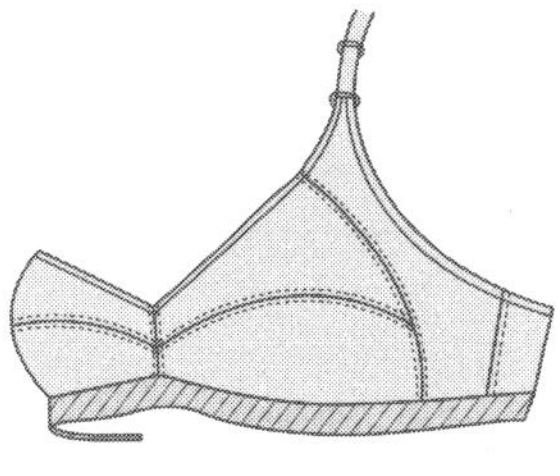	• 운동선수용으로 개발되어 주로 면 혼방 소재를 사용한다. • 와이어가 없어서 활동 시 브래지어가 끌려 올라가는 것을 막기 위해 하변에 테이프 처리를 한다. • 착용감이 편안하다. • 와이어가 없는 브래지어를 선호하는 여성이나 어린 학생들이 주로 착용한다.
몰드 브래지어	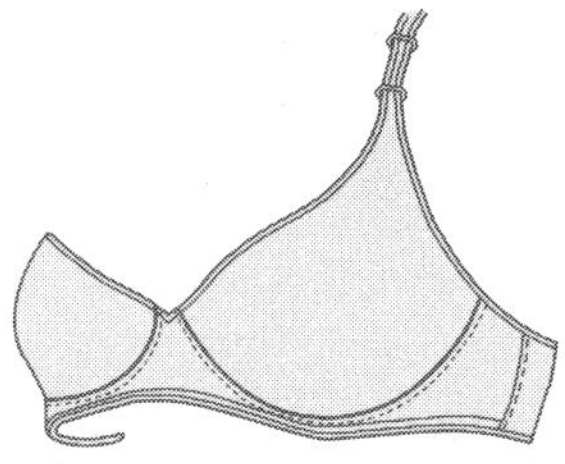	• 원단이나 패드를 고온의 틀에 찍어 모양을 만들어 냄으로써 상하의 이음선이 없다. • 컵부분이 주로 원단 1~2겹으로 얇게 처리되어 착용감이 편하다. • 컵부분이 얇아 젖꼭지점이 비칠 수 있고 가슴을 안정감 있게 고정해주는 힘이 약한 단점이 있다. • 가슴이 볼륨감 있는 여성이 선호하는 디자인이다.

표 1-6 KS의 브래지어 호칭 및 신체치수(KS K 9404: 2004)　　　　　　　　　　　　　　　　(단위 : cm)

호 칭	기본 신체 치수		참고 신체 치수		
	젖가슴아래둘레	젖가슴둘레	겨드랑앞벽 사이길이	목옆젖꼭지길이	젖꼭지사이 수평길이
65AA	65	72.5	31.3	23.5	16.2
65A	65	75.0	31.3	24.0	16.8
65B	65	77.5	31.4	24.3	16.7
70AAA	70	75.0	31.3	23.5	16.2
70AA	70	77.5	31.5	24.2	16.5
70A	70	80.0	31.5	24.5	16.9
70B	70	82.5	32.1	25.1	17.3
70C	70	85.0	32.2	25.9	17.6
70D	70	87.5	32.0	27.0	18.0
75AAA	75	80.0	31.9	24.5	16.7
75AA	75	82.5	32.0	25.1	17.0
75A	75	85.0	32.4	25.7	17.7
75B	75	87.5	32.3	26.5	17.9
75C	75	90.0	32.6	27.5	18.0
75D	75	92.5	32.9	28.5	18.7
80AA	80	87.5	32.7	26.2	17.7
80A	80	90.0	33.0	26.7	18.3
80B	80	92.5	32.8	28.1	18.5
80C	80	95.0	33.0	28.7	19.3
80D	80	97.5	33.5	29.5	19.2
85A	85	95.0	33.1	28.4	19.3
85B	85	97.5	33.0	29.0	19.2
85C	85	100.0	33.5	30.1	19.2
85D	85	102.5	33.7	30.6	20.2

출처 : 한국표준협회, 파운데이션 의류 치수(KS K 9404: 2004)

(2) 가터벨트(Garter belt)

긴 양말, 스타킹 등이 흘러내리지 않도록 만든 고리를 가터라 하며, 이 고리에 양말이나 스타킹을 걸면 된다. 보통 가터가 붙은 벨트 모양의 속옷으로 거들이나 팬티 위에 덧입는 형태이나 올인원이나 웨이스트 니퍼와 연결된 형태도 있다. 최근에는 섹시한 분위기를 연출하는 속옷으로 인기가 높다. 레이스와 레이온 혼방 소재가 가장 많으며 브래지어나 올인원과 연결된 가터벨트 등도 있다.

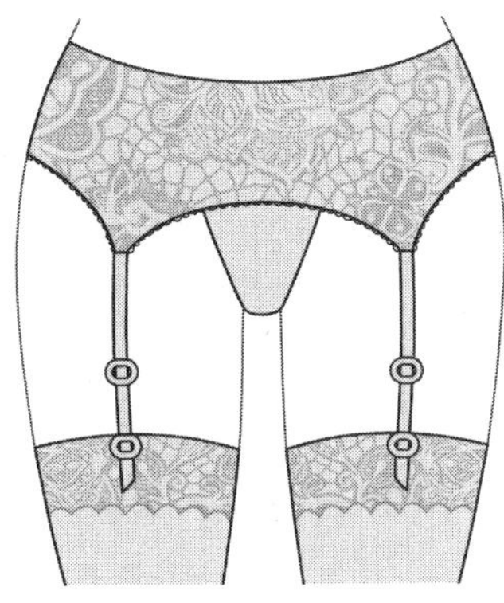

[그림 1-6] 가터벨트

(3) 거들(Girdle)

아랫배와 엉덩이, 허벅지 등의 하반신을 아름다운 라인으로 만들어주는 속옷이다. 20세기에 와서 코르셋 대용으로 고안되었으며, 처음에는 고무 소재를 사용하였으나 최근에는 탄성 섬유 인 스판덱스로 대체되고 있다. 원단의 선택과 조여 주는 강도에 따라 소프트한 것, 일반적인 것, 하드한 것 등 3가지로 나누어진다.

소프트 타입 거들은 가장 기본적인 형태의 거들로서 복부를 가볍게 받쳐 주면서 자연스러운 착용감과 실루엣을 나타낸다. 부드러운 원단을 사용하므로 신체에 전혀 무리가 없으며 착용이 편하다. 파워네트나 두꺼운 원단이 사용되지 않으며 감촉이 부드러운 원단을 사용한다.

하드 타입 거들은 원단이 두껍고 파워네트가 여러 겹 사용되어 입고 벗는 데 어려움이 있다. 그러나 강하게 복부를 눌러주고 라인을 잡아주어 체형을 보정하는 기능이 우수하다.

그 외에 거들의 명칭으로 타미 거들은 일반적인 거들에서 특히 복부 부분을 강하게 지지할 수 있도록 만든 형태를 일컫는 것으로 작은 복부 패널을 넓은 패널 위에 당겨지듯이 박음질하여 착용 시 복부의 지방을 효과적으로 받쳐 줄 수 있도록 하는 디자인을 말한다. 골반 거들은 가장 최근에 등장한 형태로, 현대 여성들의 바지나 스커트의 허리 라인이 골반 뼈 아래에 걸쳐지기 시작하면서 거들의 허리높이가 겉옷 아래로 내려와야 할 필요성이 생기게 되어 밑위길이가 짧은 골반 거들이 등장하게 되었다. 밑위길이 30cm 정도가 일반 거들의 형태라면 골반 거들은 허리부분이 6~7cm 정도 짧은 것이 특징이다.

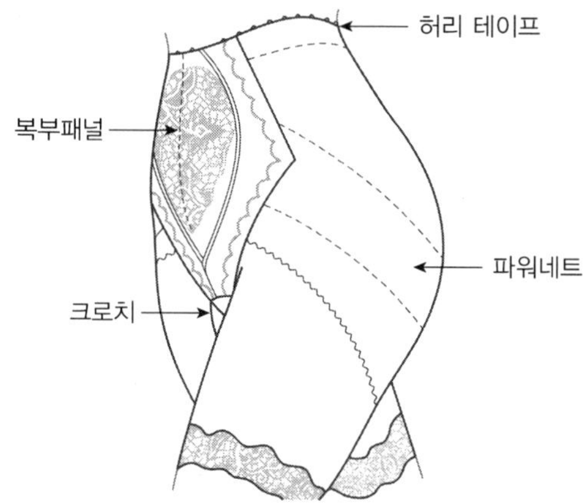

[그림 1-7] 거들의 부분별 명칭

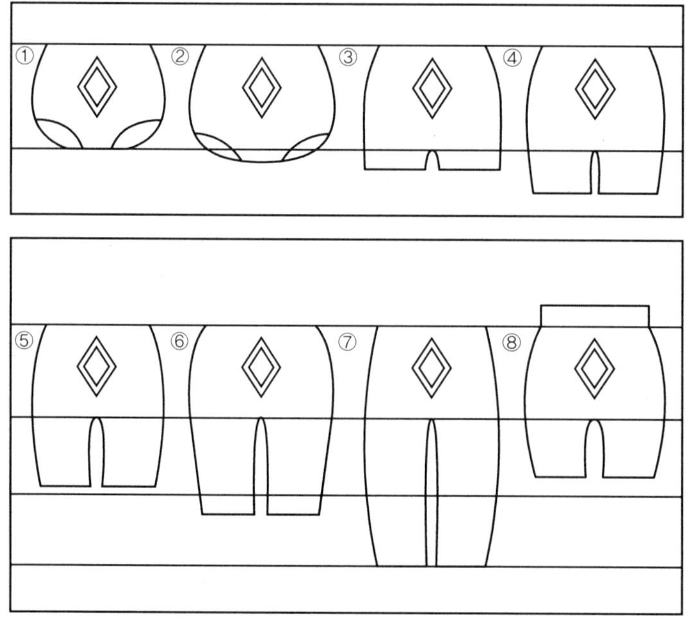

① 쇼츠(삼각거들)

② 브리프

③ 세미 롱거들

④ 롱거들(허리선 기준으로 길이가 40cm)

⑤ 풀 롱거들(허리선 기준으로 길이가 45cm)

⑥ 무릎 아래 거들

⑦ 발목 아래 거들

⑧ 하이 웨이스트 거들

[그림 1-8] 다리길이나 허리길이의 차이에 의한 거들의 분류

표 1-7 거들의 호칭별 신체 사이즈 (단위 : cm)

측정부위＼호칭	64	70	76	82	88	94
허리둘레	61-64-67	67-70-73	73-76-79	78-82-86	84-88-92	90-94-98
엉덩이둘레	83-88-93	86-91-96	89-94-99	91-97-103	93-100-107	95-103-111
허벅지둘레	45-48-50	48-51-53	51-54-56	54-57-59	57-60-63	60-65-70

(4) 보디 쉐이퍼(Bodyshafer)

밑부분이 없는 보디슈트로 올인원 착용 시의 불편함을 보완한 형태이다. 허리부분에 안정감이 없어서 몸을 숙일 경우 뒷부분이 위로 끌려 올라가기 때문에 보디 쉐이퍼를 고정시켜 줄 수 있는 거들이나 팬티를 허리까지 올려 입어야 한다.

(5) 올인원(All-in-one)

올인원은 복부 전체와 등 전체를 감싸 가슴을 정리하고 복부를 지지하며, 힙업 기능을 담당하는 속옷으로, 길이가 충분히 여유로워야 신체가 자연스럽게 활동할 수 있고 가슴이나 허리선, 힙 라인이 아름답게 정리된다. 몸의 라인을 정리하기 위해 브래지어와 거들의 착용 후 입는 속옷으로서 여러 가지 기능을 담당한다는 의미로 보디슈트(Bodysuit)라고도 불리는 아이템이다. 여러 가지 기능을 한꺼번에 가지고 있지만 입고 벗는 데 불편함이 있고 다른 속옷에 비해 값이 비싸 대중화되어 있지는 않다.

[그림 1-9] 보디 쉐이퍼

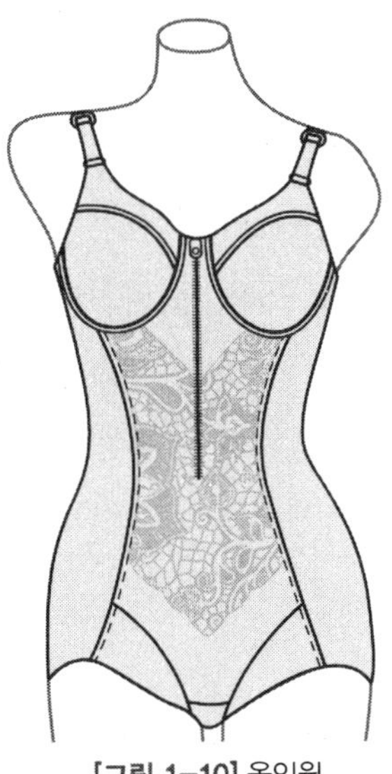

[그림 1-10] 올인원

(6) 웨이스트 니퍼(Waist nipper)

웨이스트 니퍼는 '허리를 잡는 것'이라는 의미로 허리를 가늘게 졸라매는 부분적인 보정기능을 지닌 파운데이션의 하나이다. 전체적으로 강한 스판덱스 원단으로 만들고 복부 패널을 강한 파워네트로 조여 준다. 옆선에 스틸 본(Steel bone)이 들어가서 척추의 든든한 받침대 역할을 하며, 옆에서 훅 앤 아이(Hook & Eye)로 여밈을 주어 품 조절을 한다.

거들이 하복부를 관리한다면 웨이스트 니퍼는 윗배와 허리곡선을 위한 속옷이다. 니퍼를 흔히 아랫배를 조이는 제품이라고 알고 있는데 이는 잘못된 것으로, 브래지어와 맞닿게 하여 허리 위쪽을 충분히 커버할 수 있게 착용하는 것이 좋다.

[그림 1-11] 웨이스트 니퍼

03 란제리(Lingerie)

슬립이나 홈웨어용 가운, 나이티, 파자마 등 속옷의 의미보다는 겉옷의 느낌을 주기 때문에 의복을 뜻하는 불어 '랑(Ling)'이 사용된다.

파운데이션이 주로 브라, 거들, 보디슈트 등 몸에 밀착되어 여성들만의 곡선을 만들어주고 다양한 사이즈와 용도로 여성들의 몸에 있는 지방을 아름답게 관리하기 위한 기능을 가지고 있는 제품이라면 란제리는 기능보다는 편안함을 강조한 속옷이다. 슬립, 파자마, 가운 등이 여기에 속한다.

(1) 슬립(Slip)

슬립은 상하의가 붙은 원피스형이 일반적으로, 소매가 없고, 치마나 원피스 안에 입어 겉옷의 실루엣을 정리해주는 속옷이다.

① 풀슬립(Full slip)

일반적인 슬립으로 상하의가 붙은 원피스형이며 소매가 없고 치마나 원피스 안에 입는다. 가슴 위에서부터 시작해서 어깨끈으로 고정되어 있고, 브래지어와 팬티 위에 입으며 옷보다 짧은 길이의 속옷이다. 슬립이란 '미끄러지다'라는 의미가 있는데, 이것은 착용하면 매끄럽고, 촉감이 좋아 드레스를 입고 벗는 데 편리함을 반영한 것이다. 또한 부자연스러운 주름이 생기는 것을 방지하고, 겉옷의 실루엣을 돋보이게 하는 역할을 한다.

② 하프슬립(Half slip)

스커트형과 바지형의 두 가지로 구분할 수 있다.

ⓐ 페티코트(Petticoat) : 스커트의 형태로 하의로만 입어서 겉옷의 실루엣을 살린다. 기장이 다양하여 겉옷의 기장에 맞게 착용하며, 정전기를 막아주는 역할을 한다.

ⓑ 큐롯(Culottes) : 바지형의 하의로 기장이 다양하며, 스커트나 바지 안에 다양하게 활용할 수 있다.

③ 캐미솔(Camisole)

상하의가 분리되어 있는 슬립을 일컫는 말로 활동성이 좋고 패션성이 강하다. 상의는 끈형과 런닝형이 있으며, 하의는 바지 형태로 길이는 무릎까지 내려오는 긴 형태부터 짧은 형태까지 다양하다. 레이스를 많이 사용한 화려한 형태부터 장식이 없는 깨끗한 이미지의 제품까지 다양한 변화가 가능하다.

④ 윈텀(Wintum)

란쥬와 슬립이 합쳐진 형태로 가을과 겨울에 주로 많이 착용한다. 윈텀이라는 이름도 여기에서 유래한 것으로 윈터(Winter)와 오텀(Autumn)이 합쳐서 윈텀(Wintum)이라 불린다. 상의는 란쥬의 역할을 하고 하의는 슬립의 역할을 하는 형태로, 두 가지를 함께 착용해야 하는 경우 유용하다. 착용 시 보온성과 착용감을 상승시키고 드레이프성이 좋아 아름다운 실루엣을 만들어 만족감이 높은 제품이다.

표 1-8 슬립의 호칭별 가슴둘레 치수

호 칭	가슴둘레 치수
85	83~88cm 미만
90	88~93cm 미만
95	93~98cm 미만
100	98~103cm 미만

명 칭	디자인	특 징
풀슬립(Full slip)		• 상하의가 붙은 원피스형 • 어깨끈이 런닝형 또는 끈형
하프슬립(Half slip)		• 페티코트 : 속치마 형태로 스커트 안에 입어 겉옷의 실루엣 정리 • 큐롯 : 바지형으로 스커트나 바지 안에 입어 활용
캐미솔(Camisole)		• 상·하의가 분리된 형태로 활동성이 좋고 패션성이 강함 • 끈형과 런닝형이 있음 • 레이스를 부착한 화려한 디자인부터 장식이 없는 깨끗한 스타일까지 다양
윈텀(Wintum)		• 란쥬와 슬립의 이중적 기능을 하는 제품 • 상의는 란쥬의 역할을 하고 하의는 슬립의 형태로 두 가지 기능을 함 • 보온성과 착용감을 상승시키고 드레이프성이 좋은 실루엣을 만들어 줌

(2) 가운(Gown)

잠옷 위에 걸쳐 입을 수 있는 두툼한 보온용 가운과 목욕 후 가볍게 착용하는 목욕가운 외에도 간단히 잠옷 위에 코디할 수 있는 용도까지 여러 가지가 있다.

① 바스가운(Bath Gown)

목욕 후 물기가 마르기 전에 착용하는 가운으로, 주로 타월 소재로 되어 있어서 몸의 수분을 자연스럽게 말려준다.

② 퀼팅가운(Quilting Gown)

겨울철에 보온을 위하여 착용하는 제품으로 솜을 넣고 일정한 간격으로 누벼서 따뜻하고 포근한 느낌을 준다. 파자마나 실내복 위에 덧입어서 보온을 유지하도록 하는 목적으로 착용된다.

③ 일반 가운

파자마나 실내복만으로 허전할 때 가볍게 걸칠 수 있는 용도로 만들어지며 실내에서 멋스럽게 입을 수 있는 형태이다.

(3) 네글리제(Negligee)

속이 비치면서 길이는 긴 드레스 가운이다. 원피스형의 잠옷으로 드레이프성이 뛰어난 원단을 사용하여 여성스러운 실루엣이 강조되는 디자인이다. 18세기 프랑스에서 처음으로 도입되었다. 네글리제는 당대의 여성 일상복인 헤비 헤드 투 톱(Heavy Head-to-Top) 스타일을 모방한 것이다. 다양한 원단과 프린트 무늬, 자수와 레이스를 사용하여 여성스럽고 화려한 디자인이 많다.

(4) 앙상블(Ensemble)

네글리제와 동일한 원단과 레이스로 겉가운을 구성하여 안가운과 조화를 이루도록 한 형태이다. 장식적이며 화려함이 강조된 제품으로 가볍게 실내에서 입을 수 있고 우아한 여성미를 돋보이게 한다.

(5) 파자마(Pajamas)

파자마라는 명칭은 페르시아어로 '발 혹은 다리'라는 뜻의 '패(pae)'와 '옷'을 뜻하는 '자마스(ja-mahs)'가 합쳐져서 만들어졌다. 영국의 식민주의자들이 인도에서 차용한 스타일로 오늘날에는 잘 때 입는 모든 옷을 가리키는 말이다.

표 1-10 란제리의 종류

명 칭	디자인	특 징
가운(Gown)	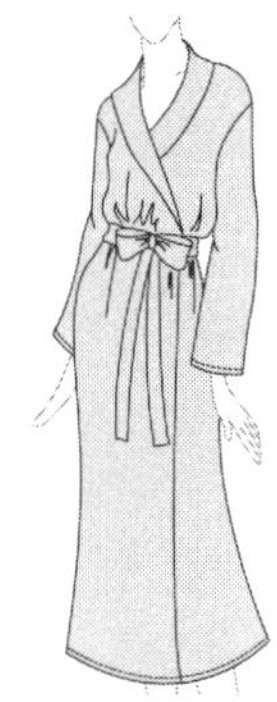	• 잠옷 위에 걸치는 용도 • 바스가운, 퀼팅가운, 일반 가운으로 구분
네글리제(Negligee)	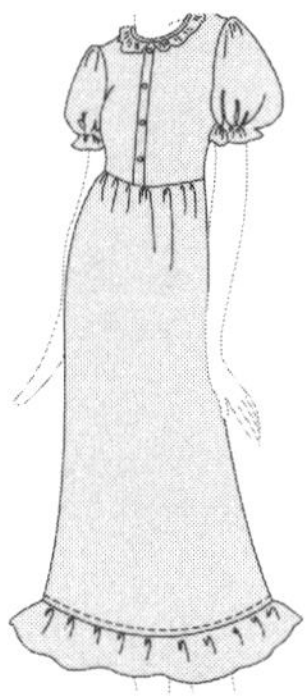	• 드레이프성이 강한 소재를 많이 사용 • 원피스 형태의 잠옷
앙상블(Ensemble)	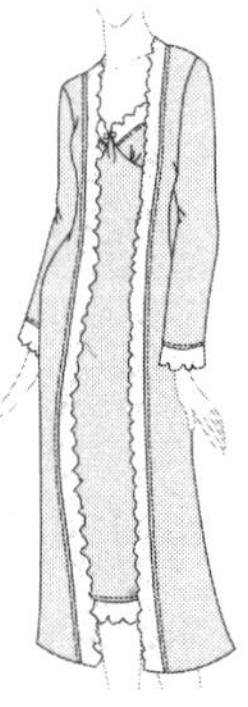	• 같은 소재와 레이스를 사용하여 안가운과 겉 가운으로 구성 • 장식이 화려하고 여성적
파자마(Pajamas)	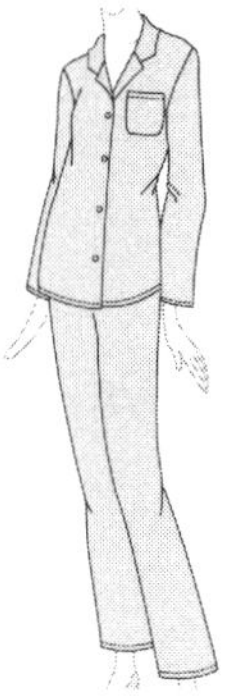	• 면이나 폴리, 실크 소재 등을 사용 • 위아래가 나누어진 바지 형태의 잠옷

란제리의 역사

속옷 역사의 시발점은 성경의 무화과 잎과 허리를 졸라매는 요의 형태인 생식기 덮개라고 할 수 있다. 최초의 소재는 동물의 가죽이었고 그 후 직조된 옷감이 사용되었다. 서양 속옷의 일반적인 역사는 약 3,000년 전으로 거슬러 올라간다. BC 2000년경 골풀 후프와 위로 밀어 올려진 노출된 젖가슴을 드러낸 크리트의 레이싱 삽화는 최초의 후프와 코르셋의 예로 볼 수 있다. 고대의 속옷은 신체의 보호나 주술적·장식적 목적 등의 기능을 중심으로 존재하였음을 테라코타나 벽화, 인물상 등을 통해 짐작할 뿐이고 구체적인 형태나 재료, 착용방법 등은 정확히 알 수 없다. 다만, 속옷과 겉옷의 개념 구분이 명확하지 않았으며 그 형태나 착용법 등이 간단하였음을 추정할 수 있다.

4세기 이탈리아의 모자이크는 어깨끈이 없는 최초의 브래지어와 브리프의 증거이기도 하다. 이는 각각 코르셋과 브래지어의 기원이라고 볼 수 있다. 중세까지 남자들은 한 장의 직물이 다리를 통과하여 생식기 부위에서 주름을 잡고 엉덩이 근처에서 끈으로 묶는 단순한 로인클로스 형태인 드로어즈를 입었다. 또 다른 것은 다양한 길이의 드레이프지면서 헐렁한 색슨족의 브레(Braies)인데 맘대로 매듭짓거나 허리띠로 묶었다. 때로는 브리치즈(Breeches)라고 불렸던 겉옷의 선 장식과 교차되기도 했다. 중세의 속옷은 겉옷의 밑으로 노출되는 부위에 장식적인 면이 나타나기는 하지만 시대의 특성상 인체의 실루엣을 강조할 수 있는 기능은 발달하지 못하였다.

18세기에는 파니에(Panier)라고 하는 힙의 양옆으로 퍼지는 치마버팀대가 등장했다. 이러한 후프의 형태는 1710년부터 하이패션에서 사라진 1780년경까지 크게 변화되었고 스테이 또한 다양한 형태로 발전했다. 1740년의 패션은 빳빳하고 각진 스타일이었으나, 1770년대에 들어와 좀 더 자연스럽고 흐르는 듯한 선으로 바뀌었다. 버팀대를 넣은 하부구조의 기능이 스커트의 무게를 지탱해주는 것이었던 반면, 스테이는 유선형의 보디스(Bodice)를 만들어 주었다. 외관은 모두 견고한 뼈대의 형태로 형성되었으나, 속옷은 여전히 전통적인 기능인 보온성, 정숙성, 위생성이 중요시되었다.

1790~1840년 사이의 여성용 속옷과 코르셋은 신체를 떠받치고 배와 허리의 체형을 보정하여 겉옷의 라인을 따르는 역할을 했다. 1791년에는 초기의 브래지어라고 할 수 있는 볼스터(Bolster)가 등장했다.

1806년부터 유행하기 시작한 드로어즈는 린넨이나 머슬린으로 만들어졌고 무릎길이였는데, 위생적이며 정숙함이 깊고 또 건강상 필요하다는 의견과 부도덕하다는 혹평 등 논란이 많았다. 1840~1890년경의 속옷은 여러 겹의 페티코트와 사치스러운 디자인 그리고 고통이 가중되는 버팀대의 추가로 인해서 이전 시기에 비해 의복의 착의와 탈의가 더욱 복잡해졌다. 코르셋 커버에서 프린세스 페티코트(Princess peticoat), 콤비네이션(Combination) 그리고 뒤에 버튼이 달린 니커보커즈(Knickerbockers)와 드로어즈(Drawers)에 이르기까지 새로운 의복들이 개발되면서 잠금장치의 연결방법에 숙달될 필요가 생겼다. 앞여밈 의복의 증가로 인해 하녀의 손이

덜 필요하게 되었으며 따라서 뒤여밈 의복은 착용자의 지(知)와 부(副) 그리고 교육수준에 대한 상징적 기능을 갖게 되었다. 1844년에는 뒤물렝(Madame Dumoulin) 여사에 의해 몸에 꼭 맞는 형태의 코르셋이 개발되었다. 근세의 속옷은 그 종류나 디자인 면에서 전 시대에 비해 비약적인 분화를 보였다. 또한 겉옷의 실루엣이 인체를 과장하고 부풀리는 느낌이었으므로 보정성이 강한 속옷의 발달도 필연적이었다.

19세기 말에는 재봉틀의 출현으로 기성복 착용이 증가하게 되었다. 여성의 사회진출이 활발해지기 시작하면서 여성의 바지 착용이 자연스러워졌고, 속옷의 기능도 새로운 재료의 출현과 복합적인 결합으로 더욱 발전하였다. 1876년 새로운 형태의 드로어즈가 등장하여 왼쪽 상단 바깥쪽에 손가락 길이 정도의 세 개의 단춧구멍에 의한 여밈이 있었으며, 실크나 플란넬 같은 재료로 만들어졌다. 1878년에는 서스팬더(Suspender)라는 것이 생겼는데 스타킹을 잡아맬 수 있는 장치로, 클립이 달린 새틴과 고무 소재로 제작되었다. 이 서스팬더가 달린 코르셋은 1902년부터 필수적인 것이 되었다. 1890년대에는 색깔 있는 실크로 된 짧은 페티코트가 유행하였고, 캐미솔은 종종 페티코트 보디스(Petticoat bodice)라고도 불렸으며, 형태가 보다 복잡해졌고 1878년에는 하트 모양으로 여밈이 처리된 캐미솔도 나타났다. 근대의 속옷은 활동성을 고려한 구성법이 발달하고 기능이 복합된 디자인이 출현하는 등 현대의 속옷으로 발전하는 계기가 마련되었다.

1921년에는 코르셋과 브래지어가 결합된 콜세레트(Corselet)가 등장하였으며, 1924년에는 드로어즈가 짧게 축소되어 팬티(Panties)가 되었고 1930년대 말에는 스포츠형으로 팬티 브리프가 등장하기도 했다. 1930년대에 비약적인 발전을 이룬 신축성 스트레치 소재는 속옷 분야에서 혁명적인 역할을 하였다. 기성품 속옷을 입는 것이 이전보다 일반화되었고, 제조자와 상점의 라벨이 붙여지기 시작했다.

브래지어(Brassiere)는 1907년 미국의 보그(Vogue)지에 처음으로 그 용어가 등장하였다. 1914년 미국의 메리 제이콥(Mary phelps jacobs)이 드레스의 실루엣을 망치는 답답한 코르셋 대신 손수건과 리본으로 가슴가리개를 만든 것에서 브래지어가 시작되었으며, 1929년부터 고무 소재의 사용이 일반화되었다. 1937년부터는 단축형인 브라(Bra)라는 말이 사용되었다. 세계대전 이후 임산부를 위한 브라나 여밈이 앞에 있어 착용 시 편리한 브라 등 용도와 기능에 따라 다양한 디자인을 선보이게 되었으며, 합성섬유나 스판덱스, 라이크라, 형상기억 합금 등 신소재의 신속한 도입이 이루어진 보정용 속옷이 브래지어이다.

1940년대에는 제2차 세계대전 이후 여성의 사회진출이 확산되면서 여성의 실루엣을 강조하던 형태에서 활동성이 편한 완만한 스트레이트형의 실용적인 형태로 변화되었다. 1947년 크리스

찬 디올(Christian Dior)의 뉴 룩(New look)이 발표되면서 허리를 조이기 위한 코르셋과 브래지어, 페티코트 등이 나일론, 레이온 등의 인조섬유로 제작되었으며, 끈이 없는 브래지어가 나타나고 속치마나 팬티에 레이스를 장식하기 시작하였다.

1950년대 중반부터는 TV를 통한 언더웨어 광고가 가능해져서 영화, 텔레비전 광고, 사진, 잡지와 같은 대중매체를 통해 언더웨어가 비약적으로 발전하기 시작하였다. 1960년대에는 미니스커트(Mini skirt)가 등장하여 더욱 더 짧아진 브리프(Brief)를 속옷으로 입게 되어 활동성이 증대되었으며 브래지어와 거들이 보편화되면서 다른 소재와 색채, 디자인을 조화시킨 언더웨어와 코디네이트되었다.

1970년대에는 흰색 위주에서 탈피하여 여러 색과 패턴의 사용으로 디자인이 다양화되었다. 여성의 의식이 개방되어 몸의 곡선을 감추는 것에서 탈피하여 인체라인을 아름답게 노출시킬 수 있는 속옷으로 전환되어 몸에 밀착되는 형태로 작아졌으며, 가슴과 허리를 강조하였다. 열가소성 소재를 사용하고 안감, 여밈, 솔기선을 제거하여 자연스러운 몰딩 브래지어나 거들을 착용하였다. 다양한 소재의 발전과 함께 미니화 · 경량화 현상이 가속되었는데 이는 패션화의 초기로 볼 수 있다.

1980년대에는 스트레치 소재가 프린트원단이나 레이스에 가미되면서 스트레치 레이스(Stretch lace), 우븐(Woven), 니트(Knit), 라이크라(Lycra) 등의 직물로 발전되었다. 속옷에 대한 미의식이 일반화되고 스포츠와 건강에 대한 관심이 확산되면서 기능성이 강조되기 시작하였고 속옷이 개인의 미적 개념이 포함된 패션아이템으로 자리 잡았다. 여성 특유의 아름다움을 재발견할 수 있는 페미니즘과 연결되어 속옷을 개성 표출의 한 방식으로 새롭게 인식하게 되었다. 뉴욕의 캘빈클라인(Calvin klein), 파리의 입생로랑(Yves Saint Laurent), 지방시(Givenchy) 등의 프랑스 디자이너뿐만 아니라 이탈리아의 조르지오 아르마니(Giorgio Armani) 등이 독창적이고 개성적인 언더웨어 컬렉션을 선보였으며, 1988년 장 폴 고티에(Jean Paul Gaultier)는 팝스타 마돈나의 의상을 디자인함으로써 속옷의 겉옷화를 유도하여 란제리룩을 유행시켰다.

1990년 이후부터는 속옷의 겉옷화 현상으로 인해 여성적인 속옷이 등장하였으며, 다양하고 파격적인 소재 및 디자인이 등장하여 속옷이 전 세계 유명한 패션디자이너들까지 열정을 갖고 시도하는 인기 아이템으로 자리 잡기 시작했다. 1998년에는 단순한 밴드 스타일 브래지어의 디자인에 사이버적인 느낌의 광택소재를 사용하여 봉제선을 최소화한 초현대적인 감각의 속옷이 인기를 끌었으며, 2000년에는 투명한 비닐 소재의 어깨끈을 과감하게 드러내어 착용하는 디자인이 등장하였다. 2000년도 이후에는 사라졌던 코르셋이 비비안 웨스트우드(Vivienne Westwood)나 장 폴 고티에(Jean Paul Gaultier) 같은 디자이너들에게 재해석되어 독창적인 컬렉션을 완성시켰고, 이후 디자인과 신기술을 결합시킨 아웃웨어로 재탄생되었다.

패션 역사상 가장 큰 혁신으로 일컬어지는 원더브라(Wonderbra)의 푸시업(Push up) 브라 스타일은 21세기 현재 다양한 푸시업 옵션으로 디자인이 진화되어 왔다. 패션 아우터의 디자인 변화에 따라 브래지어의 디자인과 가슴을 올려주는 푸시업 정도 등의 요구가 끊임없이 변화되면서 다양한 디자인이 개발되고 있다.

현대의 속옷은 축소화 · 기능화 · 복합화되고 있으며 디자인상으로는 장식화와 단순화라는 양극화를 보인다.

CHAPTER

04

란제리의 소재

01 ✕ 원단의 종류

(1) 면(Cotton)

속옷의 경우 피부에 직접적으로 닿는 의복이므로 면소재를 많이 사용한다. 면원단의 장점은 강하고 견고하며, 흡습성이 뛰어나 인체의 분비물을 잘 흡수한다는 것이다. 리본 모양의 천연 꼬임이 있어서 섬유가 잘 미끄러지지 않고 원사가 잘 엮이고 부드러운 탄력이 있으며 산뜻하다. 이 꼬임 사이로 공기를 품고 있어 수분과 염료의 흡수가 좋고 보온성도 충분하다. 그러나 구김이 잘 가고 세탁 후 줄어드는 성질이 있다. 따라서 줄어듦을 방지하기 위한 샌퍼라이징 가공(Sanforizing finish)[주1]을 해주며, 광택을 부여하는 실켓 가공(Silket finish)[주2]을 하기도 한다.

주1 **샌퍼라이징 가공**_직물의 방축가공(防縮加工)의 하나. 직물의 화학적 방축가공법에 대한 물리적 방축가공법을 말한다. 직물은 생산 공정에서 강하게 잡아당겨져 연신(延伸)되어 사용하는 동안에 세탁 등에 의하여 줄어드는 경향이 있는데, 이런 결점을 없애기 위해서 처음부터 수분을 주어 한 번 수축시켜 놓는 것이 방축가공의 원리이다. 샌퍼라이징 가공에서는 직물에 수증기를 분사한 후 회전하는 실린더와 블랭킷 사이를 통과시키고, 그 사이에 전기다리미로 마무리를 한다. 1939년 미국인 샌퍼드 클루에트(Sanford L. Cluett)가 처음으로 발명한 이 압력을 주고 수축을 해내는 공정을 컴프레시브 시링키즈(Compressive shrinkage)라고 한다. 직물에 내구성과 실용성을 주는 방법으로 미국의 클루에트 피보디사(Cluett0Peabody & Co., Inc.)의 등록상표 방축법이 됐다. 소정의 시험을 거쳐 검사하고, 수축률 1% 이내의 기준에 합격한 직물에 샌퍼라이즈의 상표를 붙일 수 있다. 주로 고급 면포와 마포(麻布)에 이용되는데, 일련의 비슷한 방축 마무리에 샌퍼 니트(Sanfor knit), 샌퍼 세트(Sanfor set)가 있다.

주2 **실켓 가공**_면사와 면직물을 가성(可性) 처리하여 실크와 같은 광택을 부여하여 면의 품질을 높이는 가공법을 말한다. 면은 진한 가성소다액에 담그면 섬유가 팽윤하여 굵게 되고, 수축하면서 동시에 투명성을 띠는 성질이 있다. 이 성질을 이용하여 섬유가 수축되지 않도록 잡아당기면서 가성 처리하면 수축이 억제되고 투명함이 생겨 아름다운 광택이 나온다. 영국인 존 머셔(John Mercer)에 의해 발명된 기술이므로 머서라이즈 가공이라고도 한다.

(2) 마 · 린넨(Linen)

인류 역사상 가장 오래된 섬유로 몇 가지 단점이 있어서 면처럼 대중화되지는 않았다. 강도가 굉장히 강하며 물에 젖으면 더욱 강해지는 장점을 가지고 있다. 흡수, 발산력이 뛰어나고 섬유가 굵고 열전도율이 좋아서 피부에 청량감을 주어 여름용 의복에 많이 사용된다. 그러나 탄력이 부족하여 구김이 잘 가고 몸에 닿는 느낌이 거칠며, 드레이프성도 떨어진다. 표백이나 염색도 쉽지 않다.

(3) 실크(Silk)

인도의 면, 이집트의 마와 함께 중국의 실크는 중요한 섬유 중 하나이다. 유럽에서는 의복 외에도 여성용 실크 양말이 선풍적이었으나 나일론이 등장하면서 쓰이지 않게 되었고 현재는 의류에만 사용되고 있다. 모든 섬유 중 가장 우아한 광택을 가지고 있으며, 탄력성이 있어서 구김이 잘 가지 않고 촉감이 뛰어나다. 흡수력이 좋아 습한 공기 중에서도 사각사각한 감촉을 느낄 수 있다. 그러나 해충에 약하고 황변의 가능성이 있다.

(4) 모(Wool)

인류가 양을 사육하기 시작하면서 양모라는 섬유가 등장하였다. 모섬유는 건조하거나 습할 때도 구김이 잘 가지 않는다. 습한 공기 중에서도 30% 이상 수분을 흡수하므로 표면은 산뜻하고 감촉이 좋은 것이 특징이다. 염색이 잘 되고 발색이 선명하며 섬유에 주름이 있어 함기율이 높으므로 보온성이 우수하다. 또 제품의 형태가 잘 유지되어 오래 입을 수 있다. 그러나 세탁에 의해 축융현상이 일어날 수 있어 관리가 어렵다.

(5) 레이온(Rayon)

목재펄프에 약품 처리를 한 후 그 안의 섬유소를 추출하여 만든 것으로 재생섬유라고도 한다. 화학섬유이지만 천연에 가까운 섬유로 모달(Modal), 텐셀(Tencel) 등이 있다. 흡습성이 면보다 우수하여 여름용 의류, 양말 등에 많이 쓰이며 염색이 쉽고 발색이 좋아 아름답다. 가격이 저렴하고 다른 섬유와의 혼방에 유리하다. 그러나 강도가 약하고 특히 젖었을 때 강도가 더 저하된다.

파운데이션은 신축성이 있어 자유롭게 몸에 밀착되고 몸을 적당히 받쳐주어 긴장감을 주면서도 몸매를 아름답게 만들어주는 역할을 한다. 그러므로 파운데이션 원단은 무조건 조이기만 하는 것이 아니라 신축이 자유롭고 체형을 원하는 모양으로 보정할 수 있으며 일정한 힘을 가지고 있고 착용 시 몸에 피로감을 주지 않는 소재여야 한다.

(1) 파워네트(Power net)

일반적으로 폴리우레탄과 나일론 및 기타 실을 라셀 기계를 이용하여 편직하여 만들어지며 그물 모양으로 통기성이 좋고 신축성도 뛰어나다.

(2) 새틴 파워네트(Satin power net)

그물 조직을 이용하되 특수한 변형을 통해 원단 표면이 공단이나 양단처럼 매끄럽고 촉감이 좋도록 만든 원단이다. 원단의 힘이 강한 것부터 부드러운 것까지 다양한 종류가 있다.

(3) 패턴 파워네트(Pattern power net)

파워네트나 새틴 파워네트 위에 울이나 나일론사를 이용하여 여러 가지 다양한 무늬를 편직한 원단이다.

(4) 투웨이 트리코트(Two-way tricot)

나일론과 폴리우레탄을 편직하여 파워네트와 같으나 감촉이 뛰어나다. 상하좌우로 신축이 좋아 투웨이 트리코트라고 한다. 면과 폴리우레탄 실을 같이 편직할 경우 겉은 폴리의 광택과 탄성이 느껴지고 안은 면의 포근함이 느껴지는 독특한 원단이 되어 내의용으로 사용된다.

(5) 더블 트리코트(Double tricot)

더블 트리코트 기계에서 편직한 것으로 겉과 안의 구별이 없는 원단이다. 부드럽고 짜임새 있는 원단을 필요로 하는 브래지어 컵 부분에 주로 사용된다.

03 ✕ 레이스(Lace)

레이스는 투시무늬를 나타내며 외관이 아름답고 통기성이 좋은 장점이 있으나 실이 당겨지기 쉬워 세탁과 취급 시 유의해야 하는 단점이 있다. 장식적인 용도로 많이 사용된다.

(1) 제직방법에 따른 분류

① 라셀 레이스(Raschel lace)

라셀 기계에서 짠 레이스로 가장 기본적인 평범한 레이스이다. 그라운드사의 굵기 차이로 무늬를 만들어냄으로써 입체감이 부족한 것이 특징이다.

② 자카드 레이스(Jacquard lace)

라셀 레이스의 단점인 섬세함 부족과 입체감 결여를 해소한 것으로 게이지를 높여 제직한다. 그라운드와 패턴사의 굵기 차이로 입체감이 선명하고 섬세함이 강조되는 레이스이다. 최근에는 리버 레이스에 버금갈 정도의 품질이 생산되고 있다. 보통 50~80게이지를 사용한다.

③ 리버 레이스(Leaver lace)

영국인 존 리버스(John Leaver's)가 발명한 리버 레이스기로 짜는 레이스로, 치밀하여 가장 화려하고 아름다운 레이스이다. 흔히 프랑스 레이스, 수입레이스로 불리는 것으로 웨딩드레스에 주로 사용될 만큼 입체감과 아름다움이 다른 레이스와 비교되지 않는다. 100게이지 이상을 사용하며 경사에 다른 실을 휘감아 다양하고 우아한 패턴을 자유롭게 변형시킬 수 있다는 장점이 있다.

④ 텍스트로닉 레이스(Textronic lace)

자카드 레이스의 평면적이고 단순한 패턴에서 리버 레이스와 같은 입체감과 섬세함을 느낄 수 있도록 개발된 레이스이다. 리버 레이스는 전량 수입에 의존하여 고가이므로 이를 대체할 수 있는 레이스로서 화려한 장식을 위한 제품에 많이 사용된다. 실을 길게 건너뛰는 방법으로 무늬를 만들어내므로 입체감과 음영효과는 탁월하나 올이 쉽게 뜯기는 단점이 있다.

⑤ 튤 레이스(Tulle lace)

튤이라는 그물망 원단(라셀 원단)에 자수를 놓은 것으로 섬세함과 아름다운 무늬가 특징이다. 최근 들어 다양한 조직과 형상으로 개발되어 사용 범위가 넓어지고 있다.

⑥ 케미컬 레이스(Chemical lace)

밑원단을 실크나 수용성 비닐론으로 하고 면, 모, 폴리에스테르 등으로 무늬를 자수한 후 약품으로 밑원단을 녹여 자수 부분만 남기는 기법으로 만들어지는 레이스로, 제품 전체를 케미컬 레이스로 사용하는 경우는 드물고 장식용 레이스나 모티브 등에 쓰여서 고급 레이스로 인식되고 있다.

⑦ 토숀 레이스(Torchon lace)

코바늘로 레이스를 뜨는 원리를 이용하여 발명된 기계로 짠 레이스로 손으로 뜨개질한 것과 비슷한 느낌이 난다. 주로 내의류에 장식용으로 사용된다.

표 1-11 제직방법에 따른 레이스의 종류

종 류	이미지	특 징
라셀 레이스		• 라셀 기계에서 제직 • 그라운드사의 굵기 차이로 무늬를 만들어냄 • 입체감 부족
자카드 레이스		• 라셀 레이스의 단점인 섬세함 부족과 입체감 결여를 해소 • 그라운드와 패턴사의 굵기로 입체감 표현
리버 레이스		• 치밀하며 가장 우아하고 화려함 • 100게이지 이상을 사용
텍스트로닉 레이스		• 입체감과 섬세함을 느낄 수 있는 레이스 • 실을 길게 건너뛰는 방법으로 무늬를 만들어 입체감과 음영 효과 탁월
튤 레이스		• 튤이라는 그물망에 자수를 놓은 것 • 섬세함과 아름다움이 특징

종 류	이미지	특 징
캐미컬 레이스		• 밑 원단을 녹여 자수 부분만 남기는 기법으로 만들어지는 레이스
토숀 레이스		• 코바늘로 레이스를 뜨는 원리를 이용 • 손으로 뜨개질한 느낌

(2) 사용방법에 따른 분류

① 갈룬 레이스(Galloon lace)

양쪽에 스캘럽을 가지고 있어 햄라인에 사용되며 종류에 따라 반으로 커팅이 가능하여 잘린 면의 모티브 모양에 따라 새로운 가장자리 모양을 만들어낼 수 있다.

② 아플리케 레이스(Appliqué lace)

레이스의 모티프, 레이스를 잘라서 얻을 수 있다.

③ 인서션 레이스(Insertion lace)

양쪽에 직선 가장자리를 가지고 있어서 안쪽 또는 밴드 장식에 사용된다.

④ 비딩 레이스(Bidding lace)

가운데에 테이프를 끼울 수 있는 레이스이다.

⑤ 엣징 레이스(Edging lace)

한쪽은 직선이고 다른 쪽은 스캘럽을 가지고 있는 레이스로 직선 가장자리는 의복 쪽에, 스캘럽은 바깥쪽에 오도록 사용한다. 좁은 폭으로, 0.6~15cm 까지의 폭을 가지고 있다.

⑥ 올오버 레이스(Allover lace)

전면에 연속된 패턴, 모양이 있는 광폭의 레이스로 원단 대신 사용된다. 라셀 레이스, 자카드 레이스, 리버 레이스, 튤 레이스 등 각종 레이스에 적용된다.

⑦ 플라운스 레이스(Flounce lace)

한쪽은 직선이고 다른 쪽은 스캘럽을 가지고 있는 레이스로 요크(Yoke)나 슬리브(Sleeve) 등에 사용된다. 엣징 레이스 보다는 넓은 15~91.5cm 정도의 폭을 가지고 있다.

표 1-12 사용방법에 따른 레이스의 종류

종 류	이미지	특 징
갈룬 레이스		• 양쪽에 스캘럽을 가지고 있어 햄라인에 사용
아플리케 레이스		• 레이스의 모티프
인서션 레이스		• 양쪽에 직선 가장자리를 가지고 있음
비딩 레이스		• 가운데에 테이프를 끼울 수 있는 레이스
엣징 레이스		• 한쪽은 직선이고 다른 쪽은 스캘럽을 가지고 있는 레이스 • 폭 0.6~15cm

종 류	이미지	특 징
올오버 레이스		• 전면에 연속된 패턴, 모양이 있는 광폭의 레이스로 원단 대신 사용
플라운스 레이스		• 한쪽은 직선이고 다른 쪽은 스캘럽을 가지고 있는 레이스 • 폭 15〜91.5cm

(3) 섬유의 조성에 따른 종류

① 면 레이스(Cotton lace)

바닥원단으로 면을 사용하여 자수를 놓은 것으로 면 레이스는 피부에 닿았을 때 더 부드럽고 편안하다. 면 레이스는 면직물과 함께 사용된다. 모든 면 레이스는 열과 압력에 의해 줄지 않도록 방축가공이 되어 있어야 한다. 토숀 레이스, 면 자수 등이 여기에 속한다.

② 나일론 레이스(Nylon lace)

나일론 레이스는 모든 직물에 사용될 수 있으나 특히 합성섬유, 예를 들면 나일론과 폴리에스테르에 사용된다. 나일론 레이스는 방축가공이 필요하지 않으며 라셀 레이스, 자카드 레이스, 텍스트로닉 레이스, 리버 레이스, 튤 레이스, 케미컬 레이스 등이 여기에 속한다.

MADE
WITH
LOVE
HAND MADE
WITH

LINGERIE

PART **02**

란제리 기본 원형

여성용 란제리 패턴의 기본 원형

란제리 패턴 제작을 위해 보디스(Bodice) 기본 원형을 제작한다. 필요한 치수는 가슴둘레 85cm, 등길이 38cm, 어깨넓이 37cm, 등넓이 35cm, 가슴넓이 34cm, 목둘레 39cm이다.

01 ╳ 기초선

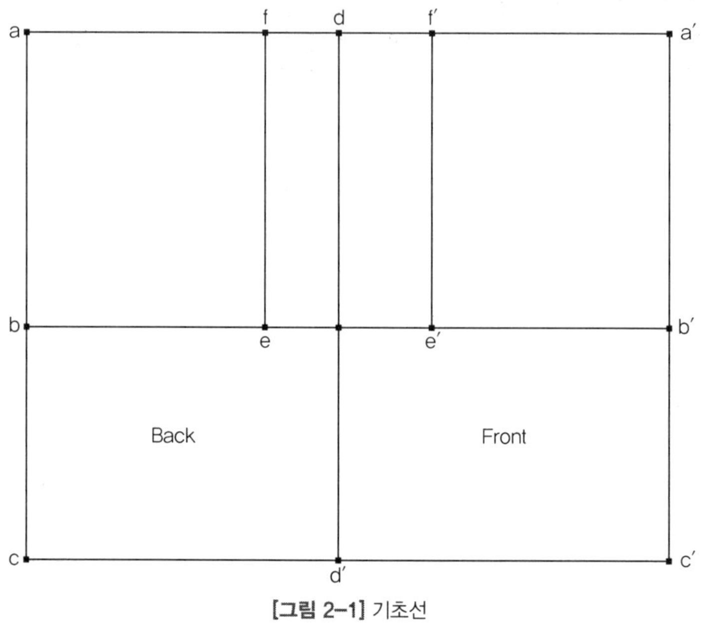

[그림 2-1] 기초선

① a-c 등길이 38cm로 뒷중심선을 그린다.

② a-a′ B/2+4cm로 하여 a-c, a-a′, a′-c′, c-c′로 직사각형을 그린다.

③ d-d′ a-a′의 이등분점에서 왼쪽으로 0.5cm 이동하여 앞뒤판을 구분하는 세로선을 그린다.

④ a-b B/4로 하여 b-b′ 선을 그린다.

⑤ a-f, b-e 등넓이/2로 정하여 뒤품선인 e-f 선을 그린다.

⑥ a′-f′, b′-e′ 가슴넓이/2로 정하여 앞품선인 e′-f′ 선을 그린다.

02 ✕ 완성선

(1) 뒤판

① a-1 N/6+0.5cm로 정하여 3등분한다.

② 1-2 2cm를 올리고 a-1 사이를 3등분한 1/3선을 지나 뒷목둘레를 굴려서 정리한다.

③ f-3 1.5cm를 내린다.

④ a-5 어깨넓이/2를 수평으로 잡아 어깨선 2-5의 사선과 교차되게 정리한다.

⑤ 6-7 a-b의 2등분선을 수평으로 긋는다.

⑥ 7-e 4등분한다.

⑦ 8-9 7-e의 3/4 점과 사선으로 연결한다.

⑧ 10-e 8-9의 사선에 직각으로 e점과 연결한다.

⑨ 5-7-8-9 5에서 직각으로 시작하여 10-e를 3등분한 1/3을 지나 자연스러운 곡선으로 정리한다.

⑩ 11-12 2-5 사이를 2등분한 점에서 1.5cm 좌측을 시작점으로 잡고 b-e의 2등분점 12와 연결한다.

⑪ 7-13 1cm로 설정하고 점 14와 연결하여 뒤의 기본 다트를 그린다.

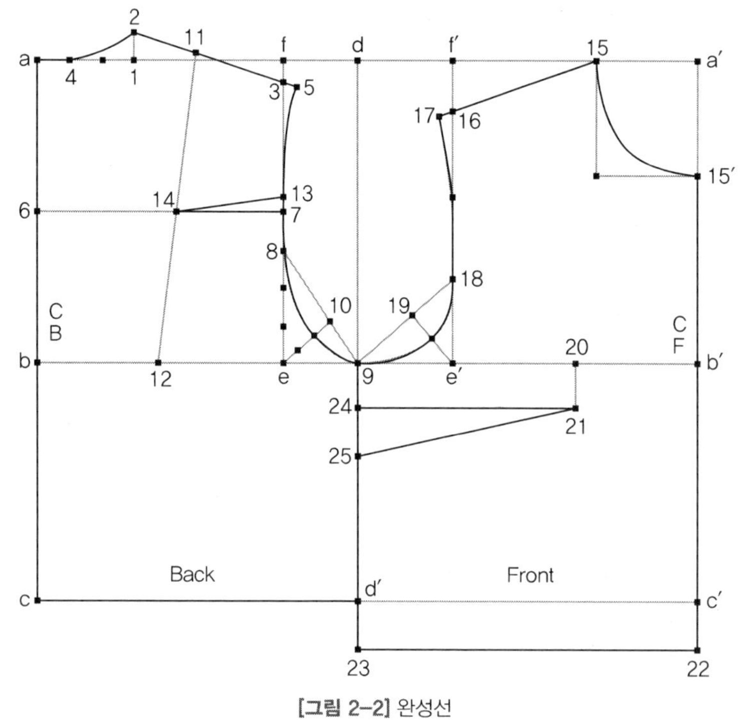

[그림 2-2] 완성선

(2) 앞판

① **a´-15** N/6+0.5cm, a´-15´는 (N/6+0.5)+1cm를 잡아서 직사각형을 그린 후, 앞목둘레를 그린다.

② **f´-16** 3.5cm를 내린다.

③ **15-17** 뒤어깨넓이-0.5cm를 잡는다.

④ **16-e** 3등분한다.

⑤ **18-9** 16-e의 1/3점과 9를 사선으로 연결한다.

⑥ **19-e´** 18-9의 사선에 직각이 되도록 e´점과 연결한다.

⑦ **17-18-9** 17에서 직각으로 시작하여 19-e´의 1/2점을 지나 자연스러운 곡선으로 진동둘레를 정리한다.

⑧ **b´-20** b´-e´를 2등분한다.

⑨ **20-21** 3cm를 내려 B.P.를 정한다.

⑩ **c´-22** B/24로 앞처짐을 정한 다음 22-23의 선을 정리한다.

⑪ **24-25** 앞처짐과 같은 치수인 B/24만큼 내려 B.P.와 연결한 후 앞다트를 그린다.

⑫ 불필요한 선을 지우고 앞판과 뒤판을 분리하여 정리한다.

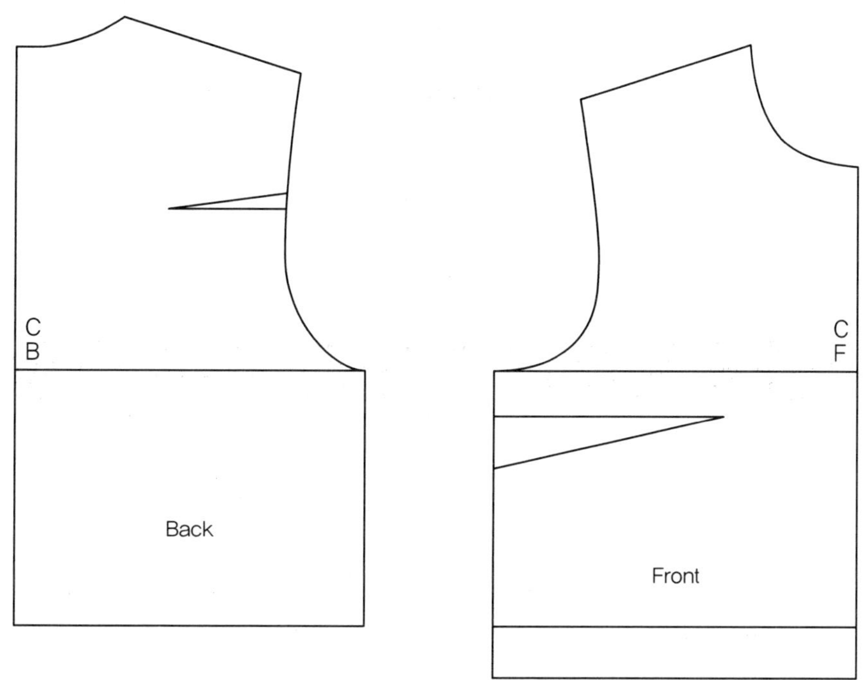

[그림 2-3] 완성된 여성 보디스 원형

남성용 란제리 패턴의 기본 원형

란제리 패턴 제작을 위해 남성용 보디스의 기본 원형을 제작한다. 필요한 치수는 가슴둘레 92cm, 등길이 42cm, 등넓이 42.6cm, 앞품 38cm, 목너비 16cm이다.

01 × 기초선

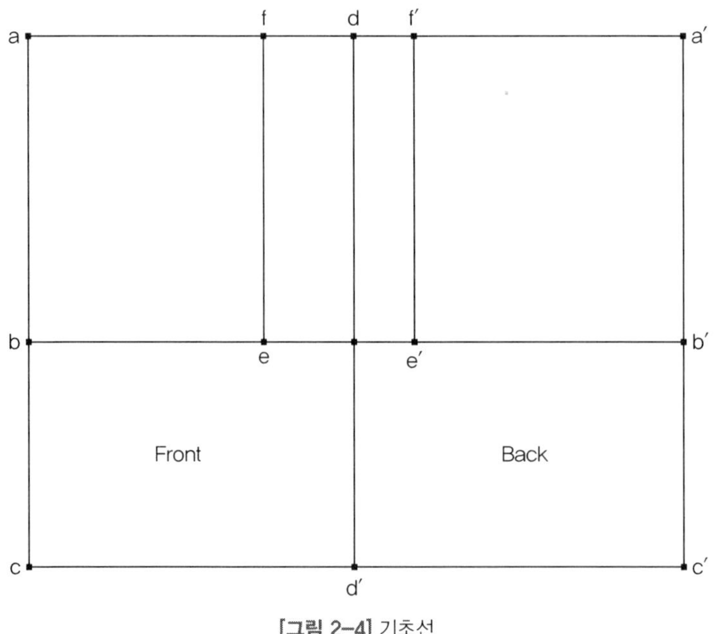

[그림 2-4] 기초선

① **a–c** 등길이 42cm로 뒷중심선을 그린다.

② **a–a′** B/2+6cm, 즉 92/2+6cm=46+6cm=52cm로 하여 a–c, a–a′, a′–c′, c–c′로 직사각
  형을 그린다.

③ **d–d′** a–a′의 이등분점에서 앞뒤판을 구분하는 세로선을 그린다.

④ **a–b** B/4+1cm, 즉 92/4+1=23+1=24cm로 하여 b–b′ 선을 그린다.

⑤ **a′–f′, b′–e′** 등넓이/2=42.6/2=21.3cm로 정하여 뒤품선인 e′–f′ 선을 그린다.

⑥ **a–f, b–e** 앞품/2=38/2=19cm로 정하여 앞품선인 e–f 선을 그린다.

02 ╳ 완성선

(1) 뒤판

① **a′–1** 목너비/2=16/2=8cm로 정하여 점 1을 그린다.

② **1–2** 점 1에서 2.5cm를 올려서 점 2를 설정한다.

③ **2–2′, 1–1′** 한 변이 2.5cm인 정사각형을 그린다.

④ **1–2′** 점 1과 점 2′를 대각선으로 연결한다.

⑤ **1″** 1–2′의 이등분점 1″를 찾는다.

⑥ **7** 1″점에서 0.2cm를 올려 점 7을 정한 후 2–7–a′점을 연결하여 뒷목둘레선을 그린다.

⑦ **f′–3** e′–f′ 선을 위로 2.5cm 연장하여 점 3을 그린다.

⑧ **3–4** 점 3에서 6cm를 내려서 점 4를 설정한다.

⑨ **4–5** 2–4 선을 1.5cm 연장하여 점 5를 설정한다.

⑩ **6** 점 4와 점 e′를 이등분하는 점 6을 찾는다.

⑪ **8** 점 6과 점 e′의 이등분점 점 8을 찾는다.

⑫ **9** 점 8에서 0.5cm를 직각으로 나가서 점 9를 찾는다.

⑬ **5–6–9–d″** 점 5와 점 6은 직선에 가까운 곡선으로 연결하고 6–9–d″를 자연스러운 곡선으
  로 연결하여 뒷진동둘레선을 그린다.

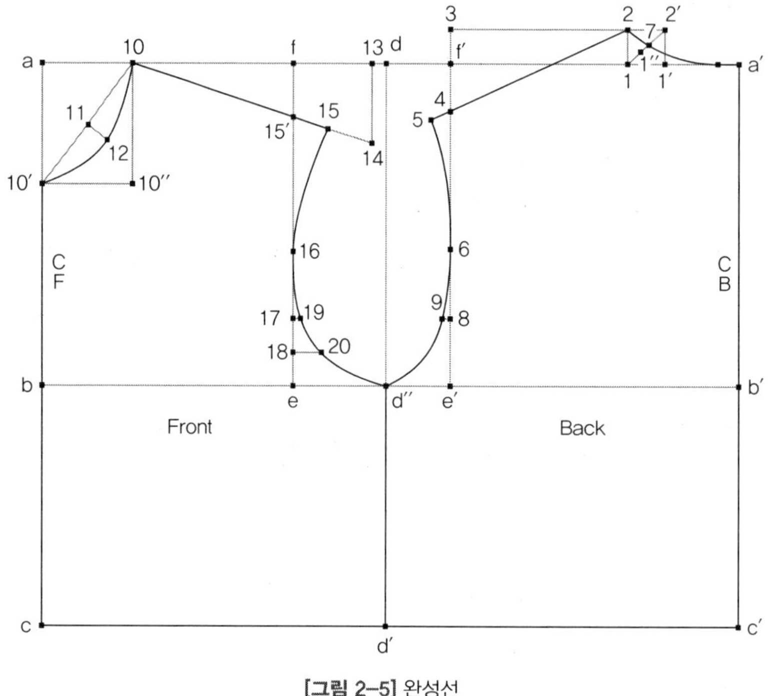

[그림 2-5] 완성선

(2) 앞판

① **a-10** 목너비/2-1=16/2-1=7cm로 정하여 점 10을 그린다.

② **a-10′** 목너비/2+1=16/2+1=9cm로 정하여 점 10′를 그린다.

③ **a-10-10′-10″** 직사각형을 그린다.

④ **10-10′** 점 10과 점 10′를 대각선으로 연결한다.

⑤ **11** 10-10′의 이등분점 점 11을 찾는다.

⑥ **12** 점 11에서 직각으로 2cm 들어가서 점 12를 찾는다.

⑦ **10-10′-12** 점 10, 점 12, 점 10′를 자연스럽게 연결하여 앞목둘레선을 그린다.

⑧ **d-13** 점 d에서 왼쪽으로 1cm를 이동하여 점 13을 설정한다.

⑨ **13-14** 점 13에서 직각으로 6cm를 내려서 점 14를 설정한다.

⑩ **10-14** 점 10과 점 14를 직선으로 연결한다.

⑪ **10-15** 뒤어깨길이 2-5와 같은 길이로 표시하여 점 15를 찾는다.

⑫ **16** e-f 선과 어깨선이 만나는 점 15′와 점 e를 이등분하는 점 16을 찾는다.

⑬ **17** 점 16과 점 e를 이등분하는 점 17을 찾는다.

⑭ **19** 점 17에서 직각으로 0.5cm를 나가서 점 19를 찾는다.

⑮ **18** 점 17과 점 e를 이등분하는 점 18을 찾는다.

⑯ **20** 점 18에서 직각으로 2cm를 나가서 점 20을 찾는다.

⑰ **15-16-19-20-d″** 자연스러운 곡선으로 연결하여 앞진동둘레선을 그린다.

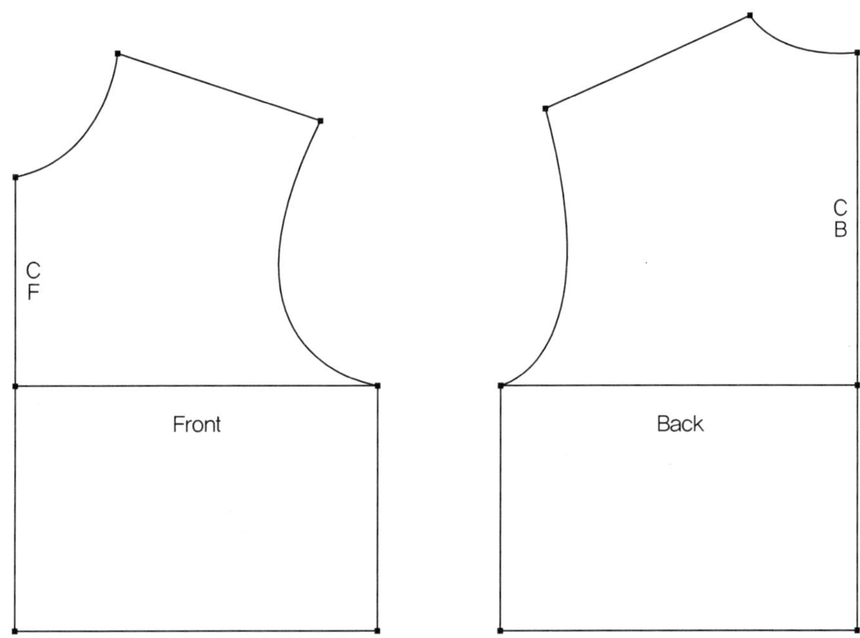

[**그림 2-6**] 완성된 남성 보디스 원형

MADE
WITH
LOVE
HAND MADE
WITH

LINGERIE
PART
03
슬립

CHAPTER

01

슬립 패턴 제작

(1) 사이즈

① 가슴둘레

원단에 따라 가슴둘레 치수의 설정이 달라진다. 원단이 스트레치성을 가지고 있는 경우에는 가슴둘레 치수를 보통 82cm로 설정한다. 스트레치성이 없는 원단의 경우 슬립은 보통 원단을 바이어스로 재단하게 되는데, 이 경우에는 84~86cm를 가슴둘레 치수로 설정한다. 그러나 부득이하게 원단의 무늬를 살려야 하거나 레이스의 스캘럽을 살리기 위해 식서방향 그대로 재단을 하게 되는 경우에는 입고 벗는 데 여유분이 더 필요하므로 가슴둘레 치수를 90cm로 하여 패턴을 제도한다.

가슴둘레는 앞판을 뒤판보다 2cm 정도 크게 제도한다.

② 총길이

일반적인 풀슬립의 경우 85cm로 설정하며, 디자인에 따라 82~85cm 사이에서 자유롭게 변경할 수 있다. 부인용 슬립의 경우에는 총길이를 88~90cm 정도로 설정한다.

③ 허리둘레

허리둘레는 72~76cm로 설정하여 1/4 기준인 18~19cm로 그린다.

④ 밑단둘레

밑단둘레는 104~108cm로 설정하여 1/4 기준인 26~27cm로 그린다.

표 3-1 슬립의 총 길이에 따른 명칭

명 칭	총길이
미니(Mini)	65~85cm 미만
스탠다드(Standard)	85~95cm 미만
샤넬(Chanel)	95~100cm 미만
미디(Midi)	105~115cm 미만
맥시(Maxi)	125~135cm 미만

(2) 패턴 제도

A. 뒤판

① 여성 란제리용 보디스의 원형 뒤판을 따라 그린다.

② d-d″ c-c″ 선에서 1cm를 내려 그린다.

③ e-e″ d-d″ 선에서 다시 1cm를 내려 그린다.

④ g-g″ h-h″ 선에서 2cm 위로 올려 그린다.

⑤ c′-d′-e′-g′-h′ c-d-e-g-h 선에서 가슴둘레(86cm)/4-0.5cm만큼 이동하여 선을 그린다.

⑥ j-j′ h-h′에서 엉덩이길이 20cm를 내려서 엉덩이둘레선을 그린다.

⑦ k-k′ 총길이(80cm)를 설정한 후 등길이(38cm)를 뺀 나머지 42cm를 h-h′에서 내려서 그린다.

⑧ e-d′ e점에서 e-e′의 1/3 정도 지점까지는 직선을 유지하면서 d′점과 연결하여 곡선을 그린다.

> **Tip** e-d′를 곡선으로 그려 뒷중심 부위를 1cm 파주지 않고 d-d′의 직선을 사용할 경우 실제로 슬립을 제작하였을 때 뒷중심 부위가 솟아 보이므로 1cm를 패턴상에서 미리 조정해준다.

⑨ g-i′ 허리둘레는 1/4 치수를 18~19cm로 하여 i′점을 설정한다.

⑩ d′-i′ d′점과 i′점을 연결하여 옆선을 직선으로 그린다.

⑪ g-i 인체의 뒤허리 중심이 안으로 들어가 있으므로 1.5cm 들어가 i점을 표시한 후 연결한다.

⑫ e-i e점과 i점을 자연스러운 곡선으로 연결한다.

⑬ i-j i점과 j점의 이등분점 정도까지 자연스러운 곡선으로 정리하고 그 이후는 직선으로 연결한다.

⑭ j-j′ 엉덩이둘레는 1/4 치수를 23cm 정도로 하여 j′점을 설정한다.

⑮ i′-j′ 힙곡자를 사용하여 곡선으로 그린다.

⑯ k-k′ 밑단둘레는 1/4 치수를 26~27cm로 하여 k′점을 설정한다.

⑰ j′-k′ 직선으로 연결하여 옆선을 그린다.

⑱ k-n-m k-k′를 3등분하고 j′-k′ 선에 직각이 되도록 수선을 내린 후 곡선으로 정리한다.

> **Tip** 옆선을 직각으로 올려 정리해주지 않으면 완성된 후 밑단선이 일자로 보이지 않고 옆선 쪽이 더 길어 보이는 현상이 발생한다.

⑲ l-o 뒤트임선 l-k는 10~15cm, k-o는 5cm로 하여 l-o를 직선 또는 곡선으로 그린다.

⑳ b-f a-b는 6cm, e-f는 8.5cm로 하여 어깨끈 위치를 설정한다.

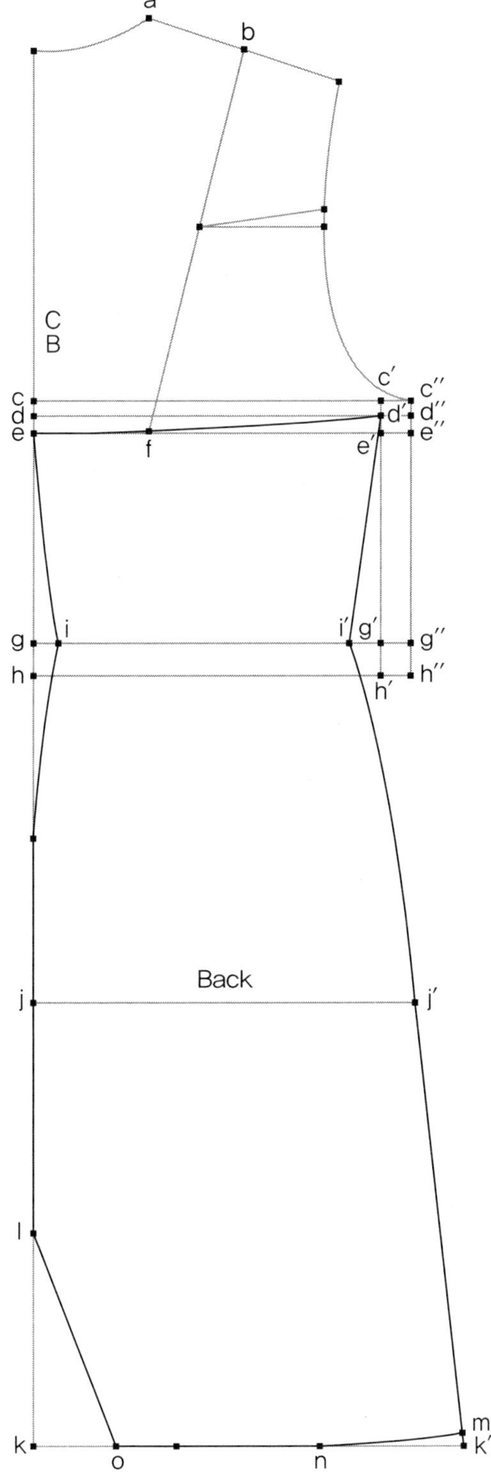

[그림 3-1] 풀슬립의 뒤판 제도

■ 기본선

① 여성용 기본 보디스 원형의 모든 선을 무시하고 외곽선만 따라 그린다.

② d-d″ c-c″에서 1cm를 내려 수평선을 그린다.

③ e-e″ d-d″에서 2cm를 내려 수평선을 그린다.

④ f-f″ e-e″에서 7.5cm(브래지어의 하컵 높이)를 내려서 수평선을 그린다.

⑤ g-g″ h-h″에서 2cm를 올려서 수평선을 그린다.

⑥ c′-d′-e′-f′-g′-h′ c-d-e-f-g-h에서 가슴둘레(86cm)/4+0.5cm만큼 이동하여 선을 그린다.

⑦ g-m 허리둘레는 1/4 치수를 18~19cm로 하여 m점을 설정한다.

⑧ d′-m d′점과 m점을 직선으로 연결한다.

⑨ i-i′ h-h″에서 엉덩이길이 20cm를 수평으로 내려 그린다.

⑩ j-j′ 총길이(80cm)를 설정한 후 등길이(38cm)를 뺀 나머지 42cm를 h-h″에서 내려서 그린다.

⑪ i-i′ 엉덩이둘레는 1/4 치수를 23cm 정도로 하여 i′점을 설정한다.

⑫ j-j′ 밑단둘레는 1/4 치수를 26~27cm로 하여 j′점을 설정한다.

⑬ m-i′ 힙곡자를 사용하여 곡선으로 그린다.

⑭ i′-j′ 직선으로 연결한다.

⑮ i′-k 뒷몸판의 j-m 길이와 같은 길이로 설정한 후 j-j′를 3등분한 l점을 지나도록 곡선을 그려 밑단을 정리한다.

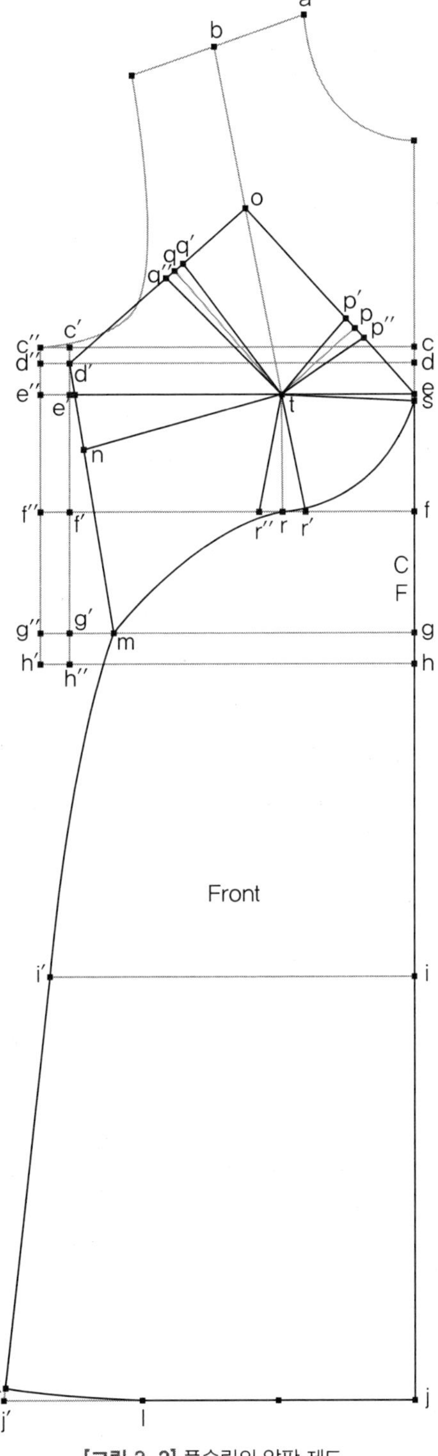

[그림 3-2] 풀슬립의 앞판 제도

■ 컵부분 기초선

① **a–b** 옆목점에서 6cm를 내려 b점을 설정한다.

② **e–t** 1/2 젖꼭지점사이길이는 8.5cm로 설정한다.

③ **b–t** 직선으로 연결한다.

④ **o–t** t점에서 12cm 올려 o점을 설정한다.

> **Tip** 브래지어의 상컵을 감싸기 위해서는 최소한 12cm로 설정해주어야 한다.

⑤ **o–e, o–d′, d′–m** 직선으로 연결한다.

⑥ **t–p** t점에서 o–e 선에 직각이 되는 수선을 그린다.

⑦ **t–p′, t–p″** p점에서 0.7cm씩 옆으로 가서 p′점과 p″점을 찾은 후 직선으로 t–p′, t–p″선을 그린다.

⑧ **t–q** t점에서 o–d′ 선에 직각이 되는 수선을 그린다.

⑨ **t–q′, t–q″** q점에서 0.8cm씩 옆으로 가서 q′점과 q″점을 찾은 후 직선으로 t–q′, t–q″선을 그린다.

⑩ **t–n** e′–t 선에서 3.5cm를 내려서 n점을 설정한 후 직선으로 t–n 선을 그린다.

⑪ **t–r** t점에서 f–f′ 선에 직각으로 수선을 그린다.

⑫ **t–r′, t–r″** r점에서 양쪽으로 1.5cm씩 가서 r′와 r″점을 정한 후 직선으로 연결하여 t–r′, t–r″선을 그린다.

⑬ **t–s** t–e 선에서 0.5cm 내려서 s점을 정한 후 t점과 직선으로 연결한다.

⑭ **s–r–m** 디자이너의 디자인선으로 s, r, m 점을 지나는 곡선으로 정리한다.

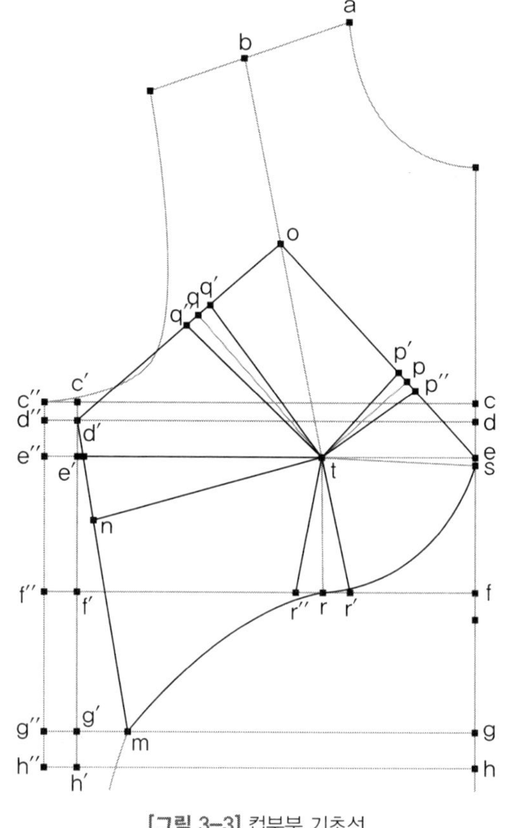

[그림 3–3] 컵부분 기초선

■ 컵부분 다트 정리를 위한 가이드선

① **a-b** a점과 b점 사이의 직선길이를 측정해 놓는다.

② c점을 포인트로 해서 a-b 길이를 반지름으로 하는 원을 그린다.

③ e-d 선의 길이를 측정해 놓는다.

④ d점을 포인트로 해서 반지름이 e-d 길이인 원을 그린다. 두 개의 원이 만나는 f점을 설정한다.

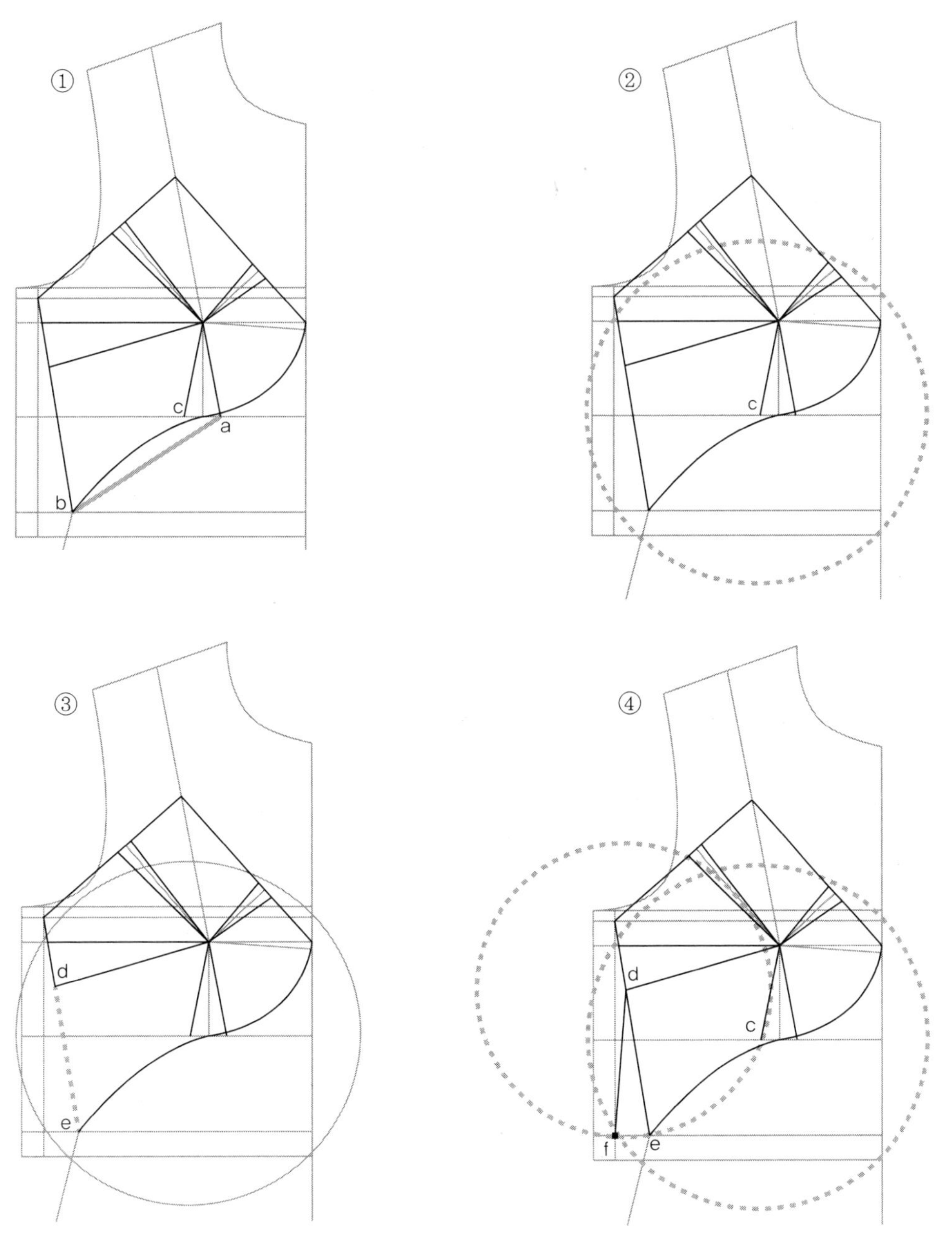

■ 다트 MP시키기

① 다트 부분을 따라 그린다. 이때 앞 ④번 그림의 d–e선 대신 d–f 선을 그린다.

② t점을 기준으로 돌리면서 다트를 모두 접어 r 쪽으로 빼준다.

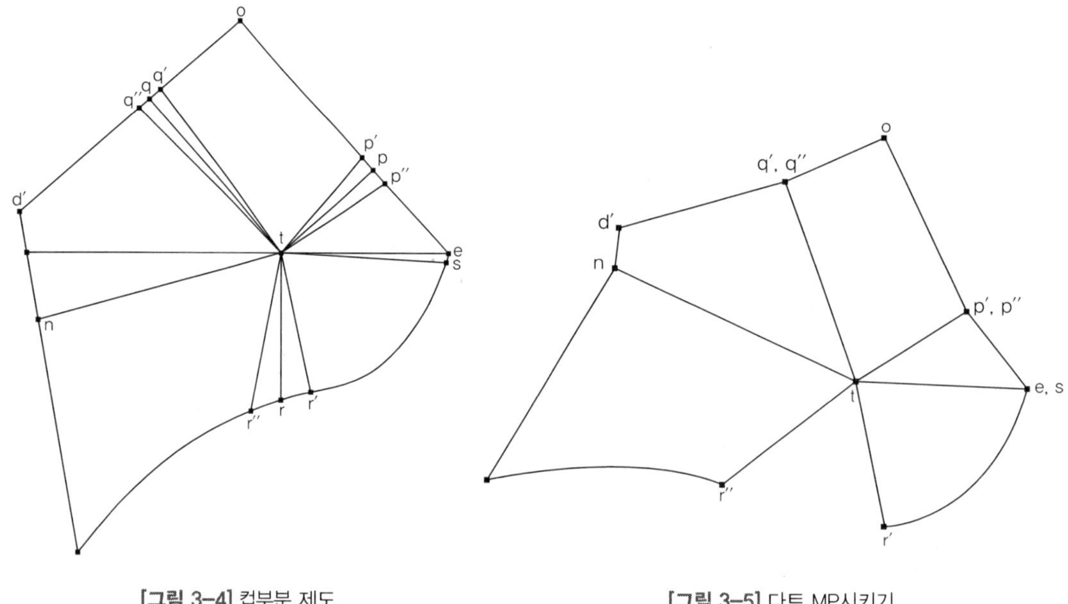

[그림 3–4] 컵부분 제도   [그림 3–5] 다트 MP시키기

③ t–u 8~8.5cm가 되도록 진동둘레를 정리한다.

> **Tip** 브래지어가 보이지 않도록 하기 위해서는 t–u의 길이가 최소 8cm 이상이어야 한다.

④ t–v 젖꼭지점 t에서 1.5~2cm를 내려서 다트선을 정리한다.

> **Tip** 다트가 너무 뾰족하게 되지 않도록 하기 위해서 젖꼭지점을 기준으로 2cm 반경 내에서 다트 끝점을 이동시킨다.

⑤ 옆선은 직선으로 정리한다.

⑥ 목선은 디자이너의 의도에 따라 직선
또는 곡선으로 정리한다.

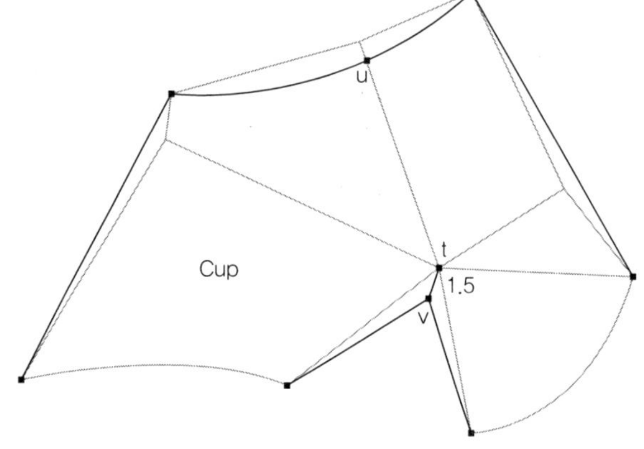

[그림 3–6] 다트 MP시키기 완성

(3) 그레이딩

① 사이즈 그레이딩은 그레이딩 라인을 기준으로 하여 이루어진다. 뒷몸판의 경우 뒷중심선과 같은 방향을 그레이딩 기준선으로 정한다.

② a점은 그레이딩 라인을 기준으로 위쪽으로 0.5cm씩 올려 사이즈를 늘려준다.

③ b점은 그레이딩 라인과 같은 방향인 위쪽으로 0.5cm, 그레이딩 라인에 직각으로 1.25cm씩 이동시켜 사이즈를 늘린다.

④ 허리선의 g점과 엉덩이둘레선의 f점은 그레이딩 라인에 직각으로 1.25cm씩 이동시켜 사이즈를 늘린다.

⑤ 뒤트임 시작점인 c점은 고정시켜 놓는다.

⑥ d점은 그레이딩 라인 방향 아래쪽으로 1cm씩 늘린다.

⑦ e점은 그레이딩 라인 방향 아래쪽으로 1cm씩, 그레이딩 라인에 직각으로 1.25cm씩 늘린다.

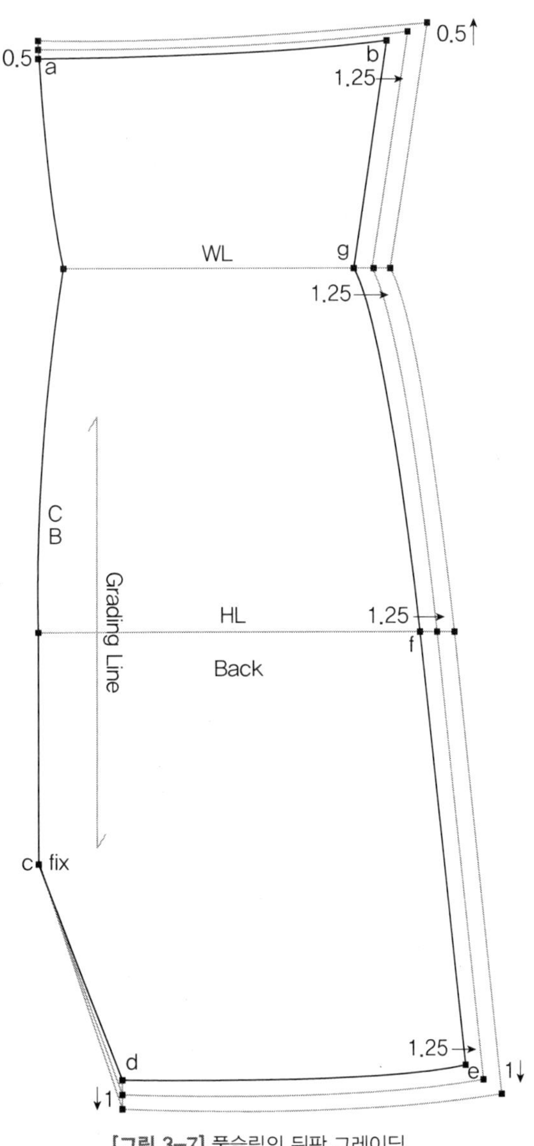

[그림 3-7] 풀슬립의 뒤판 그레이딩

① 앞몸판의 컵부분 다트 위치를 고정시킨다.

② a점은 고정시켜 움직이지 않도록 한다.

③ c점은 그레이딩 라인에 직각으로 1.25씩 이동시켜 사이즈를 늘린다.

④ d점은 그레이딩 라인에 직각으로 1.25씩 이동시켜 사이즈를 늘린다.

⑤ e점은 그레이딩 라인 아래 방향으로 1cm, 그레이딩 라인에 직각으로 1.25cm씩 이동시킨다.

⑥ b점은 그레이딩 라인 아래 방향으로 1cm씩 이동시킨다.

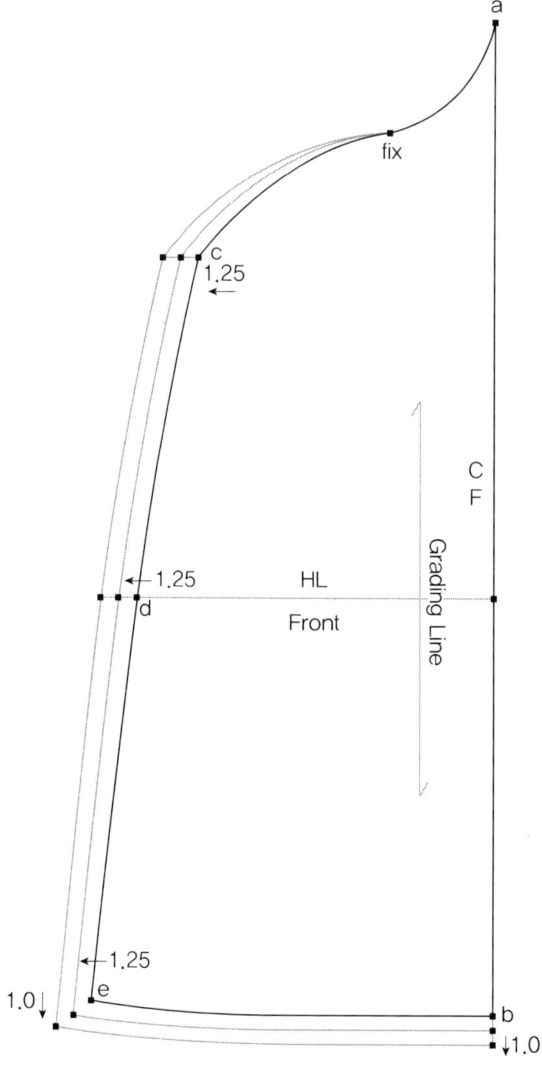

[그림 3-8] 풀슬립의 앞판 그레이딩

① a점은 a-b 라인 연장선을 따라서 0.5cm씩 올려서 그레이딩한다.

② c점과 d점은 c-d의 라인에 평행으로 1.25cm씩 이동시켜 사이즈를 늘린다.

③ e점, f점, g점은 그레이딩 라인에 직각인 바깥쪽 방향으로 0.5cm씩 이동시켜 그레이딩한다.

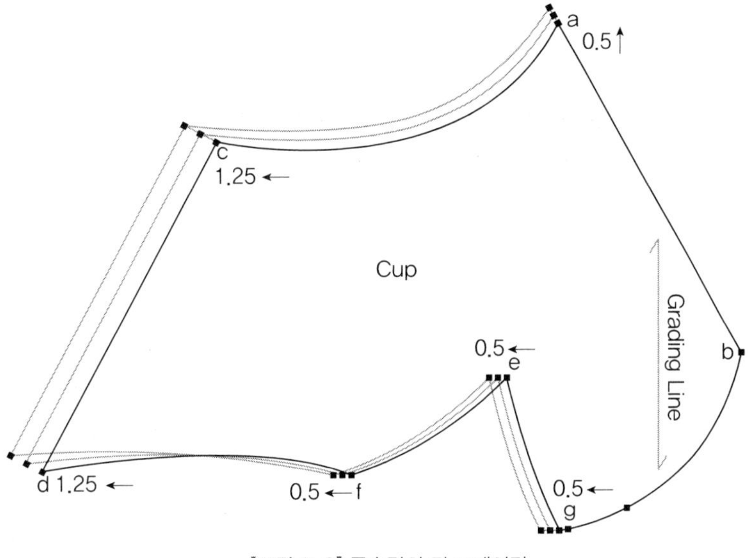

[그림 3-9] 풀슬립의 컵 그레이딩

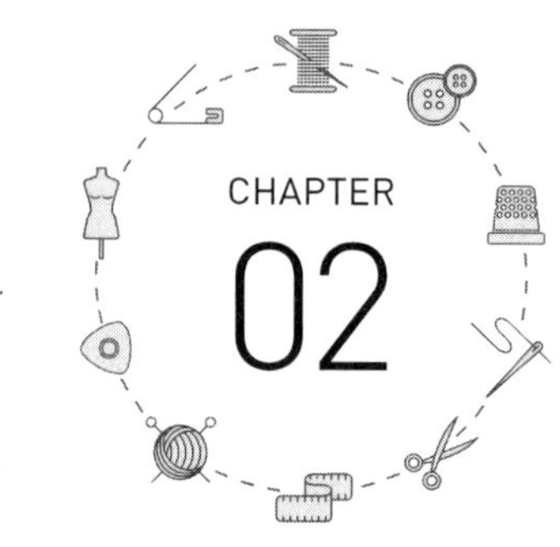

CHAPTER

02

캐미솔 패턴 제작

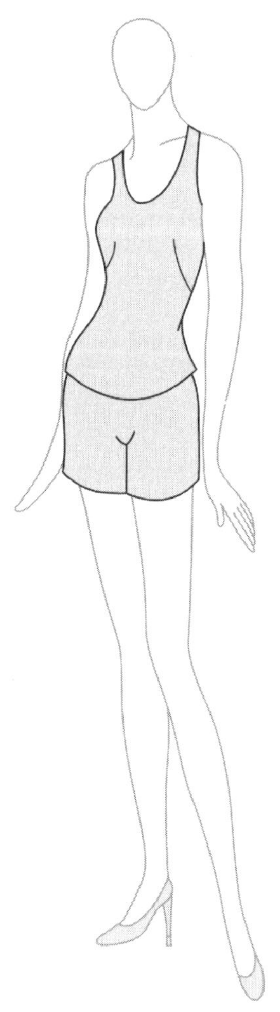

(1) 사이즈

① 가슴둘레

원단에 따라 가슴둘레 치수의 설정이 달라진다. 원단이 스트레치성을 가지고 있는 경우에는 가슴둘레 치수를 보통 82cm로 설정한다. 스트레치성이 없는 원단의 경우 캐미솔은 보통 원단을 바이어스로 재단하게 되는데, 이 경우에는 84~86cm를 가슴둘레 치수로 설정한다. 그러나 부득이하게 원단의 무늬를 살려야 하거나 레이스의 스캘럽을 살리기 위해 식서방향을 그대로 재단하게 되는 경우에는 입고 벗는 데 여유분이 더 필요하므로 가슴둘레를 90cm로 하여 패턴을 제도한다. 가슴둘레는 앞판을 뒤판보다 2cm 정도 크게 제도한다.

뒷몸판의 경우 트리코트(Tricot)류 원단의 경우는 곬선으로 하여 붙여주고 직물류 원단의 경우에는 두 장으로 재단하여 만든다.

② 총길이

일반적인 캐미솔 상의의 경우 58~60cm로 설정한다.

③ 밑단둘레

밑단둘레는 96~100cm로 설정하여 1/4 기준인 24~25cm로 그린다.

④ 허리둘레

허리둘레는 72~76cm로 설정하여 1/4 기준인 18~19cm로 그린다.

(2) 패턴 제도

① f–f″ e–e″ 선에서 1cm를 내려 수평으로 그린다.

② g–g″ h–h″ 선에서 2cm를 위로 올려 수평으로 그린다.

③ e′–f′–g′–h′ e–f–g–h 선에서 가슴둘레/4~0.5cm만큼 이동하여 그린다.

④ g–i 1.5cm 들여서 설정한다.

⑤ g–n 허리둘레/4의 치수인 18~19cm로 정한다.

⑥ f–i 직선으로 연결한다.

⑦ k–k′ 총길이 60cm에서 등길이 38cm를 뺀 나머지 길이를 h–h″에서 내려서 그린다.

⑧ k–k′ 밑단둘레/4의 24~25cm로 설정한다.

⑨ f′–g′ 직선으로 연결한다.

⑩ n–k′ 힙곡자를 사용하여 곡선으로 그린다.

⑪ m–l k–k′를 3등분해서 m점에서 h′–k′에 직각이 되는 수선을 내려 l점을 정한다.

⑫ k–l 곡선으로 정리한다.

⑬ i–k 곡선으로 정리한다.

⑭ f–j 8.5cm로 설정한다.

⑮ a–b 6cm로 설정한다.

⑯ b–j b점과 j점을 직선으로 연결한다.

⑰ b–c, b–d 각각 1cm, 1.5cm로 설정한다.

⑱ c–f 시작부위는 직선을 유지하다가 곡선으로 정리한다.

⑲ d–f′ 시작부위는 직선을 유지하다가 곡선으로 정리해서 진동둘레를 그린다.

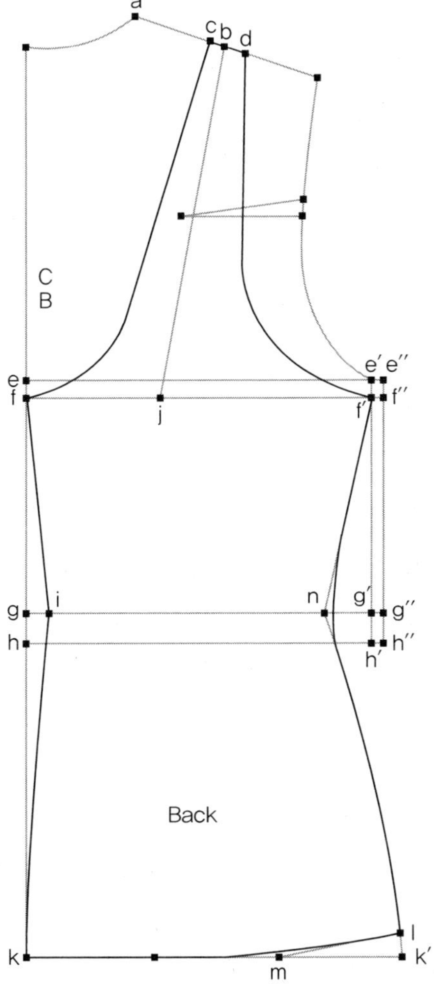

[그림 3-10] 캐미솔의 상의 뒤판 제도

■ 기초선

① 보디스 원형 앞판의 다트를 생략하고 따라 그린다.

② f–f″ e–e″ 선에서 1cm를 내려 평행으로 그린다.

③ g–g″ f–f″ 선에서 2cm를 내려 평행으로 그린다.

④ h–h″ g–g″ 선에서 하컵 높이 7.5cm를 내려서 평행으로 그린다.

⑤ i–i″ j–j″ 선에서 2cm를 올려 평행으로 그린다.

⑥ k–k′ 총길이 60cm에서 등길이 38cm를 뺀 나머지 길이를 j–j″에서 내려서 그린다.

⑦ a–b 6cm로 설정하여 b점을 찾는다.

⑧ g–t 젖꼭지점사이길의 1/2인 8.5cm로 하여 t점을 찾는다.

⑨ t–b b점과 t점을 직선으로 연결한다.

⑩ t–o 12cm로 설정하여 o점을 찾는다.

⑪ b–c b점에서 1cm를 옆목점 쪽으로 움직여 c점을 설정한다.

⑫ b–d b점에서 1.5cm를 어깨끝점 쪽으로 움직여 d점을 찾는다.

⑬ e′–f′–g′–h′–i′–j′ e–f–g–h–i–j의 앞중심선에서 가슴둘레/4+0.5cm만큼 이동하여 그린다.

⑭ d–f′ d점과 f′점을 연결하여 진동둘레선을 그린다. 이때 f′점의 시작부위는 직각이 되도록 한다.

⑮ o–g o점과 g점을 직선으로 연결한다.

⑯ c–v o–g 선과 만나도록 목둘레선을 그린다. 디자이너의 의도에 따라 라운드, 스퀘어 등으로 그린다.

⑰ g–s g점에서 0.5cm를 내려 s점을 설정한다.

⑱ s–t s점과 t점을 직선으로 연결한다.

⑲ t–p t점에서 o–g 선에 수선을 내려 p점을 설정한다.

⑳ t–p′, t–p″ p점에서 양쪽으로 0.7cm씩 이동하여 p′점과 p″점을 설정한 후, t점과 직선으로 연결한다.

㉑ t–q t점에서 d–f′의 진동둘레선에 수선을 내려 q점을 설정한다.

㉒ t–q′ t–q″ q점에서 양쪽으로 0.8cm씩 이동하여 q′점과 q″점을 설정한 후, t점과 직선으로 연결한다.

㉓ i–n 허리둘레/4의 치수인 18~19cm로 설정한다.

㉔ f′–n f′점과 n점을 직선으로 연결한다.

㉕ w–u 옆선 f′–n을 그리면서 g–g″ 선과 만나는 w점에서 3.5cm를 내려 u점을 설정한다.

㉖ u-t 직선으로 u점과 t점을 연결한다.

㉗ t-r t점에서 h-y 선에 수선을 내려 r점을 설정한다.

㉘ t-r′, t-r″ r점에서 양쪽으로 1.5cm씩 이동하여 r′점과 r″점을 설정한 후, t점과 직선으로 연결한다.

㉙ k-k′ 밑단둘레/4의 치수인 24~25cm로 설정한다.

㉚ n-k′ 힙곡자를 사용하여 엉덩이 옆선을 그린다.

㉚ l-k′ k-k′를 3등분하여 m점을 정한 후, m점에서 n-k′ 선에 수선을 내려 l점을 정한다.

㉚ l-m l점과 m점을 직선으로 연결한다.

㉚ k-m-l 밑단을 곡선으로 자연스럽게 연결한다.

㉚ t-n 디자인 라인으로, 디자이너의 의도에 따라 선을 그린다. 이때 r′-r″의 다트량을 전부 포함하지 않고 2cm 정도 벌어지도록 선을 정리한다.

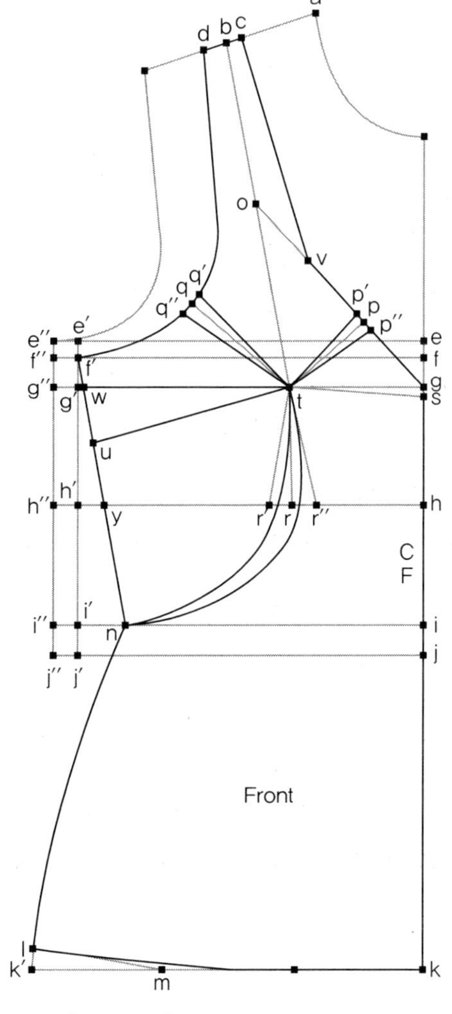

[그림 3-11] 캐미솔의 상의 앞판 제도

■ 다트 MP시키기

① t-n 선을 절개한 후 다트를 돌려준다.

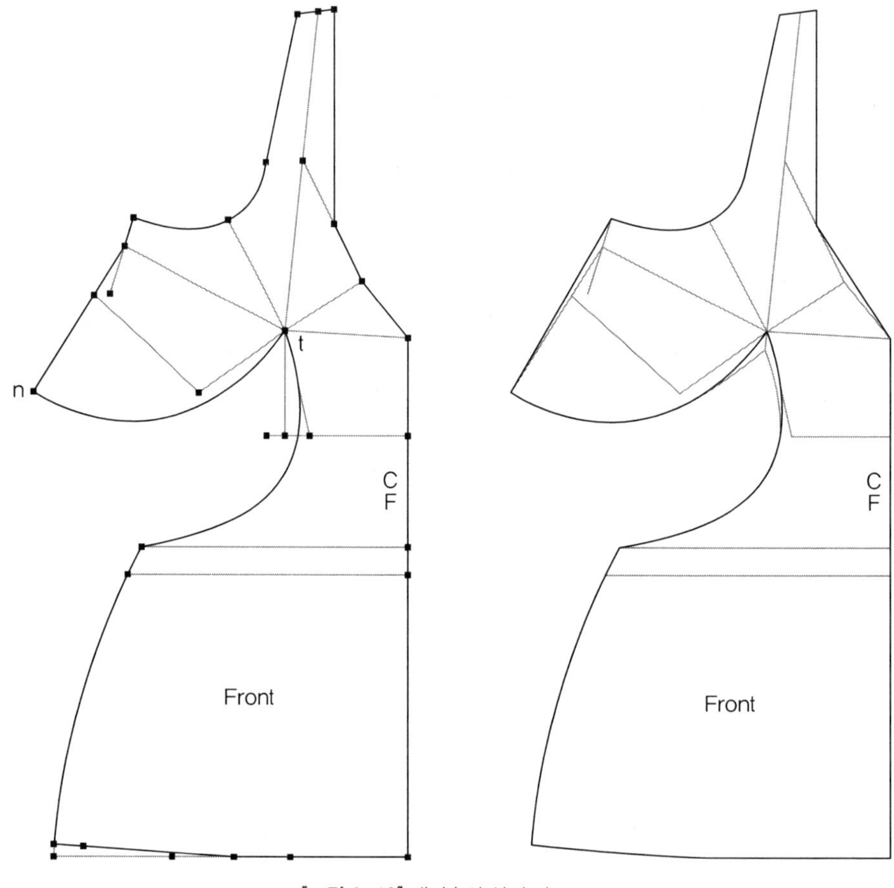

[**그림 3-12**] 캐미솔의 상의 다트 MP

② 옆선과 목둘레선의 꺾인 선을 정리한다.

③ 젖꼭지점에서 1.5cm를 내려 다트 끝점을 다시 설정한 후, 다트를 정리한다.

(3) 그레이딩

A. 뒤판

① a점은 고정시킨다.

② b점은 그레이딩 라인을 따라서 1cm씩 아래로 내려 길이를 늘린다.

③ c점은 그레이딩 라인을 따라 아래로 1cm, 그레이딩 라인에 직각인 바깥쪽으로 1.25cm씩 이동시킨다.

④ d점은 그레이딩 라인에 직각인 바깥쪽으로 1.25cm씩 확장시킨다.

⑤ e점은 그레이딩 라인 위쪽으로 1cm, 그레이딩 라인에 직각인 바깥쪽으로 0.5cm씩 확장시킨다.

⑥ f점은 그레이딩 라인 위쪽으로 1cm, 그레이딩 라인에 직각인 바깥쪽으로 0.7cm씩 이동시켜 사이즈가 커짐에 따라 어깨폭이 약간씩 넓어지도록 그레이딩한다.

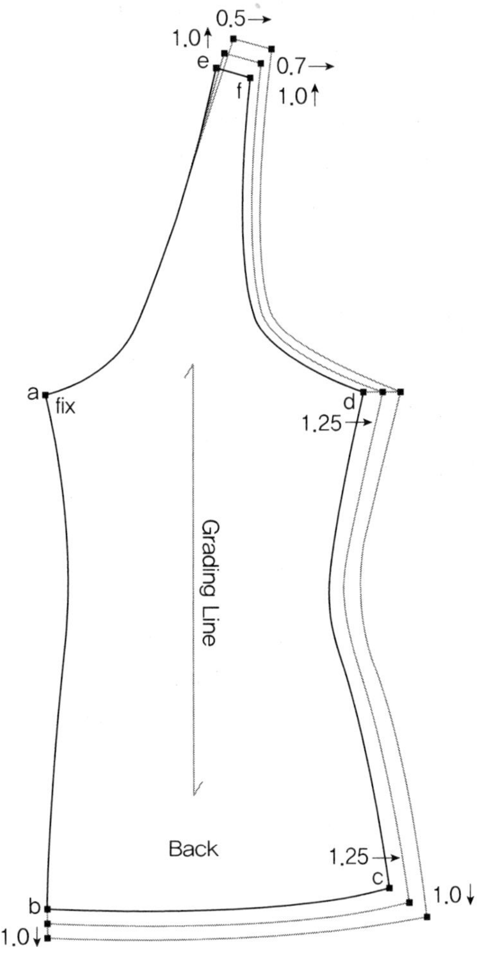

[그림 3-13] 캐미솔의 상의 뒤판 그레이딩

① 앞목점 a는 고정시킨다.

② b점은 그레이딩 라인에 직각으로 0.5cm씩 이동시킨다.

③ c점은 그레이딩 라인 위 방향으로 1cm, 그레이딩 라인에 직각인 바깥쪽으로 0.5cm씩 이동시킨다.

④ d점은 그레이딩 라인 위 방향으로 1cm, 그레이딩 라인에 직각인 바깥쪽으로 0.7cm씩 이동시킨다.

⑤ e점과 f점은 e-f 라인에 평행이 되도록 1.25cm씩 바깥쪽으로 넓혀준다.

⑥ g점은 그레이딩 라인에 직각인 바깥쪽으로 0.5cm씩 이동시킨다.

⑦ h점은 그레이딩 라인에 직각인 바깥쪽으로 1.25cm씩 이동시킨다.

⑧ j점은 그레이딩 라인 아래 방향으로 1cm씩 늘려주고, 그레이딩 라인에 직각인 바깥쪽으로 1.25cm씩 넓혀준다.

⑨ i점은 그레이딩 라인 아래 방향으로 1cm씩 늘린다.

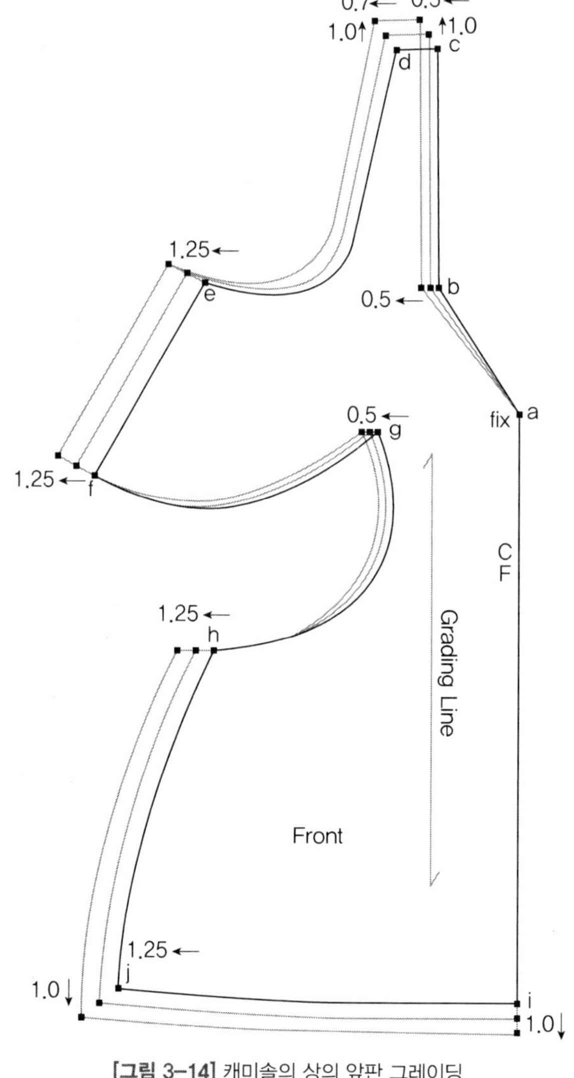

[그림 3-14] 캐미솔의 상의 앞판 그레이딩

(1) 사이즈

① 총길이

캐미솔 하의인 큐롯의 총길이는 기본형의 경우 35cm를 기준으로 한다. 부인용의 경우에는 조금 더 길게 설정한다.

③ 허리둘레

큐롯 허리의 고무줄 치수는 기본 58cm로 하며, 부인용의 경우 60cm 정도로 설정한다.

(2) 패턴 제도

A. 기본형

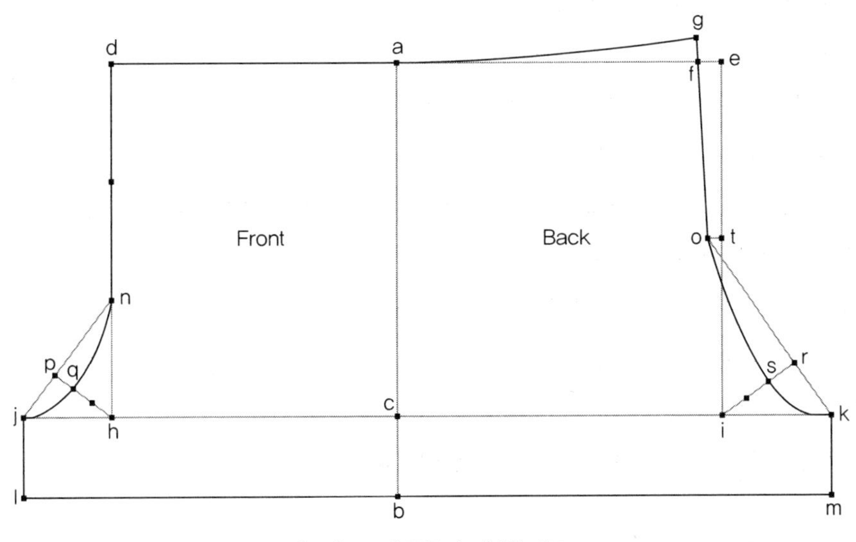

[그림 3-15] 큐롯의 기본형 제도

① **a-b** 큐롯의 총길이인 35cm로 직선을 그린다.

② **a-c** 밑위길이 28.5cm로 c점을 설정한다.

> **Tip** j-l, k-m의 길이는 최소 4cm 이상의 길이에서 디자이너의 의도에 따라 조정이 가능하다.

③ **j-k** c점에서 a-b에 직각으로 수평선을 그린다.

④ **d-e** a점에서 a-b에 직각으로 수평선을 그린다.

⑤ **l-m** b점에서 a-b에 직각으로 수평선을 그린다.

⑥ **a-d** 85사이즈를 기준으로 23cm로 설정한다.

⑦ **a-e** 85사이즈를 기준으로 26cm로 설정한다.

⑧ **h-c-a-d** c-h를 a-d와 같은 치수로 하여 직사각형을 그린다.

⑨ **c-i-g-a** c-i를 a-e와 같은 치수로 하여 직사각형을 그린다.

⑩ **h-j** h점에서 7cm를 나가 j점을 설정한다.

⑪ **j-l** j점에서 수직으로 선을 내려 b점에서 그린 수평선과 만나는 l점을 찾는다.

⑫ **i-k** i점에서 9cm를 나가 k점을 설정한다.

⑬ **k-m** k점에서 수직으로 선을 내려 b점에서 그린 수평선과 만나는 m점을 찾는다.

⑭ **h-n** d-n을 3등분하여 n점을 찾는다.

⑮ **n-j** n점과 j점을 직선으로 연결한다.

⑯ **h-p** h점에서 n-j 선에 수선을 내려 p점을 찾는다.

⑰ **p-q** p-h 선을 3등분하여 q점을 찾는다.

⑱ **n-q-j** 곡선으로 정리해서 앞밑위선을 그린다.

⑲ **e-f** e점에서 2cm 들어가서 f점을 설정한다.

⑳ **f-g** f점에서 수직으로 2cm를 올려 g점을 설정한다.

㉑ **a-g** 안쪽으로 살짝 휘는 곡선으로 정리한다.

㉒ **o-t** e-i 선을 이등분하여 t점을 찾은 후 직각으로 1cm를 들어가서 o점을 설정한다.

㉓ **o-k** o점과 k점을 직선으로 연결한다.

㉔ **i-r** i점에서 o-k 선에 수선을 내려 r점을 설정한다.

㉕ **s** r-i를 3등분하여 s점을 설정한다.

㉖ **g-o** 직선으로 연결한다.

㉗ **o-s-k** 자연스러운 곡선으로 뒤밑위선을 정리한다.

B. 플레어 큐롯

① **u-u′, v-v′** a-d를 3등분하여 수직선을 그린다.

② **w-w′, x-x′** a-g를 3등분하여 수직선을 그린다.

③ **u-u′, v-v′, a-a′, w-w′, x-x′** 선을 u점, v점, a점, w점, x점 부분 0.2cm를 남기고 자른다.

④ 각각의 선 사이를 디자이너의 의도에 따라 약간의 여유를 주기 위한 경우 1~2cm, 플레어를 주기 위한 경우 3~5cm 정도 벌려준다.

⑤ 허리선의 꺾인 부분을 곡선으로 정리하고 벌어진 부분을 자연스러운 곡선으로 연결하여 정리해준다.

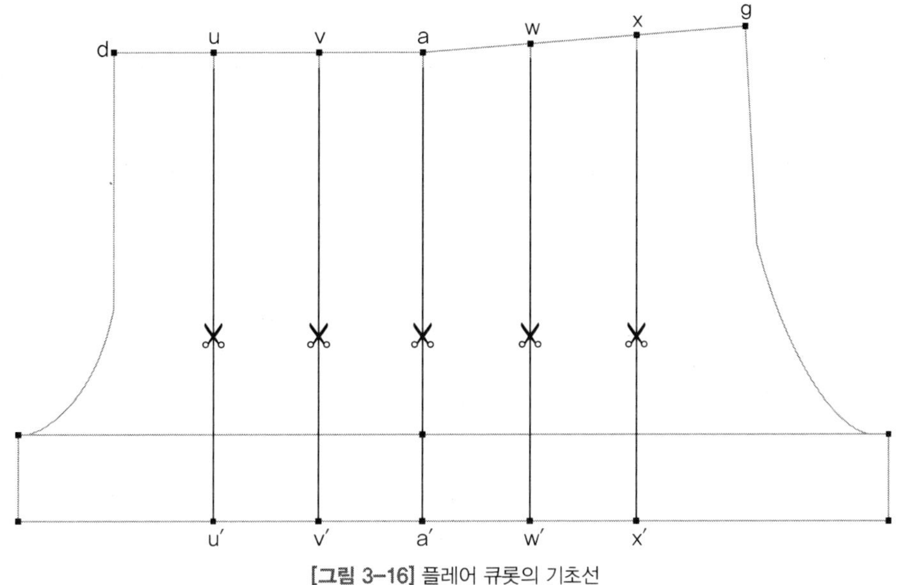

[그림 3-16] 플레어 큐롯의 기초선

[그림 3-17] 플레어 큐롯의 변형

(3) 그레이딩

① a점을 그레이딩 라인 위 방향으로 1cm, 그레이딩 라인에 직각인 바깥쪽으로 1.25cm씩 이동시킨다.

② b점을 그레이딩 라인 위 방향으로 1cm, 그레이딩 라인에 직각인 바깥쪽으로 1.25cm씩 이동시킨다.

③ c점을 그레이딩 라인에 직각인 바깥쪽으로 1.25cm씩 이동시킨다.

④ d점을 그레이딩 라인에 직각인 바깥쪽으로 1.25cm씩 이동시킨다.

⑤ e점을 그레이딩 라인 위 방향으로 1cm, 그레이딩 라인에 직각인 바깥쪽으로 1.25cm씩 이동시킨한다.

⑥ f점을 그레이딩 라인 아래 방향으로 1cm, 그레이딩 라인에 직각인 바깥쪽으로 1.25cm씩 이동시킨다.

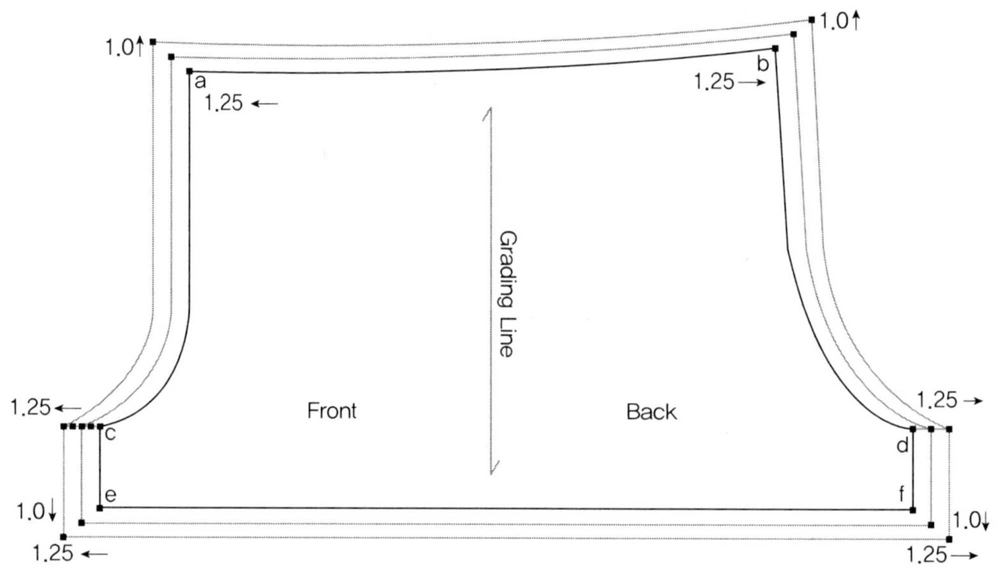

[그림 3-18] 큐롯의 기본형 그레이딩

lingerie
pattern making

MADE
WITH
LOVE
HAND MADE
WITH

LINGERIE

PART

04

잠옷 및 가운

CHAPTER

01

네글리제 패턴 제작

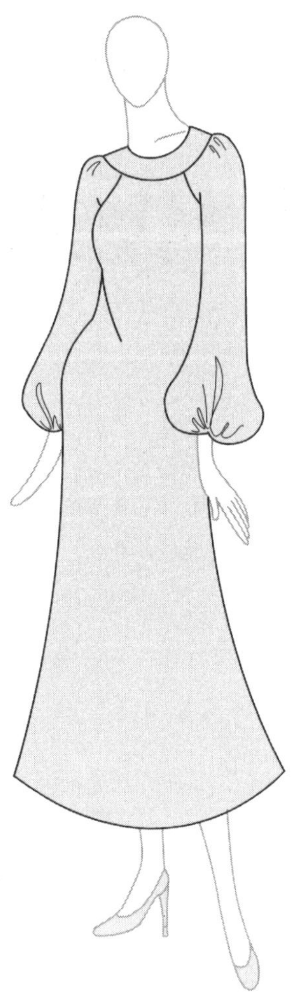

(1) 사이즈

① 가슴둘레

원단에 신축성이 없는 직물인 경우에는 가슴둘레를 92~95cm로 설정하고, 신축성이 있는 경우에는 86~90cm 정도로 설정한다.

② 총길이

디자이너의 의도에 따라 설정하면 되는데, 보통 종아리 중간 정도 길이일 때 110~115cm로 설정하고 발목 정도의 길이를 원할 경우에는 120cm로 설정한다.

③ 소매길이

긴소매일 경우 58cm로 설정하고 팔꿈치 정도의 길이는 35cm로 한다. 짧은 소매일 경우에는 20~25cm로 설정한다.

(2) 패턴 제도

A. 뒤판

① 보디스 원형 뒤판을 다트를 생략하고 따라 그린다.

② **a-b** 기본 옆목점에서 4cm를 파준다.

> **Tip** 디자이너의 의도에 따라 치수를 변경할 수 있다.

③ **c-d** 옆목점을 이동한 치수 a-b의 1/2만큼만 뒷목점을 파준다.

> **Tip** 디자이너의 의도에 따라 달라질 수 있으나 옆목점을 판 치수의 1/2 정도로 뒷목점을 파주면 안정적이다.

④ **b-f, d-e** 4cm로 하여 f점과 e점을 설정한다. 이는 요크폭으로 디자인에 따라 변경이 가능하다.

⑤ **e-f** b-d 라인과 같은 형태로 곡선을 그린다.

⑥ **h-j** 총길이에서 등길이 38cm를 뺀 나머지 길이로, 총길이가 110cm일 경우 72cm로 그린다.

⑦ **j-j′** h-j에 직각으로 선을 그린다.

⑧ **g′-r** g′점에서 7cm를 내려 r점을 설정한다.

⑨ **h′-i** 허리선을 1.5cm 확장한다.

⑩ **r-i-j′** r점과 i점을 직선으로 연결하고 밑단선까지 연장하여 j′점을 설정한다.

⑪ **k-l** j-j′를 3등분하여 k점을 설정한 후 i-j′ 선에 k점에서 수선을 내려 l점을 설정한다.

⑫ **j-k-l** 곡선으로 연결하여 밑단선을 정리한다.

⑬ **m, z** e–f 선을 3등분하여 m점과 z점을 설정한다.

⑭ **n** z–m 사이를 3등분하여 n점을 설정한다.

⑮ **n–p–r** p–r의 길이가 2.5cm이면서 직각이 되도록 연결한다.

⑯ **p–q** p–r 선을 연장하여 2.5cm가 되도록 그린다.

⑰ **o–p** p점에서 6cm를 올려 o점을 설정한다.

⑱ **s** n–o 사이를 2등분하여 s점을 설정한다.

⑲ **s′, s″** n–o 선에 직각으로 s 점에서 선을 그린 후 양쪽으로 0.5cm씩 이동하여 점 s′ 와 s″를 정한다.

⑳ **n–s′–o–r** 자연스러운 곡선 으로 연결한다.

㉑ **n–s″–o–q** n–s′–o–r과 대 칭이 되는 선으로 연결한다.

㉒ **t–u** t점에서 3cm를 내려 u 점을 설정한다.

㉓ **u–v** u점에서 13cm를 내려 v점을 설정한다.

㉔ **v–w** v점에서 u–v 선에 직 각으로 3cm내려 w점을 설 정한다.

㉕ **u–w** u점과 w점을 직선으 로 연결한다.

㉖ **u–x** 소매길이에서 t–u 3cm를 뺀 나머지 길이를 그 린다. 즉, 소매길이가 40cm 인 경우 37cm로 그린다.

㉗ **x–y** w–x에 직각으로 x점 에서 그린다.

㉘ **q–y** x–y 선에 직각이면서 q점과 만나도록 그린다.

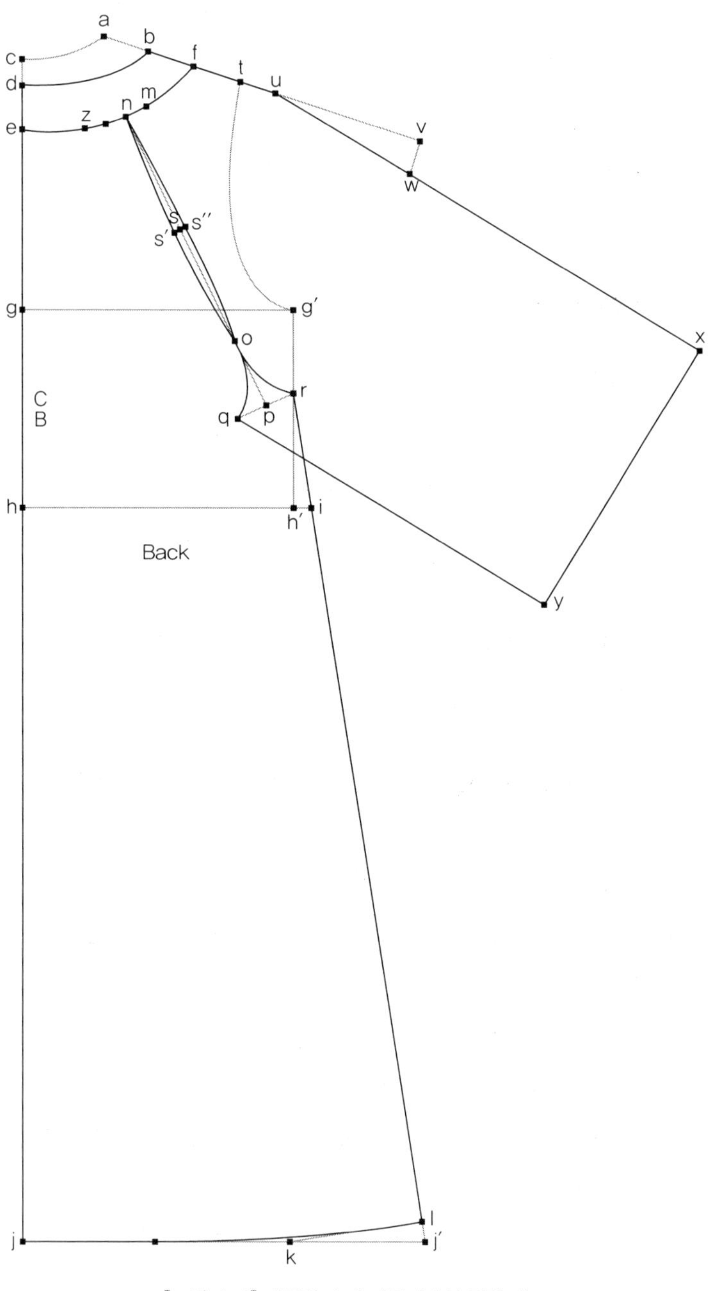

[**그림 4-1**] 래글런 소매 네글리제의 뒤판 제도

① 보디스 원형 앞판을 다트를 생략하고 따라 그린다.

② **a-b** 기본 옆목점에서 4cm를 파준다. 뒤판의 옆목으로 파준 치수 a-b와 동일하게 파준다.

> **Tip** 디자이너의 의도에 따라 치수를 변경할 수 있다.

③ **c-d** 옆목점으로 파준 치수인 a-b만큼 또는 더 많이 앞목점을 파준다.

④ **b-f, d-e** 4cm로 하여 f점과 e점을 설정한다. 이는 요크폭으로 디자인에 따라 변경이 가능하다.

⑤ **e-f** b-d 라인과 같은 형태로 곡선을 그려준다.

⑥ **h-j** 총길이에서 등길이 38cm를 뺀 나머지 길이로 총길이가 110cm일 경우 72cm로 그려준다. 기본원형의 앞처짐분을 내리기 전의 허리선을 기준으로 한다.

⑦ **j-j′** h-j에 직각으로 선을 그린다.

⑧ **k-k′** j-j′에서 앞처짐분 2cm를 내려서 그린다.

⑨ **g′-r** g′점에서 7cm 내려 r점을 설정한다.

⑩ **h′-i** 허리선을 1.5cm 확장한다.

⑪ **r-i** r점과 i점을 직선으로 연결하고 밑단선까지 그려 j′점과 k′점을 설정한다.

⑫ **j′-l** 뒷몸판의 l-j′ 길이만큼 올린다.

⑬ **l-k″-k** 곡선으로 연결하여 밑단선을 정리한다.

⑭ **m, z** e-f 선을 3등분하여 m점과 z점을 설정한다.

⑮ **n** z-m 사이를 3등분하여 n점을 설정한다.

⑯ **n-p-r** p-r의 길이가 2.5cm이면서 직각이 되도록 연결한다.

⑰ **p-q** p-r 선을 연장하여 2.5cm가 되도록 그린다.

⑱ **o-p** p점에서 6cm를 올려 o점을 설정한다.

⑲ **s** n-o 사이를 2등분하여 s점을 설정한다.

⑳ **s′, s″** n-o 선에 직각으로 s점에서 선을 그린 후 양쪽으로 0.5cm씩 이동하여 s′점과 s″점을 설정한다.

㉑ **n-s′-o-r** 자연스러운 곡선으로 연결한다.

㉒ **n-s″-o-q** n-s′-o-r과 대칭이 되는 선으로 연결한다.

㉓ **t-u** t점에서 3cm를 내려 u점을 설정한다.

㉔ **u-v** u점에서 13cm를 내려 v점을 설정한다.

㉕ **v-w** v점에서 u-v 선에 직각으로 3cm 내려 w점을 설정한다.

㉖ **u-w** u점과 w점을 직선으로 연결한다.

㉗ **u-x** 소매길이에서 t-u 길이 3cm를 뺀 나머지 길이를 그린다. 즉, 소매길이가 40cm인 경우 37cm로 그린다.

㉘ **x-y** w-x에 직각으로 x점에서 그린다.

㉙ **q-y** x-y 선에 직각이면서 q점과 만나도록 그린다.

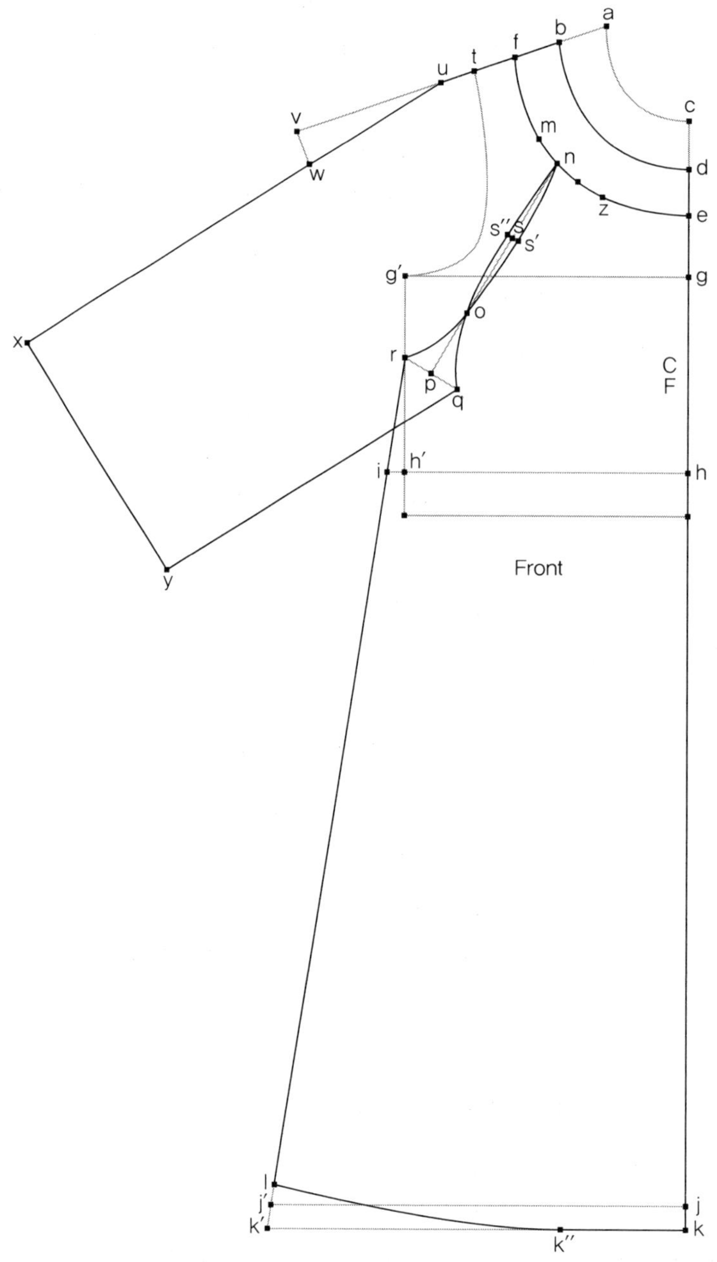

[**그림 4-2**] 래글런 소매 네글리제의 앞판 제도

① **a-b** 빈 종이에 수평선 a-b를 그린다.

② **c-d** a-b 선에 직각으로 c-d 선을 그린다.

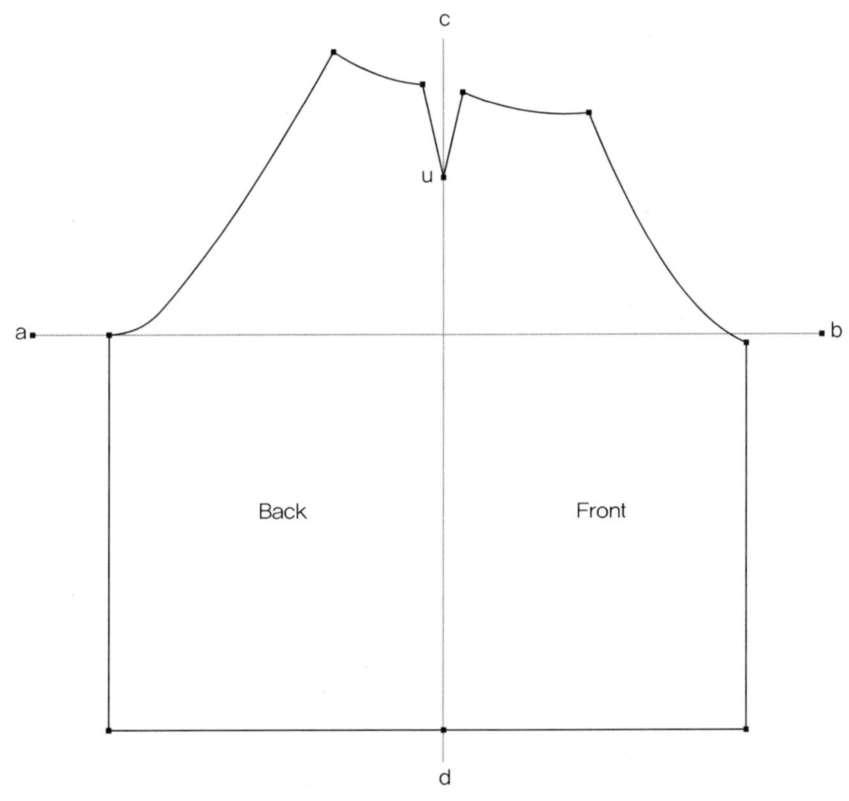

[그림 4-3] 래글런 소매 네글리제의 소매 제도

③ 앞뒤소매의 u점을 c-d 라인에 맞춰서 앞판과 뒤판 소매를 맞추어 붙인다.

④ 선을 정리한다. 소매의 벌어진 부분은 주름이나 다트로 처리한다.

(3) 그레이딩

A. 뒤판

① a점을 그레이딩 라인 아래 방향으로 0.5cm씩 내린다.

② b점을 그레이딩 라인 방향으로 0.5cm씩 내리고, 그레이딩 라인에 직각인 바깥쪽으로 0.5cm씩 이동시켜 넓혀준다.

③ c점을 그레이딩 라인 방향으로 0.7cm씩 내리고, 그레이딩 라인에 직각인 바깥쪽으로 1.25cm씩 이동시켜 가슴둘레를 넓혀준다.

④ d점을 그레이딩 라인 방향으로 2cm씩 내리고, 그레이딩 라인에 직각인 바깥쪽으로 1.25cm 씩 이동시켜 넓혀준다.

⑤ e점을 그레이딩 라인 방향으로 2cm씩 내려 길이를 늘린다.

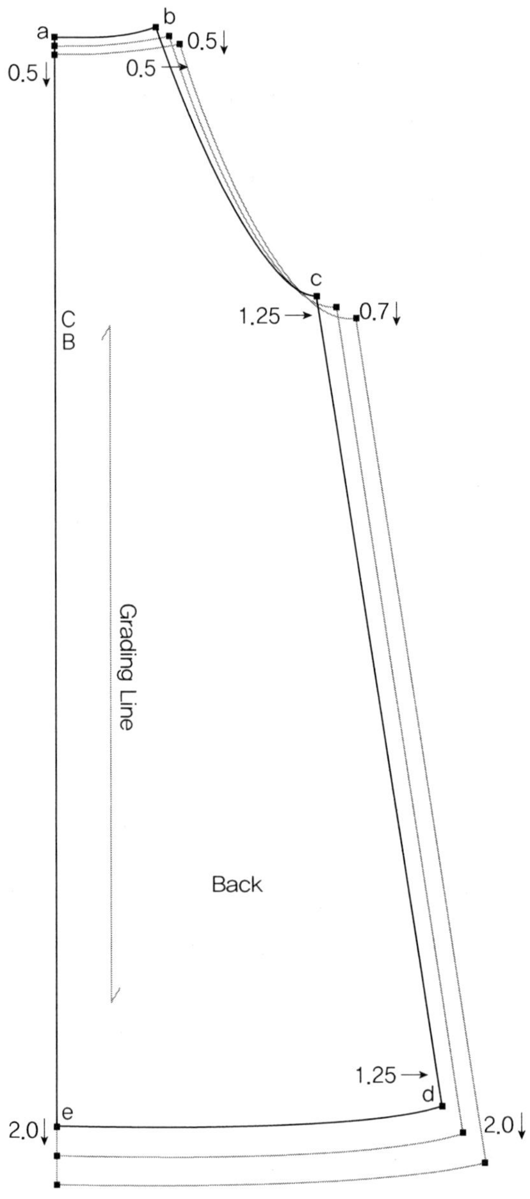

[그림 4-4] 래글런 소매 네글리제의 뒤판 그레이딩

① a점을 그레이딩 라인 아래 방향으로 0.5cm씩 내린다.

② b점을 그레이딩 라인 방향으로 0.5cm씩 내리고, 그레이딩 라인에 직각인 바깥쪽으로 0.5cm씩 이동시켜 넓혀준다.

③ c점을 그레이딩 라인 방향으로 0.7cm씩 내리고, 그레이딩 라인에 직각인 바깥쪽으로 1.25cm씩 이동시켜 가슴둘레를 넓혀준다.

④ d점을 그레이딩 라인 방향으로 2cm씩 내리고, 그레이딩 라인에 직각인 바깥쪽으로 1.25cm씩 이동시켜 넓혀준다.

⑤ e점을 그레이딩 라인 방향으로 2cm씩 내려 길이를 늘린다.

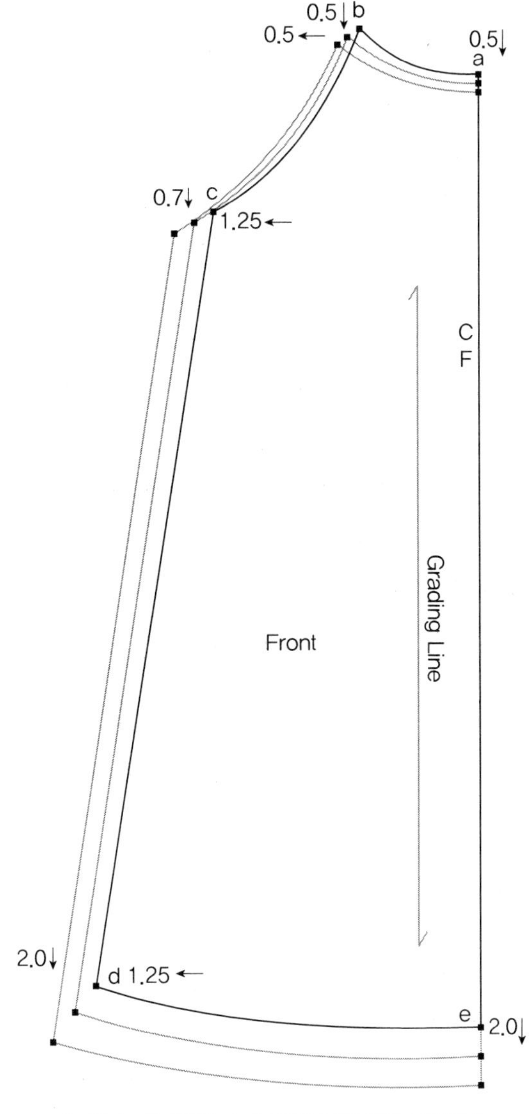

[그림 4-5] 래글런 소매 네글리제의 앞판 그레이딩

① 앞목점 a를 그레이딩 라인 아래 방향으로 0.5cm씩 내려 파준다.

② 옆목점 b를 그레이딩 라인에 직각인 바깥쪽으로 0.5cm씩 이동시켜 넓혀준다.

③ 어깨끝점 c를 그레이딩 라인에 직각인 바깥쪽으로 0.7cm씩 이동시켜 넓혀준다.

④ d점은 앞몸판과 만나는 지점으로 그레이딩 라인 아래 방향으로 0.5cm, 그레이딩 라인에 직각인 바깥쪽 방향으로 0.5cm씩 이동시킨다.

⑤ e점은 그레이딩 라인 아래 방향으로 0.5cm씩 이동시킨다.

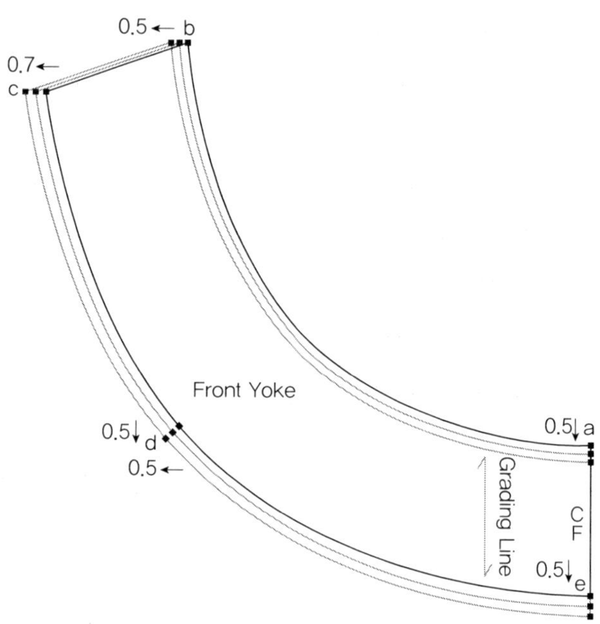

[그림 4-6] 래글런 소매 네글리제의 앞요크 그레이딩

① 뒷목점 a를 그레이딩 라인 아래 방향으로 0.5cm씩 내려 파준다.

② 옆목점 b를 그레이딩 라인에 직각인 바깥쪽으로 0.5cm씩 이동시켜 넓혀준다.

③ 어깨끝점 c를 그레이딩 라인에 직각인 바깥쪽으로 0.7cm씩 이동시켜 넓혀준다.

④ d점은 앞몸판과 만나는 지점으로 그레이딩 라인 아래 방향으로 0.5cm, 그레이딩 라인에 직각인 바깥쪽 방향으로 0.5cm씩 이동시킨다.

⑤ e점은 그레이딩 라인 아래 방향으로 0.5cm씩 이동시킨다.

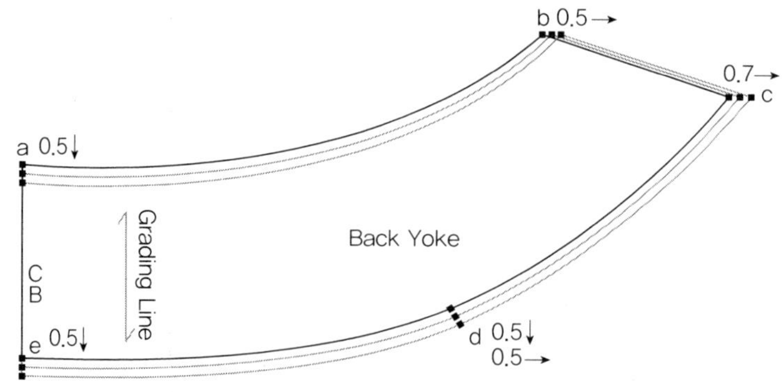

[그림 4-7] 래글런 소매 네글리제의 뒤요크 그레이딩

① 소매 다트 끝점인 a점은 그레이딩 라인 아래 방향으로 0.5cm씩 이동시킨다.

② b점과 i점은 그레이딩 라인 방향으로 0.5cm씩 이동시킨다.

③ c점과 h점은 그레이딩 라인 아래 방향으로 0.5cm씩 이동시키고, 그레이딩 라인에 직각인 바깥쪽으로 0.5cm씩 이동시켜 넓혀준다.

④ d점과 g점은 그레이딩 라인 아래 방향으로 0.7cm씩 이동시키고, 그레이딩 라인에 직각인 바깥쪽으로 1.25cm씩 이동시켜 넓혀준다.

⑤ e점과 f점은 그레이딩 라인 아래 방향으로 2cm씩 이동시켜 길이를 늘리고, 그레이딩 라인에 직각인 바깥쪽으로 1.25cm씩 이동시켜 소매통을 넓혀준다.

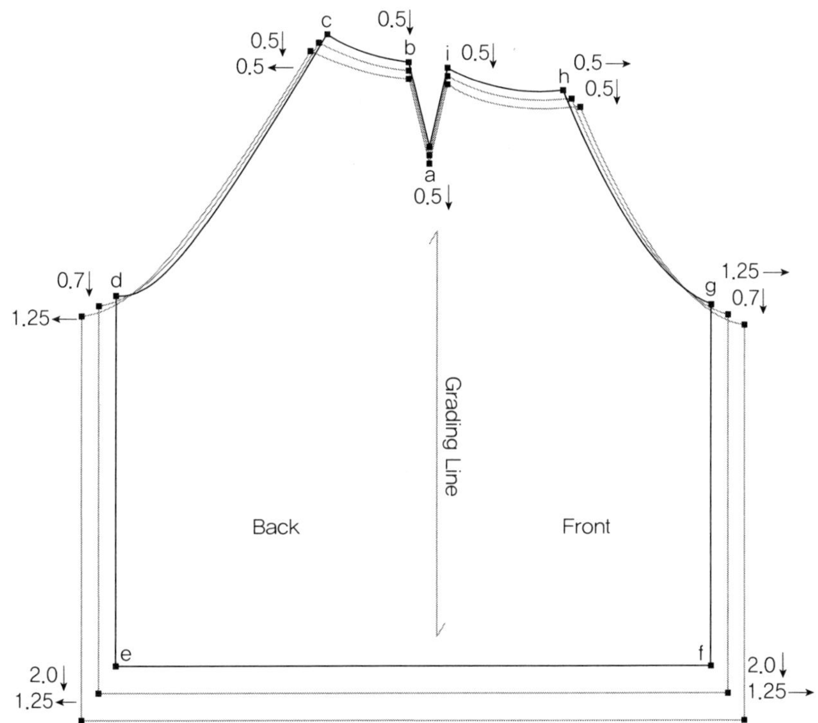

[그림 4-8] 래글런 소매 네글리제의 소매 그레이딩

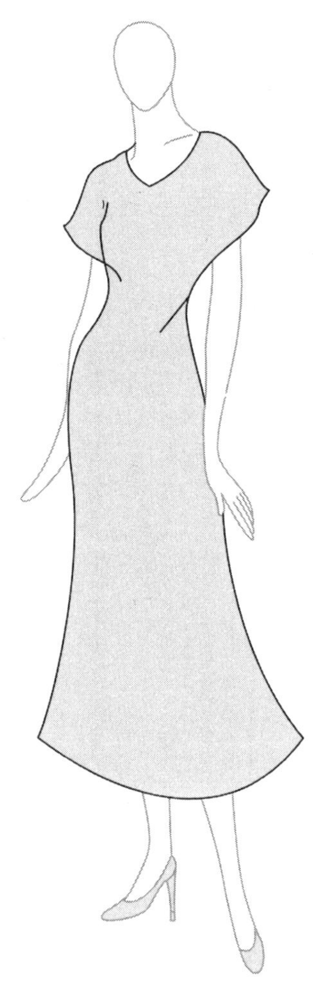

(1) 사이즈

① 가슴둘레

원단이 신축성이 없는 직물인 경우에는 가슴둘레를 92~95cm 정도로 설정하고, 신축성이 있는 경우에는 86~90cm 정도로 설정한다. 돌만 소매 네글리제의 경우 루즈한 스타일이 많으므로 가슴둘레를 여유 있게 설정하는 것이 좋다.

② 총길이

디자이너의 의도에 따라 설정하면 되는데, 보통 종아리 중간 정도의 길이일 때 110~115cm로 설정하고 발목 정도의 길이를 원하는 경우에는 120cm로 설정한다.

③ 소매길이

긴소매일 경우 58cm, 팔꿈치 정도의 길이는 35cm, 그리고 짧은 소매일 때는 20~25cm로 설정한다.

(2) 패턴 제도

A. 뒤판

① 보디스 원형 뒤판을 다트를 생략하고 따라 그린다.

② a–b 옆목점 5cm를 파준다.

> **Tip** 디자이너의 의도에 따라 치수를 변경할 수 있다.

③ c–d 뒷목점은 옆목점으로 파준 치수인 5cm의 1/2인 2.5cm를 파준다.

> **Tip** 디자이너의 의도에 따라 달라질 수 있으나 옆목점을 판 치수의 1/2 정도로 뒷목점을 파주면 안정적이다.

④ b–d 뒷목점 부위는 직각이 되도록 직선으로 그린 후, 나머지 부분은 곡선으로 하여 목둘레 선을 정리한다.

⑤ f'–g 허리선에서 1.5cm를 확장하여 g점을 설정한다.

⑥ f'–h f'점에서 6cm를 올려 h점을 설정한다.

⑦ k–k' 총길이에서 등길이(38cm)를 뺀 나머지 길이를 허리선 f–f'에서 내려 k–k' 선을 그린다. 총길이가 110cm일 경우 72cm를 내려서 f–k 선에 직각이 되도록 k–k' 선을 그린다.

⑧ h–k' h점과 g점을 연결하고 아래로 연장하여 k'점을 찾는다.

⑨ m k–k'를 3등분하여 m점을 설정한다.

⑩ m–l g–k' 선에서 수선을 내려 m–l 선을 그린다.

⑪ k–m–l 자연스러운 곡선으로 밑단선을 정리한다.

⑫ i–i' 어깨끝점인 i'에서 1~1.5cm를 올려 i점을 설정한다.

⑬ b–i 새로 설정한 옆목점 b점과 i점을 직선으로 연결한 후 연장한다.

⑭ i–j 소매길이를 정하여 j점을 설정한다.

⑮ j–h j점에서 i–j 선에 직각으로 선을 내린 후, 자연스러운 곡선으로 연결하여 j–h 선을 그린다.

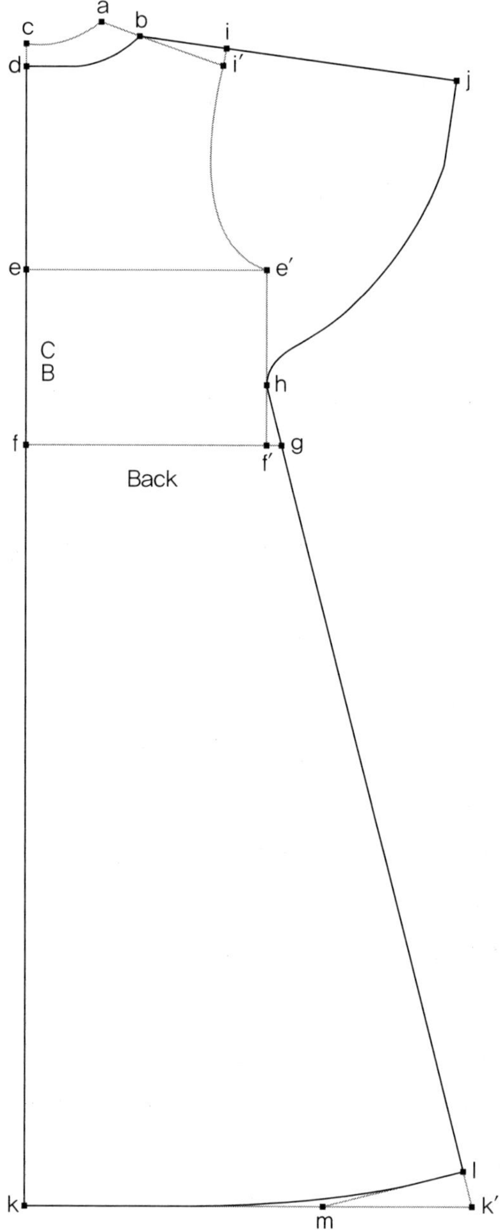

[그림 4-9] 돌만 소매 네글리제의 뒤판 제도

① 보디스 원형 앞판을 다트를 생략하고 따라 그린다.

② **a–b** 옆목점 5cm를 파준다.

③ **c–d** 옆목점으로 파준 a–b의 치수 5cm만큼 또는 더 많이 앞목점을 파준다.

④ **b–d** 곡선으로 새로운 목둘레선을 정리한다.

Tip 디자이너의 의도에 따라 v네크라인이나 스퀘어 네크라인 등으로 변경할 수 있다.

⑤ **f′–g** 허리선에서 1.5cm 확장하여 g점을 설정한다. 이때 허리선은 앞처짐분을 내리기 전의 허리선을 사용한다.

⑥ **f′–h** f′점에서 6cm를 올려 h점을 설정한다.

⑦ **k–k′** 총 길이에서 등길이(38cm)를 뺀 나머지 길이를 허리선 f–f′에서 내려 k–k′ 선을 그린다. 즉, 총길이가 110cm일 경우 72cm를 내려서 f–k 선에 직각이 되도록 k–k′ 선을 그린다.

⑧ **m–m′** k–k′에서 앞처짐분 2cm를 내려서 m–m′ 선을 평행으로 그린다.

⑨ **k′–l** 뒷몸판의 k′–l 치수와 같은 치수로 올린다.

⑩ **m–l** 자연스러운 곡선으로 밑단선을 정리한다.

⑪ **i–i′** 어깨끝점인 i′에서 1~1.5cm를 올려 i점을 설정한다.

⑫ **b–i** 새로 설정한 옆목점 b점과 i점을 직선으로 연결한 후 연장한다.

⑬ **i–j** 소매길이를 정하여 j점을 설정한다.

⑭ **j–h** j점에서 i–j 선에 직각으로 선을 내린 후, 자연스러운 곡선으로 연결하여 j–h를 그린다.

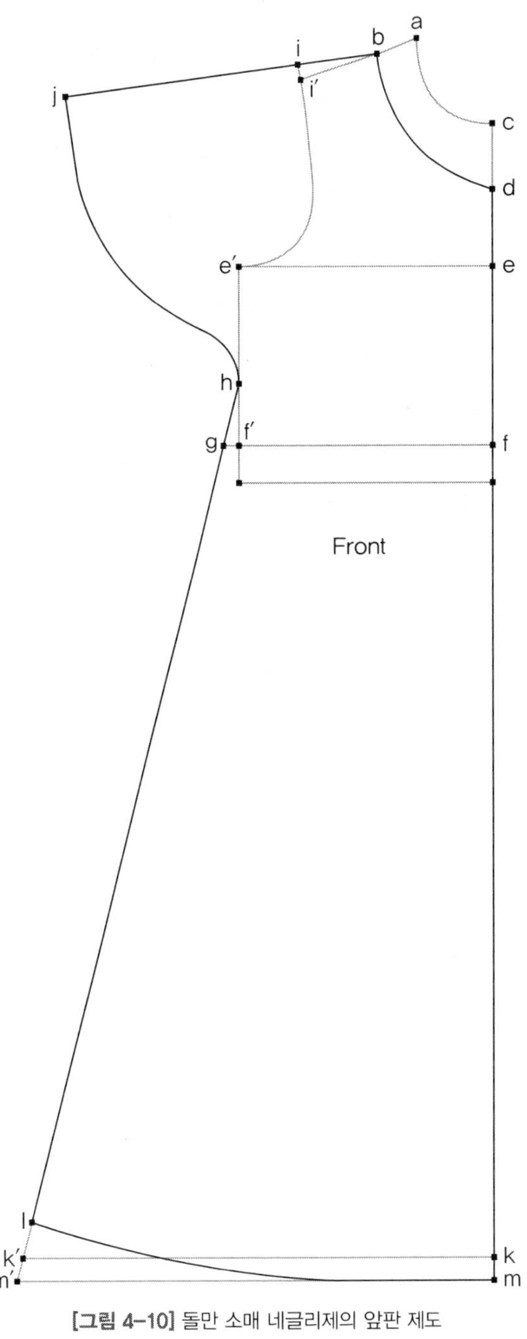

[그림 4-10] 돌만 소매 네글리제의 앞판 제도

(3) 그레이딩

① 뒷목점 a를 0.5cm씩 그레이딩 라인 아래 방향으로 내린다.

② 옆목점 b를 그레이딩 라인 위 방향으로 1cm, 그레이딩 라인에 직각으로 0.5cm씩 이동시킨다.

③ c점을 그레이딩 라인 위 방향으로 1cm, 그레이딩 라인에 직각으로 2cm를 이동 시켜 소매길이를 늘려준다.

④ 허리점 d를 그레이딩 라인에 직각으로 1.25cm씩 이동시킨다.

⑤ e점을 그레이딩 라인 아래 방향으로 2cm 씩 아래로 내려 길이를 늘리고, 그레이딩 라인에 직각으로 1.25cm씩 이동시켜 품 을 늘린다.

⑥ f점을 그레이딩 라인 아래 방향으로 2cm 씩 내려 길이를 늘린다.

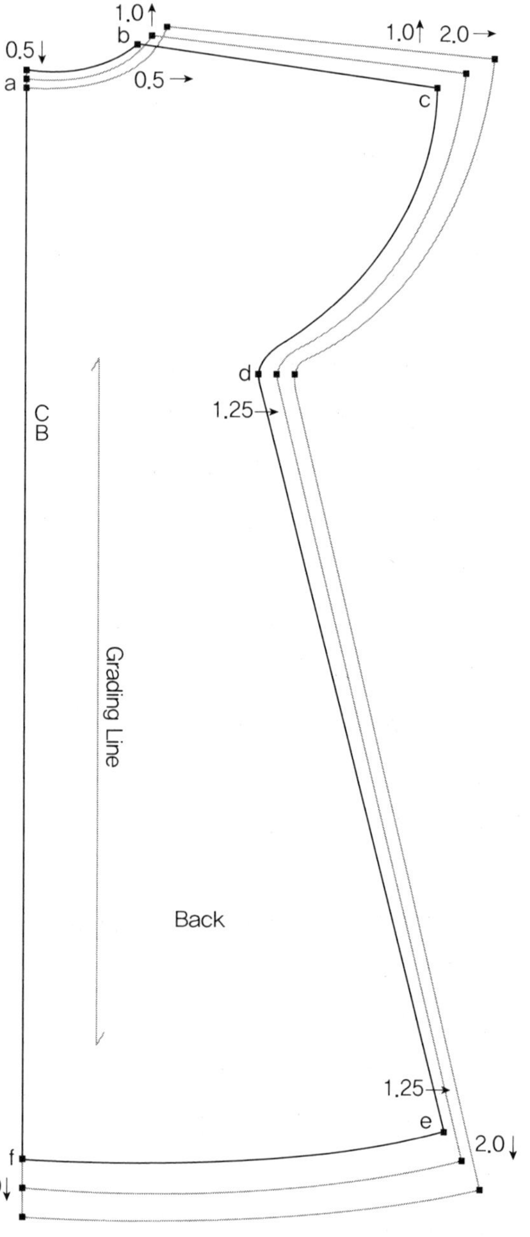

[그림 4-11] 돌만 소매 네글리제의 뒤판 그레이딩

① 앞목점 a를 0.5cm씩 그레이딩 라인 아래 방향으로 내린다.

② 옆목점 b를 그레이딩 라인 위 방향으로 1cm, 그레이딩 라인에 직각으로 0.5cm씩 이동시킨다.

③ c점을 그레이딩 라인 위 방향으로 1cm, 그레이딩 라인에 직각으로 2cm 이동시켜 소매길이를 늘린다.

④ 허리점 d를 그레이딩 라인에 직각으로 1.25cm씩 이동시킨다.

⑤ e점을 그레이딩 라인 아래 방향으로 2cm씩 내려 길이를 늘리고, 그레이딩 라인에 직각으로 1.25cm씩 이동시켜 품을 늘린다.

⑥ f점을 그레이딩 라인 아래 방향으로 2cm씩 내려 길이를 늘린다.

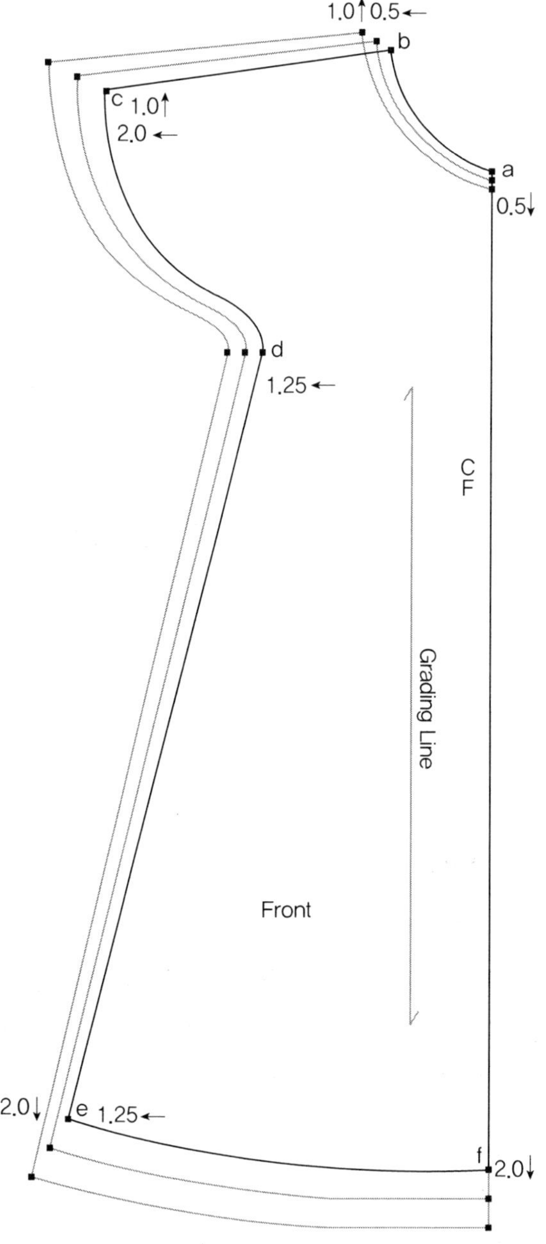

[그림 4-12] 돌만 소매 네글리제의 앞판 그레이딩

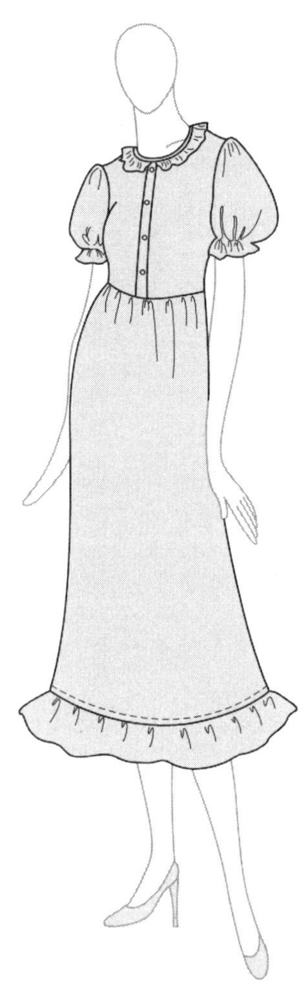

(1) 사이즈

① 가슴둘레

원단이 신축성이 없는 직물인 경우에는 가슴둘레를 92~95cm 정도로 설정하고, 신축성이 있는 경우에는 86~90cm 정도로 설정한다. 프릴 퍼프소매 네글리제는 면 등의 직물을 사용하는 경우가 많으므로 92cm 정도로 설정한다.

② 총길이

디자이너의 의도에 따라 설정하면 되는데 보통 종아리 중간 정도의 길이일 때 110~115cm로 설정하고 발목 정도의 길이를 원할 경우에는 120cm로 설정한다. 프릴을 달 경우 프릴 길이를 포함하여 총길이를 결정한다.

③ 소매길이

긴소매일 경우 58cm, 팔꿈치 정도의 길이일 경우 35cm, 그리고 짧은 소매일 때는 20~25cm 로 하여 설정한다.

④ 어깨 폭

퍼프소매는 어깨 폭을 원래 보디스 기본 원형에서 0.5~1cm 좁혀 설정한다.

⑤ 프릴 폭

디자이너의 의도에 따라 프릴 폭을 설정한다. 목둘레프릴의 경우 보통 2~3cm로 설정하고, 밑단프릴의 경우 좁은 폭일 때는 4~6cm, 넓은 폭일 때는 8~15cm까지 다양하게 변화를 줄 수 있다. 프릴 폭에 따라 느낌이 다른 디자인이 된다.

(2) 패턴 제도

A. 뒤판

① **a-b** 디자이너의 디자인 의도에 따라 옆목점을 파준다. 예시에서는 4cm로 설정하였다.

② **c-d** 옆목점으로 판 치수 4cm의 1/2로 뒷목점을 파준다. 예시에서는 옆목점을 4cm 파주었으므로 뒷목점은 2cm를 파준다.

③ **b-d** d점 시작부위는 직각이 되도록 하여 뒷목둘레를 곡선으로 정리한다.

④ **e-f** 퍼프소매를 달기 위해 어깨끝점 f를 0.5~1cm 들여서 e점을 설정한다.

⑤ **h-h′** 허리선 j-j′를 디자인 의도에 따라 올려서 새로운 허리선 h-h′를 그린다. 예시에서는 5cm를 올려서 새로운 허리선을 설정하였다.

> **Tip** 잠옷이므로 허리둘레에 여유를 주기 위해서 밑가슴둘레선 아래에서 새로운 허리선을 설정한다.

⑥ **h′-h″** 1.5~2cm 정도 안으로 들어가 라인을 잡아준다.

⑦ **k-k′** j-j′ 허리선에서 엉덩이길이 20cm를 내려 엉덩이둘레선 k-k′를 그린다.

⑧ **l-l′** 총길이를 정한 후 등길이 38cm와 프릴 폭을 뺀 길이를 j-j′에서부터 내려 밑단선 l-l′를 그린다. 예시에서는 총길이를 110cm로 정하고 프릴 폭은 10cm로 정하여 110-10-38=62cm를 내려 l-l′ 선을 그려주었다.

⑨ **k-k′** 엉덩이둘레를 96cm로 하여 이를 1/4로 나눈 24cm로 설정하였다.

⑩ **h″-k′-l** h″점과 k′점을 직선으로 연결하고 밑단선까지 연장하여 l점을 설정한다.

⑪ **l′-m** l′에서 2cm를 올려 m점을 설정한다.

> **Tip** 옆선을 깎아주지 않으면 완성 후 밑단선이 일자로 보이지 않는다.

⑫ **l-m** 자연스러운 곡선으로 밑단선을 정리한다.

⑬ **h-n** 몸판에 주름을 잡기 위한 주름분으로, 70% 정도의 주름을 잡을 때 허리둘레 h-h″ 길이를 측정한 후 0.7을 곱하여 나온 치수만큼으로 h-n 치수를 정한다. 예시에서는 21.5×0.7=15.05cm로 설정하였다.

⑭ **n-o** h-j-k-l에서 평행으로 n-h 치수만큼 나가서 선을 그려 직사각형을 만든다.

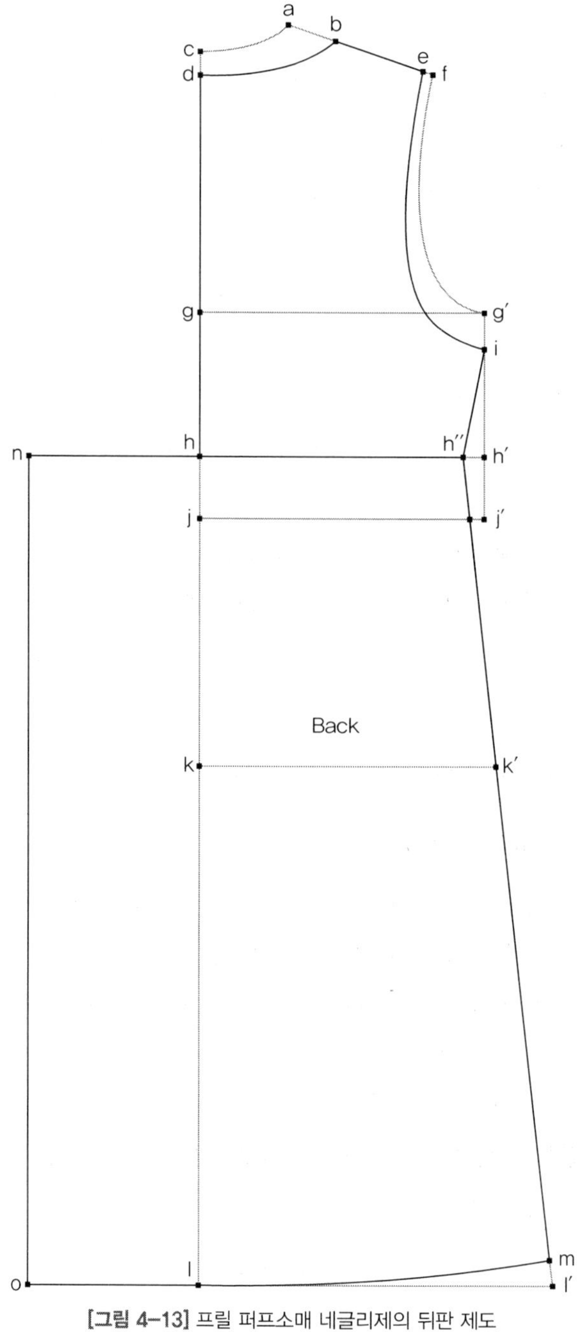

[그림 4-13] 프릴 퍼프소매 네글리제의 뒤판 제도

① **a-b** 디자이너의 디자인 의도에 따라 옆목점을 파준다. 예시에서는 4cm로 설정하였다.

② **c-d** 앞목점은 옆목점과 같은 치수로 파거나 조금 더 파준다. 예시에서는 4cm로 설정하였다.

③ **b-d** d점 시작부위는 직각이 되도록 하여 앞목둘레를 곡선으로 정리한다.

④ **e-f** 퍼프소매를 달기 위해 어깨끝점 f에서 0.5~1cm 들여서 e점을 잡아준다.

⑤ **h-h'** 허리선 j-j'를 디자인 의도에 따라 올려서 새로운 허리선 h-h'를 그려준다. 예시에서는 5cm를 올려서 새로운 허리선을 설정해 주었다.

⑥ **h'-h"** 1.5~2cm 정도 안으로 들어가 라인을 잡는다.

⑦ **k-k'** 허리선 j-j'에서 엉덩이길이 20cm를 내려서 엉덩이둘레선 k-k'를 그린다.

⑧ **l-l'** 총길이를 정한 후 등길이 38cm와 프릴 폭을 뺀 길이를 j-j'에서부터 내려서 밑단선 l-l'을 그린다. 예시에서는 총길이를 110cm, 프릴 폭을 10cm로 정하여 110-10-38=62cm를 내려서 l-l' 선을 그려주었다.

⑨ **p-p'** l-l'에서 앞처짐분 2cm를 내려서 p-p' 선을 그린다.

⑩ **k-k'** 엉덩이둘레는 96cm로 하여 이를 1/4로 나눈 24cm로 설정하였다.

⑪ **h"-k'-l'** h"점과 k'점을 직선으로 연결하고 밑단선까지 연장하여 l'점을 설정한다.

⑫ **l'-m** 2cm를 올린다.

⑬ **p-m** 자연스러운 곡선으로 밑단선을 정리한다.

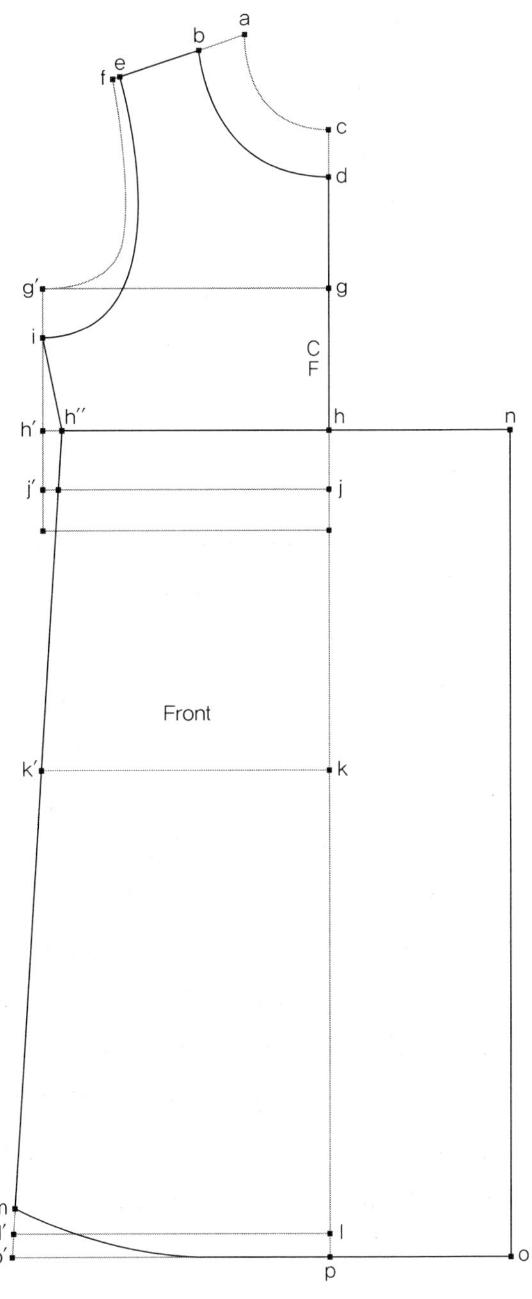

[그림 4-14] 프릴 퍼프소매 네글리제의 앞판 제도

⑭ **h-n** 몸판에 주름을 잡기 위한 주름분으로, 70% 정도의 주름을 잡을 때 허리둘레 h-h″ 길이를 측정한 후 0.7을 곱하여 나온 치수만큼으로 h-n 치수를 설정한다. 예시에서는 22.5×0.7=15.75cm로 설정하였다.

⑮ **n-o** h-j-k-l-p에서 평행으로 h-n 치수만큼 나가서 선을 그어 직사각형을 만든다.

C. 소매

① **a-b** 소매길이를 정하여 수직선 a-b를 그린다. a점과 b점에서 a-b 선에 직각으로 수평선을 그려 놓는다. 예시에서는 반소매로 하여 25cm로 설정하였다.

② **a-f** 소매산높이는 보통 12~13cm로 설정한다. a점에서 13cm를 내려 f점을 정한 후 a-b 선에 직각으로 f점을 지나도록 수평선을 그린다.

③ **a-c, a-c′** 퍼프소매의 주름을 몇 cm 잡을 것인지를 먼저 정한 후, 0.7을 곱하여 주름분량을 소매 패턴을 제도하기 전에 벌려준다. 예시에서는 소매중심점에서 양쪽으로 8cm씩 총 16cm의 주름을 잡는 것으로 하여 8×0.7=5.6cm로 a-c와 a-c′선의 길이를 설정하였다.

> **Tip** 주름량을 70%로 정하였을 때는 0.7을, 60%로 정하였을 때는 0.6을 곱해서 주름량을 계산하면 된다.

④ **c-d, c′-d′** a-b 선에 평행하도록 c점과 c′점에서 선을 그려 d점과 d′점을 설정한다.

⑤ **c-f′** f점에서 그린 수평선과 만나고 뒷몸판에서 계측한 진동둘레 치수에서 0.5cm를 뺀 치수가 되도록 f′점을 찾아 c점에서부터 대각선을 그린다.

⑥ **c′-f″** f점에서 그린 수평선과 만나고 앞몸판에서 계측한 진동둘레 치수에서 0.5cm를 뺀 치수가 되도록 f″점을 찾아 c′점에서부터 대각선을 그린다.

⑦ **c-e, c′-e′** c-a-c′ 선을 연장하여 c점과 c′점에서 각각 6cm가 되도록 e점과 e′점을 찾는다.

⑧ **f′-l, f″-o** f′점과 f″점에서 각각 4cm를 안쪽으로 이동하여 l점과 o점을 찾는다.

⑨ **e-l, e′-o** e점과 l점, e′점과 o점을 각각 직선으로 연결한다.

⑩ **f′-g, f″-g** f′점과 f″점에서 소매밑단선에 직각으로 선을 그려 g점과 g′점을 찾는다.

⑪ **k-l** l점에서 c-f′ 선에 직각이 되는 수선을 내려 k점을 찾아 직선으로 l점과 k점을 연결한다.

⑫ **m** k-l 선을 이등분하는 m점을 찾는다.

⑬ **c-i-m-f′** 자연스러운 곡선으로 c점에서 출발하여 c-f′ 선과 e-l 선을 만나는 점 i를 지나 m점과 f′점을 지나도록 뒷진동둘레선을 그린다.

⑭ **o-n** o점에서 c′-f″ 선에 직각이 되는 수선을 내려 n점을 찾아 직선으로 n점과 o점을 연결한다.

⑮ **p** o-n 선을 3등분하여 p점을 찾는다.

⑯ **c′-j-p-f″** 자연스러운 곡선으로 c′점에서 출발하여 c′-f″ 선과 e′-o 선이 만나는 점 j를 지나 p점과 f″점이 연결되는 앞진동둘레선을 그린다.

⑰ **c-s, c′-t** 퍼프소매의 주름위치인 c점과 c′점에서 8cm씩을 양쪽으로 이동하여 s점과 t점을 찾는다. 그 위치에 너치(Notch) 표시를 해준다.

⑱ **a-q** 소매산이 솟아오르게 하는 분량 1cm를 올린다.

Tip 소매주름이 잡히면서 롤링(Rolling)되는 분량이 필요하다.

⑲ **s-q-t** 자연스러운 곡선으로 연결해서 소매산을 정리해준다.

⑳ **g-h, g′-h′** 소매통을 줄이기 위해 g점과 g′점에서 각각 2cm씩 안으로 들어와 h점과 h′점을 설정한다.

㉑ **f′-h, f″-h′** 각각 직선으로 연결한다.

㉒ **r-h, r′-h′** h점과 h′점에서 각각 2cm를 올려 r과 r′점을 찾는다.

㉓ **r-d-b-d′-r′** d-b-d′는 직선을 유지하면서 자연스러운 곡선으로 소매 밑단선을 그린다.

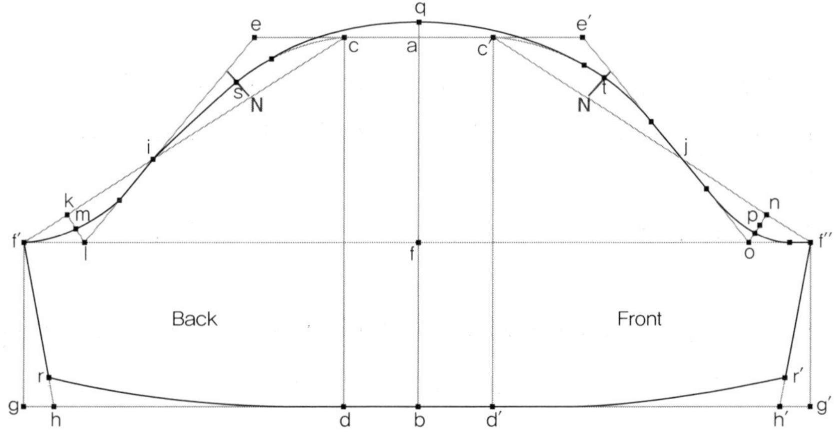

[그림 4-15] 프릴 퍼프소매 네글리제의 소매 제도

① **a-c, b-d** [그림 4-13], [그림 4-14]에서 앞몸판과 뒷몸판의 o-m까지의 밑단길이를 측정한 후, 각각 주름분량을 70%로 계산하여 0.7을 곱한 후 밑단프릴길이 a-c와 b-d를 그린다.

> **Tip** 앞밑단과 뒷밑단의 길이 차이가 크지 않을 경우 중간 치수로 하여 패턴을 하나만 제도하여 사용한다.

② **a-b, c-d** 총길이 설정 시 미리 결정해 둔 프릴폭으로 그린다. 예시에서는 10cm로 설정하였다.

③ 제도는 1/2만 한 것이므로 곬선으로 재단하면 된다.

[그림 4-16] 프릴 퍼프소매 네글리제의 밑단프릴 제도

① **a-c, b-d** 앞몸판과 뒷몸판에서 각각 b-d 길이, 즉 목둘레를 줄자를 사용하여 잰다. 앞뒤목둘레를 더한 후 주름분량을 70%로 하여 0.7을 곱한다. 그리고 그 길이만큼 a-c, b-d 길이를 그린다.

② **a-b, c-d** 목프릴폭은 2.5cm로 하여 그린다. 디자이너의 디자인 의도에 따라 변화를 줄 수 있다.

③ **c-e** 앞중심 쪽의 프릴은 폭이 점점 좁아지는 디자인이 될 수 있도록 굴려서 그려준다.

④ 앞뒤목둘레의 1/2만 계측한 치수이므로 직선부분을 곬선으로 하여 두배가 되도록 재단한다.

[그림 4-17] 프릴 퍼프소매 네글리제의 목프릴 제도

① **a-b, c-d** 앞몸판 중심의 단춧단 길이+5cm(여유분)
   로 길이를 정하여 a-b와 c-d를 그린다. 보통 앞몸
   판의 허리선 정도까지는 단춧단이 달리도록 한다.

② **a-c, b-d** 단춧단 폭은 보통 1.5~2cm로 설정하는
   데 설정한 단춧단 폭×4로 하여 a-c와 b-d의 길이
   를 정한 후 시접을 주지 않고 접어서 사용한다.

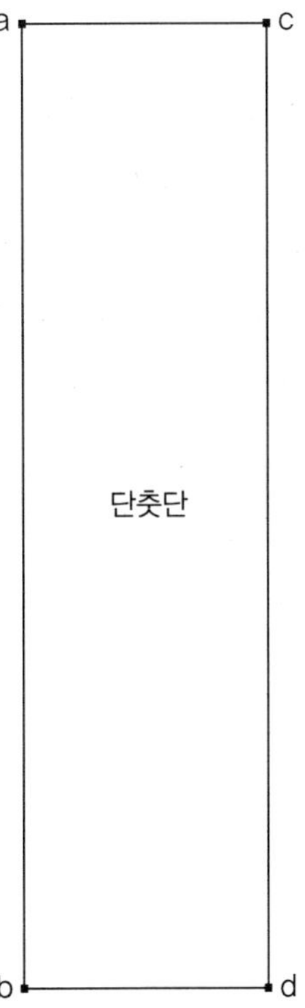

[그림 4-18] 프릴 퍼프소매 네글리제의 앞단 제도

(3) 그레이딩

① 앞목점 a는 그레이딩 라인 아래 방향으로 0.5cm씩 이동시켜 파준다.

② 옆목점 b는 그레이딩 라인에 직각인 바깥쪽으로 0.5cm씩 넓혀준다.

③ 어깨끝점 c는 그레이딩 라인에 직각인 바깥쪽으로 0.7cm씩 넓혀준다.

④ 겨드랑이점 d는 그레이딩 라인 아래 방향으로 0.7cm씩 파주고, 그레이딩 라인에 직각으로 1.25cm씩 넓혀 가슴둘레를 확장시켜 준다.

⑤ e점은 그레이딩 라인 아래 방향으로 0.5cm씩 이동시켜 파주고, 그레이딩 라인에 직각으로 1.25cm씩 넓혀준다.

⑥ f점은 그레이딩 라인 아래 방향으로 0.5cm씩 이동시켜 길이를 늘린다.

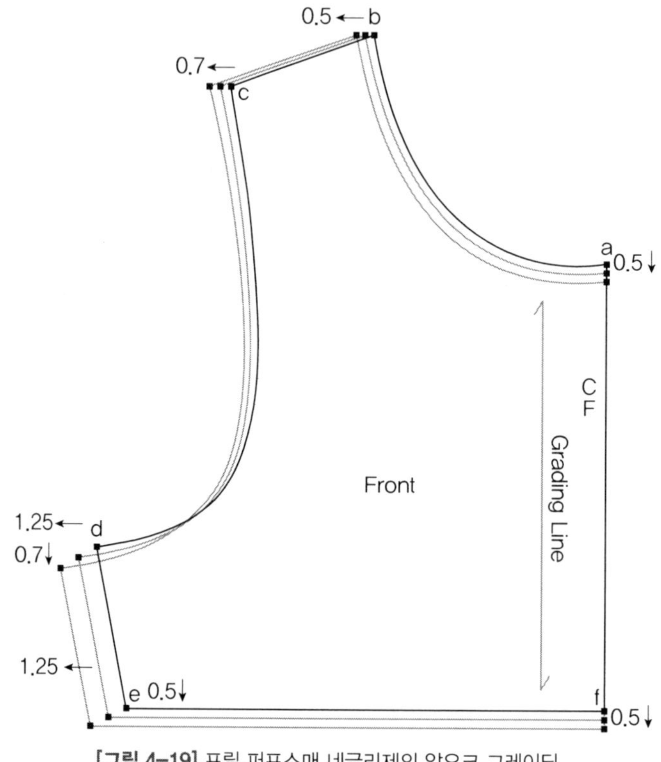

[그림 4-19] 프릴 퍼프소매 네글리제의 앞요크 그레이딩

① 앞목점 a는 그레이딩 라인 아래 방향으로 0.5cm씩 이동시켜 파준다.

② 옆목점 b는 그레이딩 라인에 직각인 바깥쪽으로 0.5cm씩 넓혀준다.

③ 어깨끝점 c는 그레이딩 라인에 직각인 바깥쪽으로 0.7cm씩 넓혀준다.

④ 겨드랑이점 d는 그레이딩 라인 아래 방향으로 0.7cm씩 파주고, 그레이딩 라인에 직각으로 1.25cm씩 넓혀 가슴둘레를 확장시켜 준다.

⑤ e점은 그레이딩 라인 아래 방향으로 0.5cm씩 이동시켜 파주고, 그레이딩 라인에 직각으로 1.25cm씩 넓혀준다.

⑥ f점은 그레이딩 라인 아래 방향으로 0.5cm씩 이동시켜 길이를 늘린다.

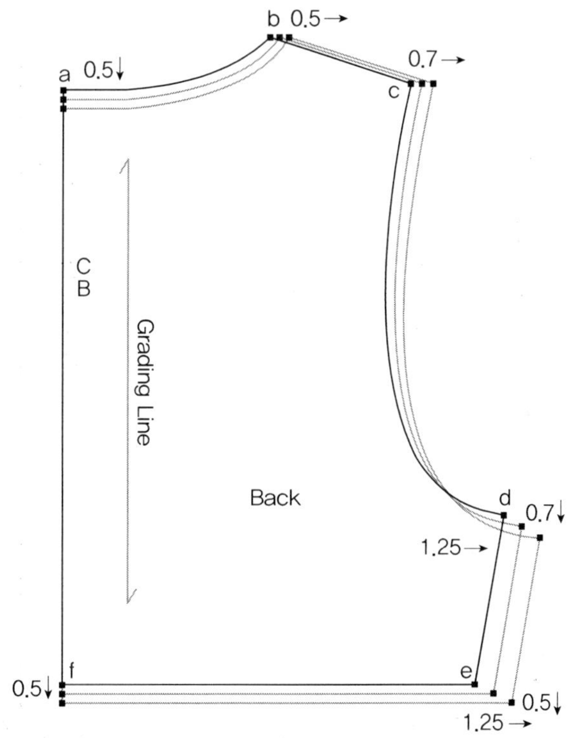

[그림 4-20] 프릴 퍼프소매 네글리제의 뒤요크 그레이딩

① a점은 그레이딩 라인 아래 방향으로 0.5cm씩 내린다.

② b점은 그레이딩 라인 아래 방향으로 0.5cm씩 내리고, 그레이딩 라인에 직각으로 1.25cm씩 넓혀준다.

③ c점은 그레이딩 라인 아래 방향으로 2cm씩 내리고, 그레이딩 라인에 직각으로 1.25cm씩 넓혀준다.

④ d점은 그레이딩 라인 아래 방향으로 2cm씩 내려 길이를 늘린다.

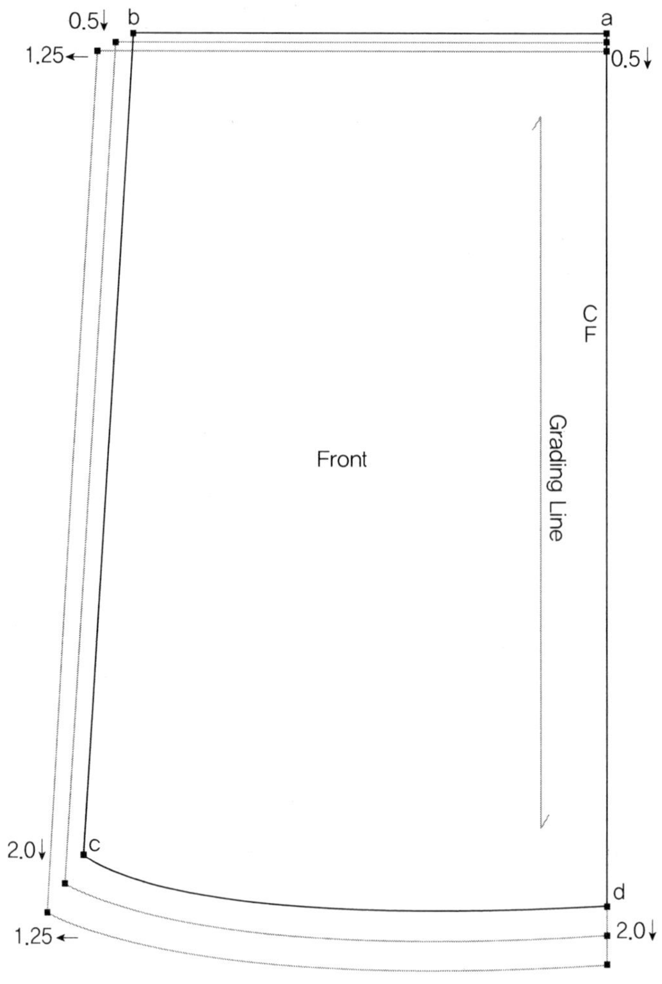

[그림 4-21] 프릴 퍼프소매 네글리제의 앞몸판 그레이딩

① a점은 그레이딩 라인 아래 방향으로 0.5cm씩 내린다.

② b점은 그레이딩 라인 아래 방향으로 0.5cm씩 내리고, 그레이딩 라인에 직각으로 1.25cm씩 넓혀준다.

③ c점은 그레이딩 라인 아래 방향으로 2cm씩 내리고, 그레이딩 라인에 직각으로 1.25cm씩 넓혀준다.

④ d점은 그레이딩 라인 아래 방향으로 2cm씩 내려 길이를 늘린다.

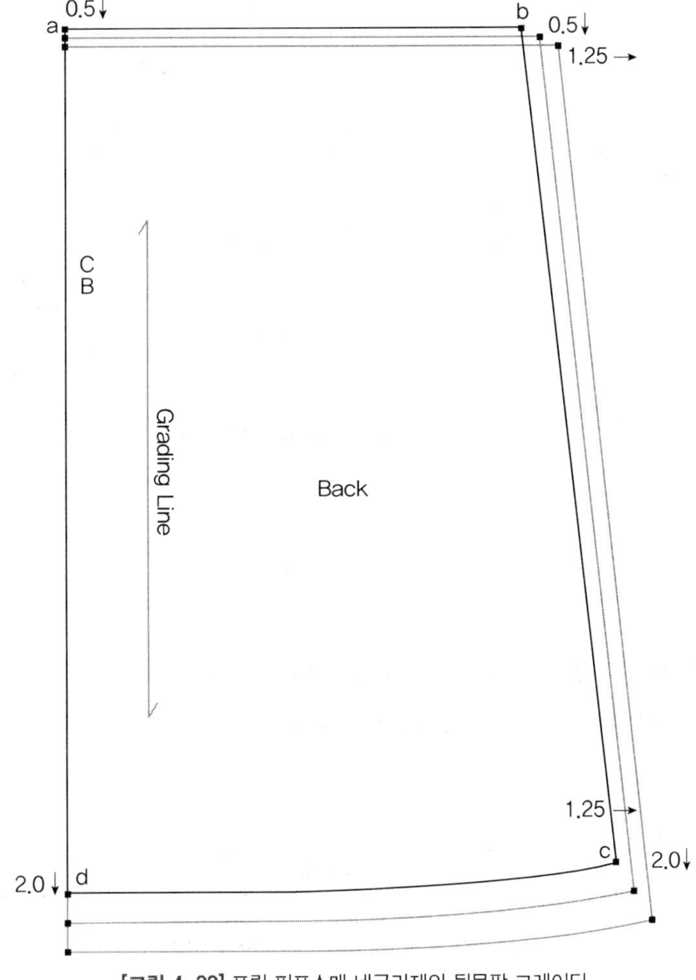

[그림 4-22] 프릴 퍼프소매 네글리제의 뒷몸판 그레이딩

① 소매산을 고정시킨다.

② b점과 c점은 그레이딩 라인 아래 방향으로 0.7cm씩 파주고, 그레이딩 라인에 직각으로 1.25cm씩 넓혀준다.

③ d점과 e점은 그레이딩 라인 아래 방향으로 2cm씩 내려 길이를 늘리고, 그레이딩 라인에 직각으로 1.25cm씩 넓혀준다.

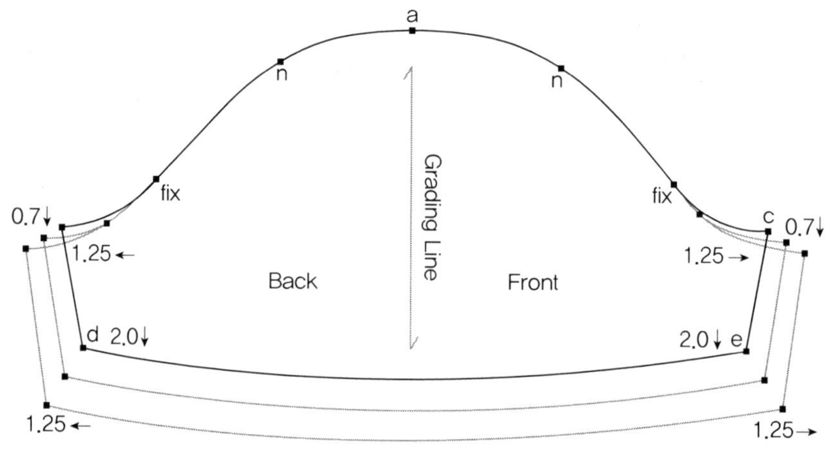

[그림 4-23] 프릴 퍼프소매 네글리제의 소매 그레이딩

① 앞목둘레와 뒷목둘레의 길이에 주름분 70%를 더하여 늘린다.

② a점과 b점을 그레이딩 라인 방향으로 7cm씩 늘린다.

[그림 4-24] 프릴 퍼프소매 네글리제의 목프릴 그레이딩

① 앞밑단과 뒤밑단의 늘어난 길이에 주름분 70%를 더하여 늘린다.

② a점과 b점을 그레이딩 라인 방향으로 4cm씩 늘려 프릴 사이즈를 확장시킨다.

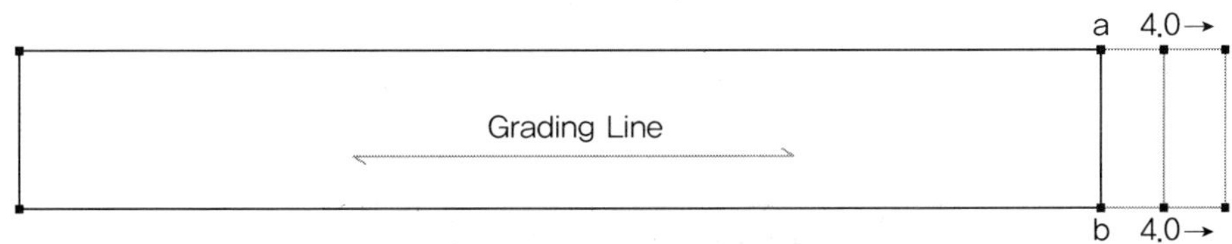

[그림 4-25] 프릴 퍼프소매 네글리제의 밑단프릴 그레이딩

파자마 패턴 제작

01 ✕ 여성용 기본 파자마

(1) 사이즈

① 가슴둘레

파자마의 경우는 헐렁하게 착용하는 것이 일반적이어서 55사이즈를 기준으로 가장 기본적인 파자마의 경우 가슴둘레를 108cm로 설정해준다. 최근에는 몸에 꼭 맞는 스타일의 선호도가 높아져 디자인에 따라 가슴둘레를 조금 작게 설정하기도 한다.

② 총길이

기본 파자마 상의의 총길이는 뒷중심을 기준으로 보통 70.5cm가 되도록 한다. 하의는 긴 바지의 경우에는 94cm가 되도록 하며, 모시메리라고 불리는 실버층의 개량한복 스타일 잠옷의 경우 71cm를 기본으로 한다. 또, 반바지의 경우에는 40.5cm를 기본으로 한다.

③ 소매길이

기본 긴소매의 경우 소매길이를 54cm로 한다. 그러나 소매길이는 몸판의 어깨 드롭(drop)분에 따라 달라진다. 기본 어깨는 2cm를 드롭하는 경우가 일반적으로, 이때 소매길이는 54cm로 설정한다. 그러나 드롭 치수가 3cm이면 소매길이는 53cm, 4cm이면 52cm로 드롭 치수와 반비례하여 소매길이는 줄어든다. 반소매의 경우에는 24cm로 소매길이를 설정한다.

④ 소매둘레

긴소매의 소매둘레는 일반적으로 34cm가 되도록 하고, 반소매는 41cm로 설정한다.

⑤ 엉덩이둘레

하의의 엉덩이둘레는 110cm를 기본으로 한다.

⑥ 허리둘레

파자마의 하의 허리는 고무줄을 넣어 처리한다. 고무줄을 넣은 완성사이즈는 58cm를 기본으로 한다.

⑦ 바지둘레

파자마의 바지둘레는 긴바지의 경우 43cm를 기본으로 한다. 모시메리의 바지둘레는 54cm, 반바지의 바지둘레는 60cm를 기본으로 한다.

부위 \ 사이즈	85	90	95	100
등길이	38	40	42	43
상의 총길이	71	73	75	77
가슴둘레	108	113	118	123
허리둘레(신체)	64	70	76	82
허리둘레(고무줄로 완성 시)	58	61	64	68
엉덩이둘레(신체)	90	95	100	105
엉덩이둘레(패턴)	110	115	120	125
밑위길이(신체)	26	27	28	29
밑위길이(패턴)	31	32	33	34
팔길이	52	54	56	58
소매길이	54	56	58	60
소매둘레	34	36	38	40
어깨폭	38	40	42	44
하의 총길이	94	97	97	98
바지둘레	43	45	47	49
신장	155	160	165	170

표 4-2 모시메리 사이즈 (단위 : cm)

부위 \ 사이즈	85	90	95
뒷중심길이	70.5	72	73.5
가슴둘레	108	113	118
소매길이	24	26	28
어깨넓이	43	45	47
소매둘레	41	43	45
하의 총길이	71	74	77
엉덩이둘레	115	120	125
허리둘레	58	61	64
밑위(앞/뒤)	35/42	36/43	37/43
바지둘레	54	56	58

부위 \ 사이즈	85	90	95
총길이	40.5	42.5	44.5
엉덩이둘레	111	116	121
허리둘레	58	61	64
밑위(앞/뒤)	34/41	35/42	36/43
바지둘레	60	62	64

(2) 패턴 제도

A. 상의 뒤판

① 보디스 원형 뒤판을 다트를 삭제하고 그대로 따라 그린다.

② a-b 옆목점을 0.5cm 파준다.

③ b-c c점에서는 직각을 유지하면서 자연스러운 곡선으로 뒷목둘레선을 그린다.

④ f′-f″ 가슴둘레를 108cm로 설정하여 108/4-0.5cm로 뒷가슴둘레를 정한다. 보디스 원형의 가슴둘레인 f-f′의 길이가 23cm이므로 f′-f″의 길이를 3.5cm로 하여 가슴둘레를 넓혀준다.

⑤ h-h′ 파자마 상의의 뒷중심길이를 70.5cm로 하여 등길이 38cm를 뺀 나머지 길이 32.5cm를 g-g′에서 내려 밑단선 h-h′를 그린다.

⑥ f″-h′ f″점에서 f-f″선에 직각으로 선을 그리고 h′점을 설정하여 직선으로 연결해준다.

⑦ d-e 어깨선을 연장하여 직선을 그린 후 d점에서 2cm를 옮겨 e점을 정한다.

⑧ f″-i 겨드랑밑점을 3.5~4cm 정도 파서 i점을 정한다. 예시에서는 3.5cm로 파주었다.

⑨ e-i e점과 i점의 시작부위는 직각을 유지하면서 자연스러운 곡선으로 뒷진동둘레선을 정리한다.

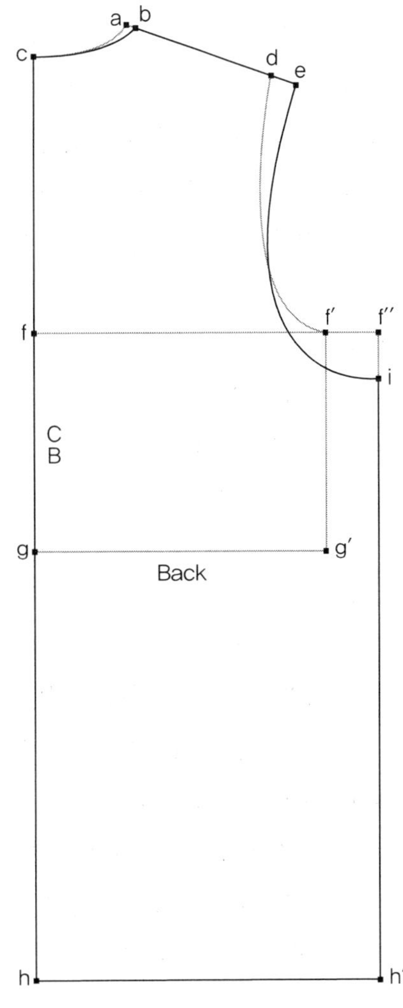

[그림 4-26] 여성용 파자마의 상의 뒤판 제도

① 보디스 원형의 앞판을 다트를 생략하고 따라 그린다.

② a-b 옆목점을 0.5cm 파준다.

③ f′-f″ 가슴둘레를 108cm로 설정하여 108/4+0.5cm로 앞가슴둘레를 설정한다. 보디스 원형의 가슴둘레인 f-f′의 길이가 24cm이므로 f′-f″의 길이를 3.5cm로 하여 가슴둘레를 넓혀준다.

④ h-h′ 파자마 상의의 뒷중심길이를 70.5cm로 하여 등길이 38cm를 뺀 나머지 길이 32.5cm를 g-g′에서 내려 밑단선 h-h′를 그린다.

⑤ f″-h′ f″점에서 f-f″ 선에 직각으로 선을 그리고 h′점을 설정하여 직선으로 연결한다.

⑥ h-j′ 앞처짐분 2cm를 h점에서 내려 j′점을 설정한다.

⑦ j-j″ h-h′ 선에 평행이 되도록 그린다.

⑧ j-j′-h′ j-j′ 선 부분은 직선을 유지하면서 옆선 쪽으로 가면서 자연스러운 곡선이 되도록 밑단선을 정리한다.

⑨ d-e 어깨선을 연장하여 직선을 그린 후 d점에서 2cm를 옮겨 e점을 설정한다.

⑩ f″-i 겨드랑밑점을 3.5~4cm 정도 파서 i점을 설정한다. 예시에서는 3.5cm로 파주었다.

⑪ e-i e점과 i점의 시작부위는 직각을 유지하면서 자연스러운 곡선으로 앞진동둘레선을 정리한다.

⑫ c-c′ 앞여밈단 폭을 1.5~2cm로 설정하여 c점에서 2cm를 나가 c′점을 설정한다.

⑬ c′-j 앞중심선에 평행으로 앞여밈단을 그린다.

⑭ c′-k c′점에서 14cm를 내려서 k점을 설정한다.

⑮ a-r 어깨선의 연장선인 a점에서 1.5cm를 이동하여 r점을 설정한다.

⑯ r-k r점과 k점을 직선으로 연결한다.

⑰ b-m r-k 선과 평행이 되면서 2cm 떨어져 있는 b-m 선을 그린다.

⑱ b-o-p b점에서 o점까지의 길이가 뒷몸판의 목둘레길이가 되면서 o-p 선의 길이가 3cm 되는 직각의 b-o-p 선을 그린다.

⑲ p-q o-p선을 연장하여 p점에서 4cm를 나가 q점을 설정한다.

⑳ k-v k점에서 11cm 올려 v점을 설정한다.

㉑ v-t v점에서 0.5cm를 나가 t점을 설정한다.

㉒ t-u t점에서 0.5cm를 내려 u점을 설정한다.

㉓ l-u m점에서 11cm를 올린 l점과 u점을 직선으로 연결한다.

㉔ **u-k** 곡선으로 u점과 k점을 연결한다.

㉕ **l-s** l-s 선은 길이가 5.5~6cm가 되도록 직선으로 그리는데 이때, 각도는 디자인 의도에 따라 정해준다. 예시에서는 30~45° 정도가 되도록 하였다.

㉖ **s-q** q점의 시작부위는 직각이 되도록 하면서 자연스러운 곡선으로 연결한다.

㉗ **b-l** 자연스러운 곡선으로 목둘레선을 따라 칼라절개선을 그린다.

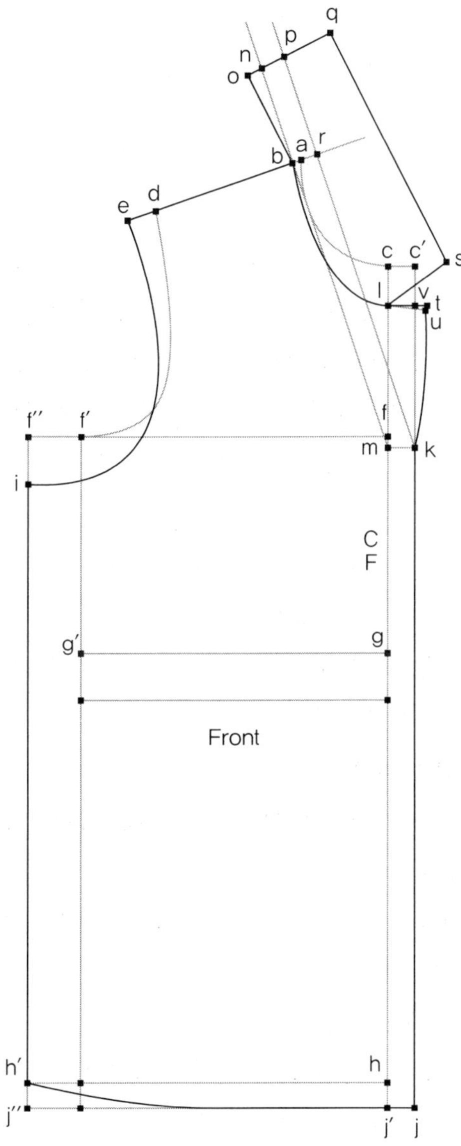

[**그림 4-27**] 여성용 파자마의 상의 앞판 제도

① **a–b** 소매길이 54cm로 수직선 a–b를 그린다.

② **a–c** 소매산높이 13~14cm로 a점에서 내려 c점을 설정한다.

> **Tip** 소매산은 기본, 즉 드롭분이 없을 때 15~16cm로 설정하며 드롭분이 2cm이면 13~14cm, 드롭분이 3cm이면 12~13cm로 하여 제도한다.

③ **a–a″, f–g** b점과 c점에서 a–b 선에 수직으로 수평선을 그린다.

④ **a–d** a점에서 뒷몸판의 진동둘레−0.5cm가 되면서 c점에서 그린 수평선과 만나도록 d점을 설정한다.

⑤ **a–e** a점에서 앞몸판의 진동둘레−0.5cm가 되면서 c점에서 그린 수평선과 만나도록 e점을 설정한다.

⑥ **d–f** d점에서 a–b 선에 직각인 밑단선에 수직으로 수선을 내려 f점을 설정한다.

⑦ **e–g** e점에서 a–b 선에 직각인 밑단선에 수직으로 수선을 내려 g점을 설정한다.

⑧ **a–a′, a–a″** a점에서 양쪽으로 6cm를 이동하여 a′점과 a″점을 설정한다.

⑨ **d–d′, e–e′** d점과 e점에서 안쪽으로 4cm를 이동하여 d′점과 e′점을 설정한다.

⑩ **a′–d′, a″–e′** a′점과 d′점, a″점과 e′점을 직선으로 연결한다.

⑪ **d′–j** a–d 선에 직각이 되는 수선을 내려 j점을 설정한 후 d′점에서 직선으로 연결한다.

⑫ **e′–l** a–e 선에 직각이 되는 수선을 내려 l점을 설정한 후 e′점에서 직선으로 연결한다.

⑬ **k** d′–j의 2등분점을 찾아 k점으로 설정한다.

⑭ **a–n–k–d** a점을 지나 a–d선과 a′–d′선의 교차점 n을 지나면서 k점과 d점을 지나도록 뒷 진동둘레선을 자연스러운 곡선으로 그린다.

⑮ **m** e′–l 선의 3등분점을 찾아 m점으로 한다.

⑯ **a–o–m–e** a점을 지나 a–e 선과 a″–e 선의 교차점 o를 지나면서 m점과 e점을 지나도록 앞 진동둘레선을 자연스러운 곡선으로 그린다.

⑰ **f–f′, g–g′** 소매둘레가 34cm가 되도록 f–g의 길이를 측정한 후 34cm를 뺀 나머지를 2등분하여 f–f′, g–g′ 길이를 설정한다. 예시에서는 44cm−34cm=10cm로 하여 양쪽에서 5cm씩 들어와 f′점과 g′점을 설정하였다.

⑱ **f′–h, g′–i** f′점, g′점에서 2cm씩 올려 h점, i점을 설정한다.

⑲ **h–b–i** 자연스러운 곡선으로 정리하여 소맷단선을 그린다.

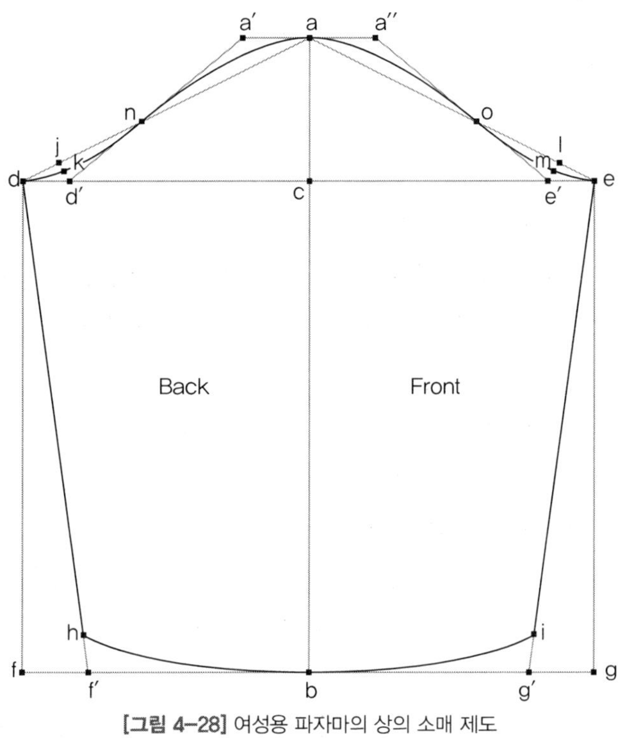

[그림 4-28] 여성용 파자마의 상의 소매 제도

D. 주머니

① **a-b, c-d** 주머니폭은 11cm가 되도록 한다.

② **a-c, b-d** 주머니깊이는 12cm로 그린다.

③ 상의 가슴 주머니로 경우에 따라서 아래쪽 c점과 d점 부위를 곡선으로 굴려주기도 한다.

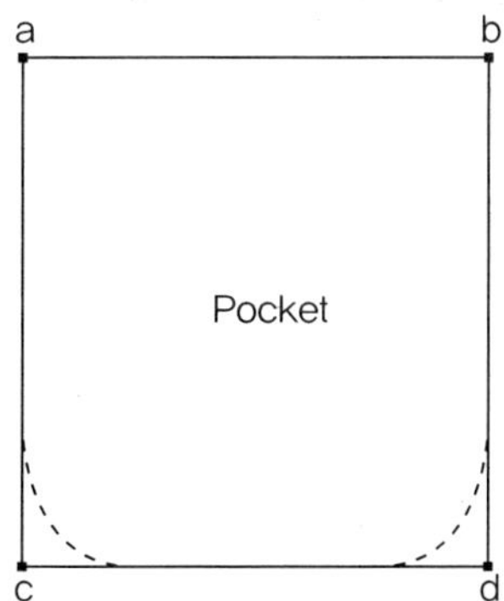

[그림 4-29] 여성용 파자마의 상의 주머니 제도

① **a-b, c-d**　엉덩이둘레/4-0.5cm로 그린다. 예시에서는 엉덩이둘레를 110cm로 하여 110/4-0.5=27.5-0.5=27cm로 가로선을 설정하였다.

② **a-c, b-d**　바지 총길이를 94cm로 그려 직사각형을 완성한다.

③ **e-f**　a-b에서 평행으로 엉덩이길이 20cm만큼 내려서 e-f 선을 그린다.

④ **g-h**　a-b에서 밑위길이 31cm를 내려 a-b 선에 평행이 되도록 g-h 선을 그린다.

⑤ **g-g′**　g-h 선을 연장하여 g점에서 6.5cm를 나가 g′점을 설정한다.

⑥ **g-i**　g점에서 10cm를 올려 i점을 설정한다.

⑦ **i-g′**　i점과 g′점을 직선으로 연결한다.

⑧ **g-j**　g점에서 i-g′ 선에 직각이 되도록 수선을 내려 g-j 선을 그린다.

⑨ **g-k**　g점에서 3.5cm를 올려 k점을 설정한다.

⑩ **a-a′**　a점에서 0.5cm 안으로 들어와 a′점을 설정한다.

⑪ **a′-i-k-g′**　a′-i를 직선에 가까운 곡선으로 연결한 후, i-k-g′는 자연스러운 곡선으로 연결하여 앞밑위선을 그린다.

⑫ **b-b′**　a-b 선을 연장하여 b점에서 1.5cm 바깥쪽으로 이동하여 b′점을 설정한다.

⑬ **b′-f**　직선에 가까운 안쪽으로 휘는 곡선으로 그린다.

⑭ **c-l**　바지둘레가 43cm가 나오도록 앞바지밑단을 21cm로 설정한 후, c점에서 2cm를 들어와 l점을 설정한다.

⑮ **m-d**　d점에서 5cm를 들어와 m점을 설정한다.

⑯ **g′-l**　l점 시작 부위는 직각으로 하여 자연스러운 곡선으로 그린다.

⑰ **h-m**　m점 시작 부위는 직각으로 하여 자연스러운 곡선으로 그린다.

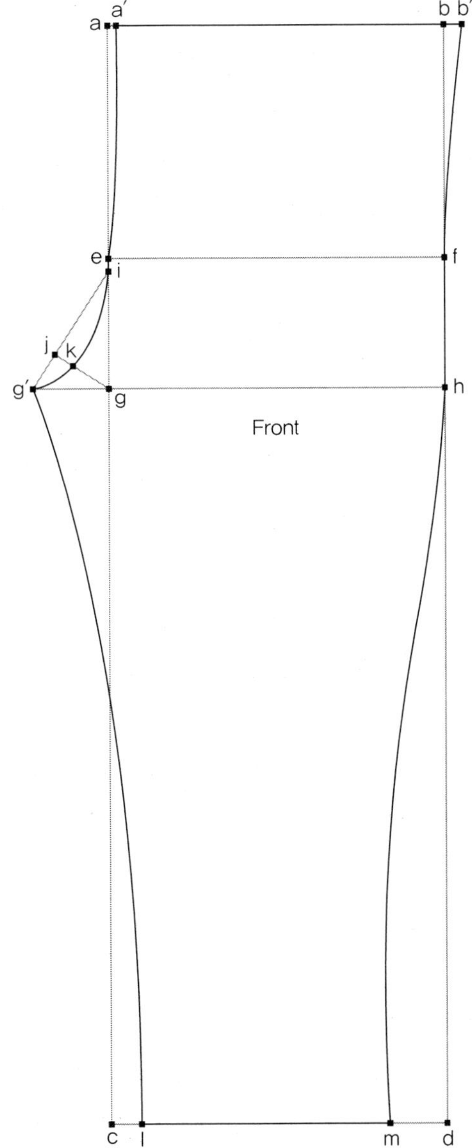

[그림 4-30] 여성용 파자마의 하의 앞판 제도

① a–b, c–d 엉덩이둘레/4+0.5cm로 그린다. 예시에서는 엉덩이둘레를 110cm로 하여 110/4+0.5=27.5+0.5=28cm로 가로선을 설정하였다.

② a–c, b–d 바지 총길이를 94cm로 그려 직사각형을 완성한다.

③ e–f a–b에서 평행으로 엉덩이길이 20cm만큼 내려서 e–f 선을 그린다.

④ g–h a–b에서 밑위길이 31cm를 내려 a–b 선에 평행이 되도록 g–h 선을 그린다.

⑤ g–g′ g–h 선을 연장하여 g점에서 10.5cm 나가 g′점을 설정한다.

⑥ g′–n g′점에서 1cm를 내려 n점을 설정한다.

⑦ g–i g점에서 10cm를 올려 i점을 설정한다.

⑧ i–n i점과 n점을 직선으로 연결한다.

⑨ g–j g점에서 i–g′ 선에 직각이 되도록 수선을 내려 g–j 선을 그린다.

⑩ g–k g점에서 4cm를 올려 k점을 찾는다.

⑪ a–a′ a점에서 3.5cm 안으로 들어와 a′점을 설정한다.

⑫ a′–o a′점에서 3cm 올려 o점을 설정한다.

⑬ o–i–k–n o–i를 직선에 가까운 곡선으로 연결한 후, i–k–n은 자연스러운 곡선으로 연결하여 뒤밑위선을 그린다.

⑭ b–b′ a–b선을 연장하여 b점에서 2.5cm 바깥쪽으로 이동하여 b′점을 설정한다.

⑮ o–b′ o점과 b′점을 직선으로 연결한다.

⑯ b′–f 직선에 가까운 안쪽으로 휘는 곡선으로 그린다.

⑰ c–l 바지둘레가 43cm가 나오도록 뒤바지밑단을 22cm로 설정한 후, c점에서 1.5cm를 들어와 l점을 설정한다.

⑱ m–d d점에서 5.5cm를 들어와 m점을 설정한다.

⑲ n–l l점 시작 부위는 직각으로 하여 자연스러운 곡선으로 그린다.

⑳ h–m m점 시작 부위는 직각으로 하여 자연스러운 곡선으로 그린다.

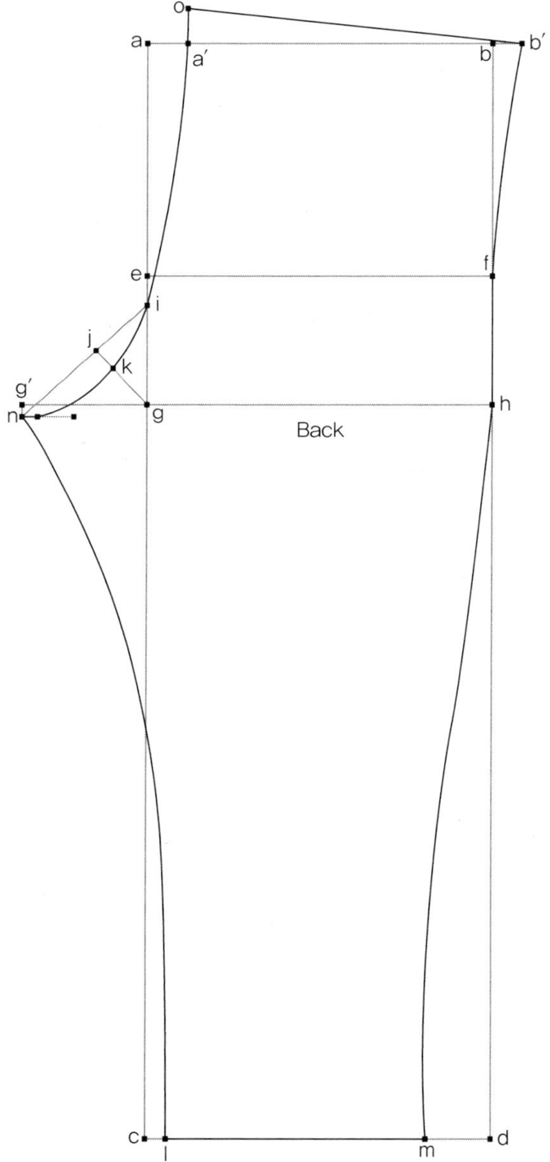

[그림 4-31] 여성용 파자마의 하의 뒤판 제도

(3) 그레이딩

① 뒷목점은 고정시킨다.

② 옆목점 a를 그레이딩 라인 위 방향으로 0.5cm씩 올려 뒷목점과 자연스러운 곡선으로 연결한다.

③ 어깨끝점 b를 그레이딩 라인 위 방향으로 0.5cm 올리고, 그레이딩 라인에 직각으로 1cm씩 넓혀준다.

④ 겨드랑이점 c를 그레이딩 라인 아래 방향으로 1cm 내리고, 그레이딩 라인에 직각으로 1.25cm씩 넓혀준다.

⑤ d점을 그레이딩 라인 아래 방향으로 2cm씩 내리고, 그레이딩 라인에 직각으로 1.25cm씩 넓혀준다.

⑥ e점을 그레이딩 라인 아래 방향으로 2cm씩 내린다.

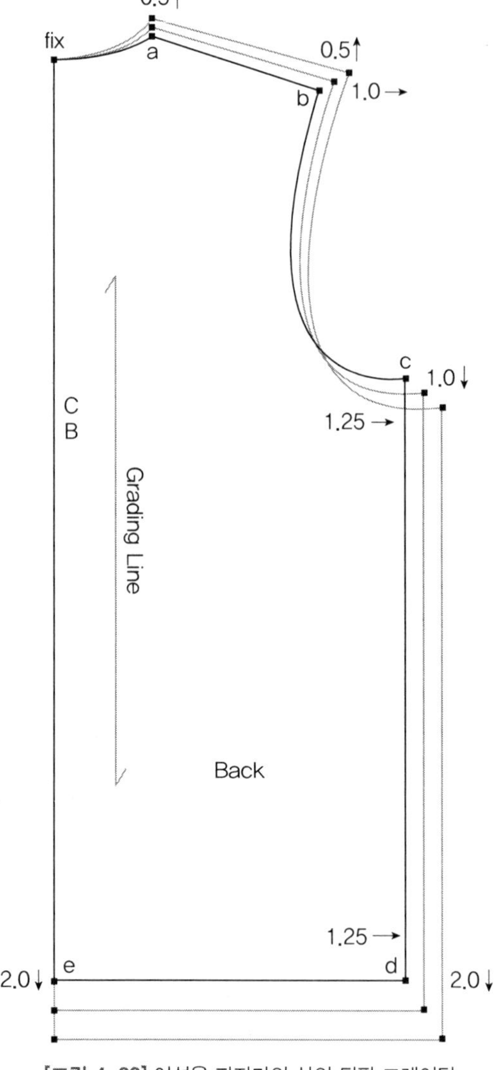

[그림 4-32] 여성용 파자마의 상의 뒤판 그레이딩

① 앞중심선의 라펠 부분과 목둘레선을 고정시킨다.

② 옆목점 a를 그레이딩 라인 위 방향으로 0.5cm씩 올려 앞둘레선과 자연스러운 곡선으로 연결한다.

③ 어깨끝점 b를 그레이딩 라인 위 방향으로 0.5cm 올리고, 그레이딩 라인에 직각으로 1cm씩 넓혀준다.

④ 겨드랑이점 c를 그레이딩 라인 아래 방향으로 1cm 내리고, 그레이딩 라인에 직각으로 1.25cm씩 넓혀준다.

⑤ d점을 그레이딩 라인 아래 방향으로 2cm씩 내리고, 그레이딩 라인에 직각으로 1.25cm씩 넓혀준다.

⑥ e점을 그레이딩 라인 아래 방향으로 2cm씩 내린다.

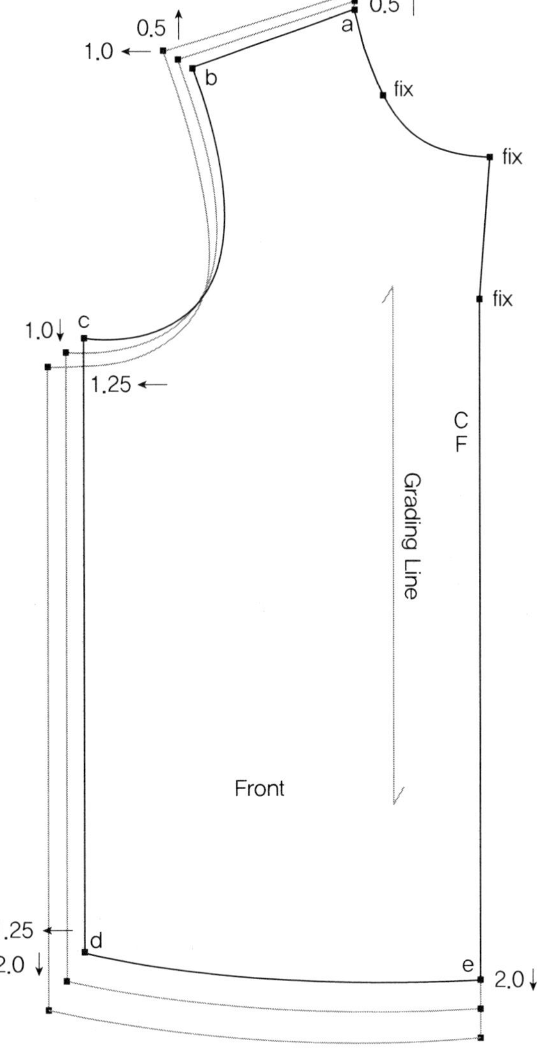

[그림 4-33] 여성용 파자마의 상의 앞판 그레이딩

① 소매산 부분을 고정시킨다.

② a점과 b점을 그레이딩 라인 아래 방향으로 1cm씩 내리고, 그레이딩 라인에 직각으로 1cm씩 넓혀준 후 고정시킨 소매산 부분과 자연스럽게 연결시킨다.

③ c점과 d점을 그레이딩 라인 아래 방향으로 2cm씩 내리고, 그레이딩 라인에 직각으로 1cm씩 넓혀준다.

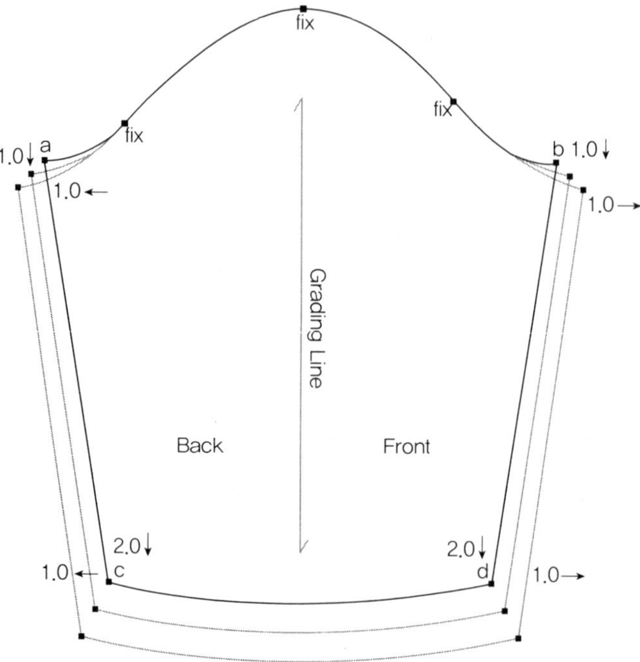

[그림 4-34] 여성용 파자마의 소매 그레이딩

① 칼라의 뒷중심선 a-b를 그레이딩 라인에 직각으로 1cm씩 이동시킨다.

② 옆목점 c를 뒷중심 방향 및 그레이딩 라인에 직각으로 0.5cm씩 이동시킨다.

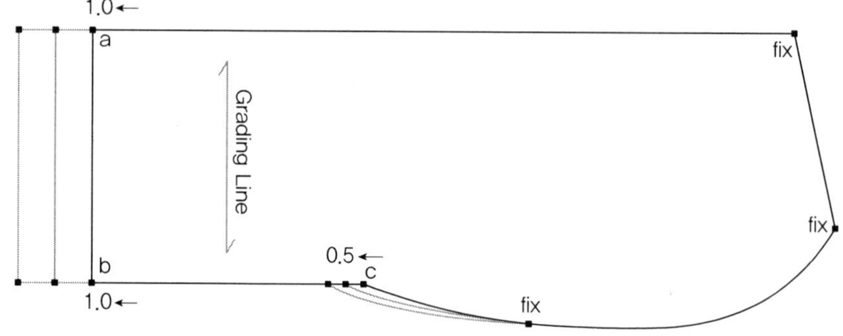

[그림 4-35] 여성용 파자마의 칼라 그레이딩

① 밑위부분과 바지안선을 고정시킨다.

② a점을 그레이딩 라인 위 방향으로 1cm씩 이동시킨다.

③ b점을 그레이딩 라인 위 방향으로 1cm씩 이동시키고, 그레이딩 라인에 직각으로 1.25cm씩 넓혀준다.

④ c점을 그레이딩 라인 아래 방향으로 2cm씩 내려 늘리고, 그레이딩 라인에 직각으로 1.25cm씩 넓혀준다.

⑤ d점을 그레이딩 라인 아래 방향으로 2cm씩 내려 늘린다.

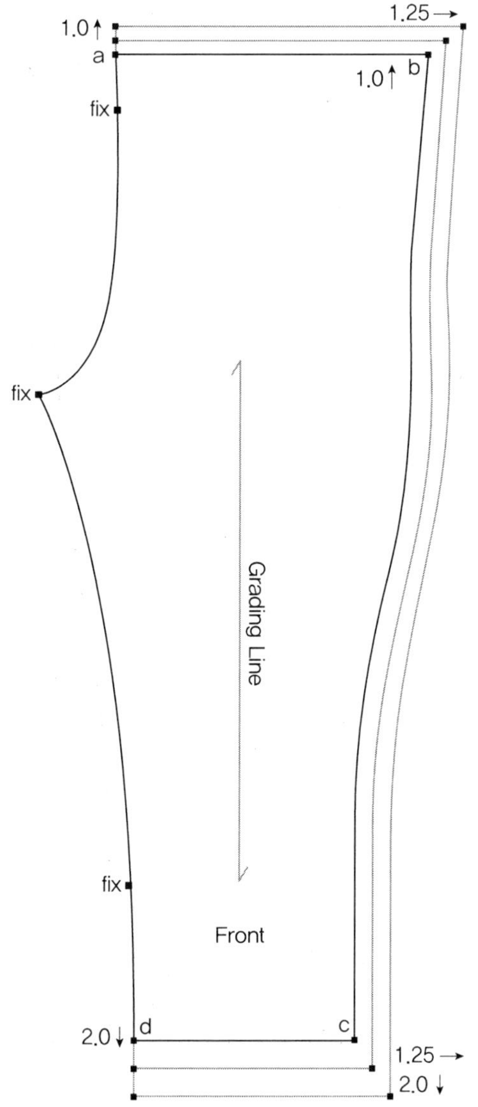

[그림 4-36] 여성용 파자마의 하의 앞판 그레이딩

① 밑위 부분과 바지안선을 고정시킨다.

② a점을 그레이딩 라인 위 방향으로 1cm씩 이동시킨다.

③ b점을 그레이딩 라인 위 방향으로 1cm씩 이동시키고, 그레이딩 라인에 직각으로 1.25cm씩 넓혀준다.

④ c점을 그레이딩 라인 아래 방향으로 2cm씩 내려 늘리고, 그레이딩 라인에 직각으로 1.25cm씩 넓혀준다.

⑤ d점을 그레이딩 라인 아래 방향으로 2cm씩 내려 늘린다.

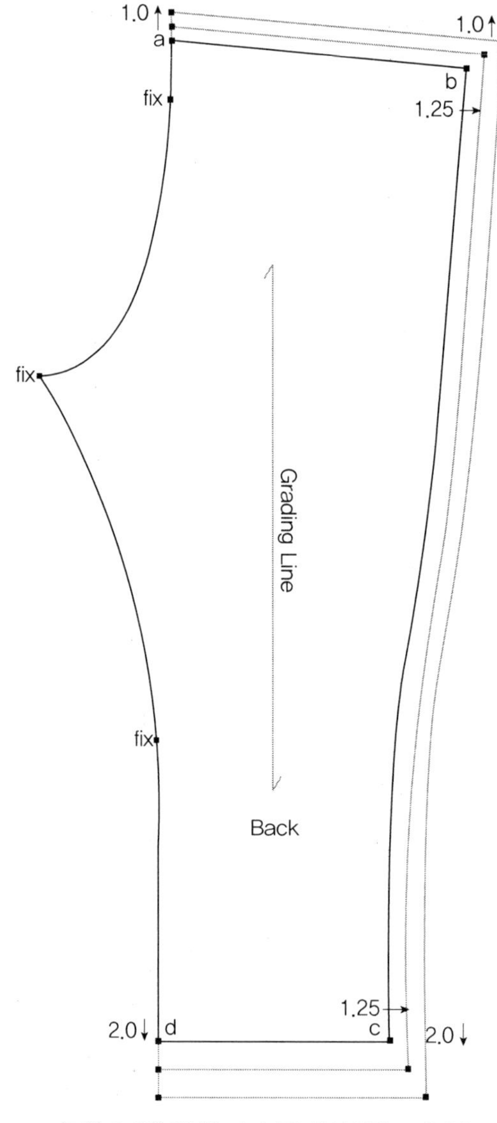

[그림 4-37] 여성용 파자마의 하의 뒤판 그레이딩

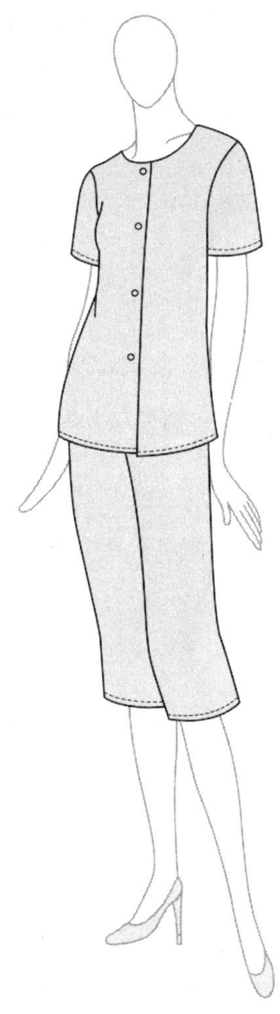

(1) 사이즈

① 가슴둘레

모시메리 파자마의 경우는 55사이즈 기준으로 가슴둘레를 108cm로 설정한다. 모시메리의 경우 실버층을 대상으로 하여 가슴둘레 사이즈를 줄이면 답답함을 느낄 수 있으므로 주의한다.

② 총길이

모시메리 파자마 상의의 총길이는 뒷중심을 기준으로 보통 70.5cm가 되도록 한다. 하의는 보통 7부 정도의 기장으로 71cm를 기본으로 한다.

③ 소매길이

모시메리 파자마의 경우 하절기용이 대부분이므로 소매길이는 24cm를 기본으로 한다. 그러나 소매길이는 몸판의 어깨 드롭분에 따라 달라진다. 기본 어깨는 2cm를 드롭하는 경우가 일반적으로, 이때 소매길이는 24cm로 설정한다. 그러나 드롭 치수가 3cm이면 소매길이는 23cm, 4cm이면 22cm로 하여 드롭 치수와 반비례하여 소매길이를 줄인다.

④ 소매둘레

모시메리 파자마는 반소매이므로 소매둘레를 41cm로 설정한다.

⑤ 엉덩이둘레

하의의 엉덩이둘레는 115cm를 기본으로 한다. 실버층의 경우 허리, 배, 엉덩이둘레가 젊은 층보다는 크므로 기본 파자마의 하의 엉덩이둘레보다 약 5cm 정도 크게 제작한다.

⑥ 허리둘레

파자마의 하의 허리는 고무줄을 넣어 처리한다. 고무줄을 넣은 완성사이즈는 58cm를 기본으로 한다.

⑦ 바지둘레

모시메리의 바지둘레는 54cm를 기본으로 한다.

(2) 패턴 제도

A. 상의 뒤판

① 보디스 원형 뒤판의 다트를 삭제하고 그대로 따라 그린다.

② a-b 모시메리 파자마의 경우 칼라를 부착하지 않으므로 옆목점을 2~3cm로 파준다.

③ c-c′ 옆목점을 파준 치수인 2~3cm의 1/2만큼 뒷목점을 파주어야 하므로 1~1.5cm로 설정한다.

④ b-c′ c′점 시작 부분은 직각을 유지하면서 자연스러운 곡선으로 뒷목둘레선을 정리한다.

⑤ f′-f″ 가슴둘레를 108cm로 설정하여 108/4-0.5cm로 뒷가슴둘레를 정한다. 보디스 원형의 가슴둘레인 f-f′의 길이가 23cm이므로 f′-f″의 길이를 3.5cm로 하여 가슴둘레를 넓혀준다.

⑥ h-h′ 파자마 상의의 뒷중심길이를 70.5cm로 하여 등길이 38cm를 뺀 나머지 길이 32.5cm를 g-g′에서 내려서 밑단선 h-h′를 그린다.

⑦ f″-h′ f″점에서 f-f″ 선에 직각으로 선을 그리고 h′점을 설정하여 직선으로 연결한다.

⑧ **d–e** 어깨선을 연장하여 직선을 그린 후 d점에서 2cm를 옮겨 e점을 설정한다.

⑨ **f″–i** 겨드랑밑점을 3.5~4cm 정도 파서 i점을 정한다. 예시에서는 3.5cm로 파주었다.

⑩ **e–i** e점과 i점의 시작부위는 직각을 유지하면서 자연스러운 곡선으로 뒷진동둘레선을 정리한다.

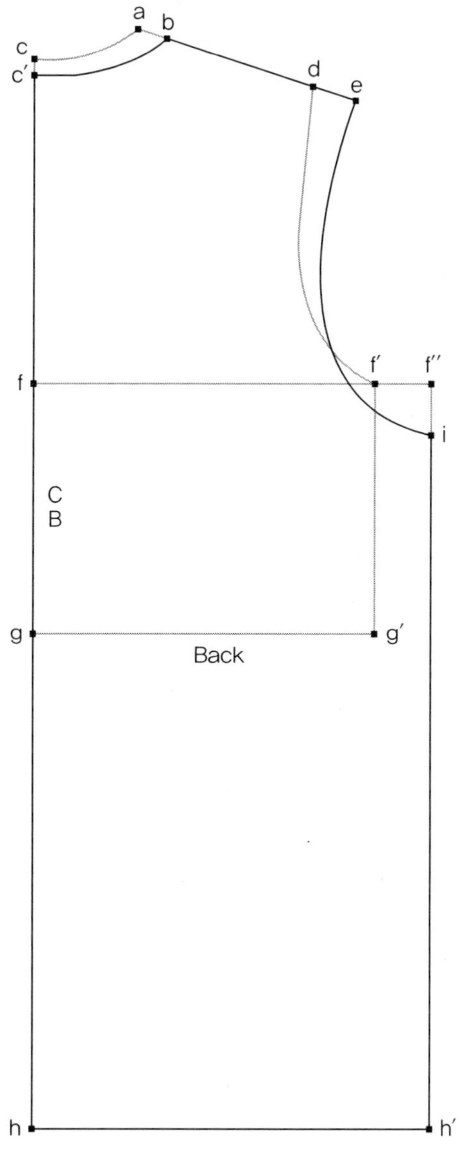

[**그림 4-38**] 여성용 모시메리 파자마의 상의 뒤판 제도

① 보디스 원형의 앞판을 다트를 생략하고 따라 그린다.

② a–b 옆목점을 뒤판의 옆목점과 같이 2~3cm 파준다.

③ f′–f″ 가슴둘레를 108cm로 설정하여 108/4+0.5cm로 앞가슴둘레를 정한다. 보디스 원형의 가슴둘레인 f–f′의 길이가 24cm이므로 f′–f″의 길이를 3.5cm로 하여 가슴둘레를 넓혀준다.

④ h–h′ 파자마 상의의 뒷중심길이를 70.5cm로 하여 등길이 38cm를 뺀 나머지 길이 32.5cm를 g–g′에서 내려 밑단선 h–h′를 그린다.

⑤ f″–h′ f″점에서 f–f″ 선에 직각으로 선을 그리고 h′점을 설정하여 직선으로 연결한다.

⑥ h–j 앞처짐분 2cm를 h점에서 내려 j점을 설정한다.

⑦ j–j″ h–h′ 선에 평행이 되도록 그린다.

⑧ j–j′–h′ j–j 선 부분은 직선을 유지하면서 옆선 쪽으로 가면서 자연스러운 곡선이 되도록 밑단선을 정리한다.

⑨ d–e 어깨선을 연장하여 직선을 그린 후 d점에서 2cm를 옮겨 e점을 설정한다.

⑩ f″–i 겨드랑밑점을 3.5~4cm 정도 파서 i점을 설정한다. 예시에서는 3.5cm로 파주었다.

⑪ e–i e점과 i점의 시작부위는 직각을 유지하면서 자연스러운 곡선이 되도록 앞진동둘레선을 정리한다.

⑫ c–c′ 앞여밈단 폭을 1.5~2cm로 정하여 c점에서 2cm를 나가 c′점을 설정한다.

⑬ c′–j 앞중심선에서 평행으로 앞여밈단을 그린다.

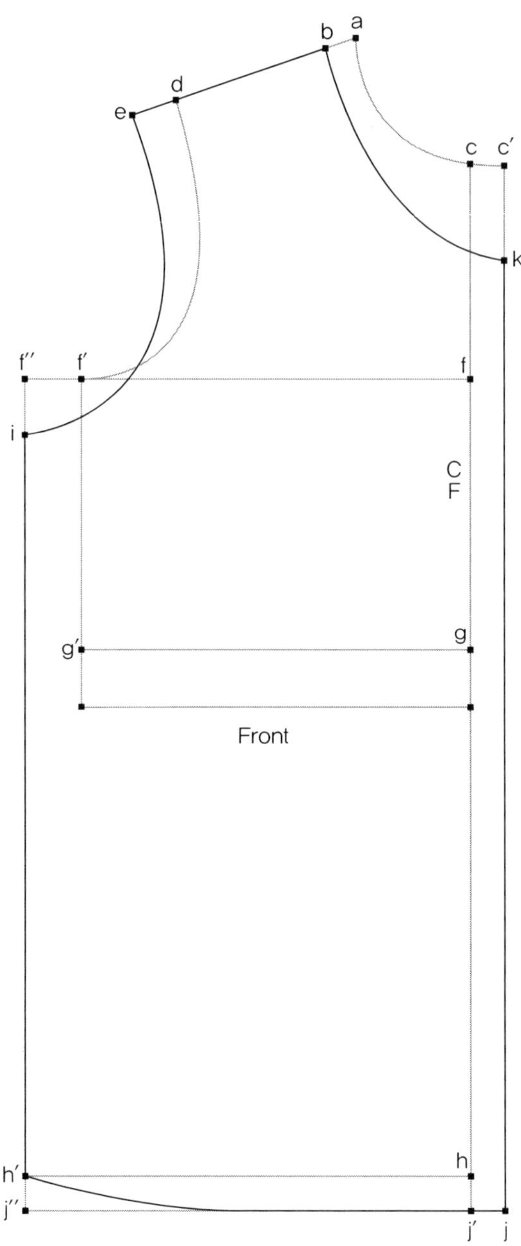

[그림 4-39] 여성용 모시메리 파자마의 상의 앞판 제도

⑭ c′-k c′점에서 5~6cm를 내려서 k점을 설정한다.

⑮ b-k 옆목점 b점과 앞목을 파 내린 k점을 자연스러운 곡선으로 연결하여 앞목둘레선을 그린다.

C. 소매

① a-b 소매길이 24cm로 수직선 a-b를 그린다.

② a-c 소매산높이 13~14cm로 a점에서 내려 c점을 설정한다.

> **Tip** 소매산높이는 기본, 즉 드롭분이 없을 때 15~16cm로 설정하며, 드롭분이 2cm이면 13~14cm, 드롭분이 3cm이면 12~13cm로 하여 제도한다.

③ a′-a″, f-g b점과 c점에서 a-b선에 수직으로 수평선을 그린다.

④ a-d a점에서 뒷몸판의 진동둘레-0.5cm가 되면서 c점에서 그린 수평선과 만나도록 d점을 설정한다.

⑤ a-e a점에서 앞몸판의 진동둘레-0.5cm가 되면서 c점에서 그린 수평선과 만나도록 e점을 설정한다.

⑥ d-f d점에서 a-b 선에 직각인 밑단선에 수직으로 수선을 내려 f점을 설정한다.

⑦ e-g e점에서 a-b 선에 직각인 밑단선에 수직으로 수선을 내려 g점을 설정한다.

⑧ a-a′, a-a″ a점에서 양쪽으로 6cm를 이동하여 a′점과 a″점을 설정한다.

⑨ d-d′, e-e′ d점과 e점에서 안쪽으로 4cm를 이동하여 d′점과 e′점을 설정한다.

⑩ a′-d′, a″-e′ a′점과 d′점, a″점과 e′점을 직선으로 연결한다.

⑪ d′-j a-d 선에 직각이 되는 수선을 내려 j점을 설정한 후 d′점에서 직선으로 연결한다.

⑫ e′-l a-e 선에 직각이 되는 수선을 내려 l점을 설정한 후 e′점에서 직선으로 연결한다.

⑬ k d′-j의 2등분점을 찾아 k점으로 설정한다.

⑭ a-n-k-d a점을 지나 a-d 선과 a′-d′ 선의 교차점 n을 지나면서 k점과 d점을 지나도록 뒷 진동둘레선을 자연스러운 곡선으로 그린다.

⑮ m e′-l 선의 3등분점을 찾아 m점으로 설정한다.

⑯ a-o-m-e a점을 지나 a-e 선과 a″-e 선의 교차점 o를 지나면서 m점과 e점을 지나도록 앞 진동둘레선을 자연스러운 곡선으로 그린다.

⑰ f-f′, g-g′ 소매둘레가 41cm가 되도록 f-g의 길이를 측정한 후 41cm를 뺀 나머지를 2등분하여 f-f′, g-g′ 길이를 설정한다. 예시에서는 43cm-41cm=2cm로 양쪽에서 1cm씩 들어와서 f′, g′점을 설정하였다.

⑱ f′–h, g′–i 1.5cm씩 올린다.

⑲ h–b–i 자연스러운 곡선으로 정리하여 소맷단선을 그린다.

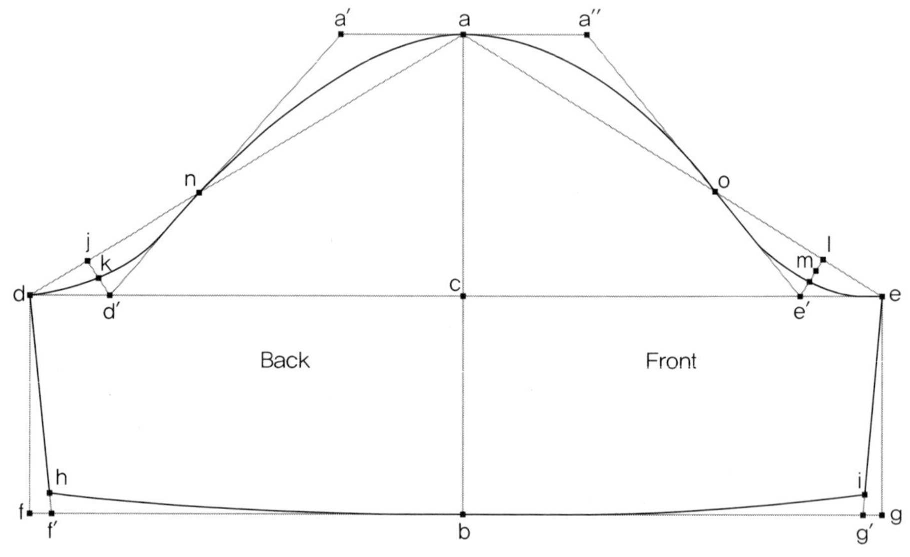

[그림 4-40] 여성용 모시메리 파자마의 소매 제도

D. 하의 앞판

① a-b, c-d 엉덩이둘레/4-0.5cm로 그린다. 예시에서는 엉덩이둘레를 115cm로 하여 115/4-0.5=28.75-0.5=28.25cm로 가로선을 설정하였다.

② a-c, b-d 바지 총길이인 71cm로 그려 직사각형을 완성해준다.

③ e-f a-b에서 평행으로 엉덩이길이 20cm만큼 내려 e-f 선을 그린다.

④ g-h a-b에서 밑위길이 31cm를 내려 a-b 선에 평행이 되도록 g-h 선을 그린다.

⑤ g-g′ g-h 선을 연장하여 g점에서 6.5cm를 나가 g′점을 설정한다.

⑥ g-i g점에서 10cm를 올려 i점을 설정한다.

⑦ i-g′ i점과 g′점을 직선으로 연결한다.

⑧ g-j g점에서 i-g′ 선에 직각이 되도록 수선을 내려 g-j 선을 그린다.

⑨ g-k g점에서 3.5cm를 올려 k점을 찾는다.

⑩ a-a′ a점에서 0.5cm 안으로 들어와 a′점을 찾는다.

⑪ a′-i-k-g′ a′-i를 직선에 가까운 곡선으로 연결한 후, i-k-g′는 자연스러운 곡선으로 연결하여 앞밑위선을 그린다.

⑫ b-b′ a-b선을 연장하여 b점에서 1.5cm 바깥쪽으로 이동하여 b′점을 설정한다.

⑬ **b′-f** 직선에 가까운 안쪽으로 휘는 곡선을 그린다.

⑭ **c-l** 바지둘레가 54cm가 나오도록 앞바지 밑단을 26.5cm로 설정한 후, c점에서 0.75cm를 들어와 l점을 설정한다.

⑮ **m-d** d점에서 1cm를 들어와 m점을 설정한다.

⑯ **g′-l** l점 시작 부위는 직각으로 하여 자연스러운 곡선이 되도록 그린다.

⑰ **h-m** m점 시작 부위는 직각으로 하여 자연스러운 곡선이 되도록 그린다.

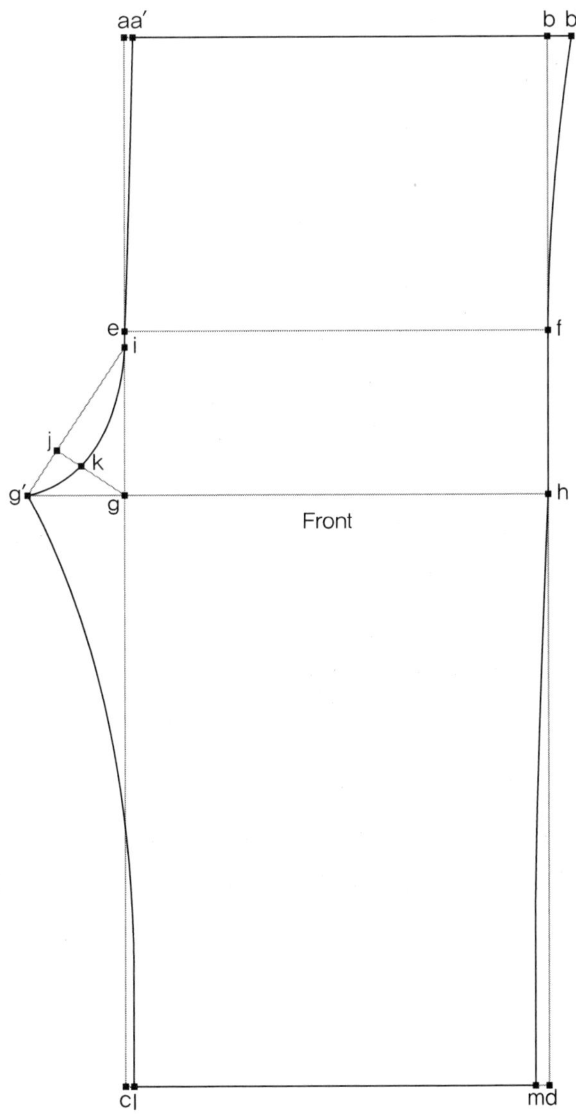

[그림 4-41] 여성용 모시메리 파자마의 하의 앞판 제도

① **a-b, c-d** 엉덩이둘레/4+0.5cm로 그린다. 예시에서는 엉덩이둘레를 115cm로 하여 115/4+0.5=28.75+0.5=29.25cm로 가로선을 설정하였다.

② **a-c, b-d** 바지 총길이를 71cm로 그려 직사각형을 완성한다.

③ **e-f** a-b에서 평행으로 엉덩이길이 20cm만큼 내려 e-f 선을 그린다.

④ **g-h** a-b에서 밑위길이 31cm를 내려 a-b 선에 평행이 되도록 g-h 선을 그린다.

⑤ **g-g′** g-h 선을 연장하여 g점에서 10.5cm 나가 g′점을 설정한다.

⑥ **g′-n** g′점에서 1cm를 내려 n점을 설정한다.

⑦ **g-i** g점에서 10cm를 올려 i점을 설정한다.

⑦ **i-n** i점과 n점을 직선으로 연결한다.

⑧ **g-j** g점에서 i-g′ 선에 직각이 되도록 수선을 내려 g-j 선을 그린다.

⑨ **g-k** g점에서 4cm를 올려 k점을 찾는다.

⑩ **a-a′** a점에서 3.5cm 안으로 들어와 a′점을 설정한다.

⑪ **a′-o** a′점에서 3cm 올려 o점을 설정한다.

⑫ **o-i-k-n** o-i를 직선에 가까운 곡선으로 연결한 후, i-k-n은 자연스러운 곡선으로 연결하여 뒤밑위선을 그린다.

⑫ **b-b′** a-b 선을 연장하여 b점에서 2.5cm 바깥쪽으로 이동하여 b′점을 설정한다.

⑬ **o-b′** o점과 b′점을 직선으로 연결한다.

⑭ **b′-f** 직선에 가까운 안쪽으로 휘는 곡선으로 그린다.

⑮ **c-l** 바지둘레가 54cm가 되도록 뒤바지밑단을 27.5cm로 설정한 후, c점에서 0.75cm를 들어와 l점을 설정한다.

⑯ **m-d** d점에서 1cm를 들어와 m점을 설정한다.

⑰ **n-l** l점 시작 부위는 직각으로 하여 자연스러운 곡선이 되도록 그린다.

⑱ **h-m** m점 시작 부위는 직각으로 하여 자연스러운 곡선이 되도록 그린다.

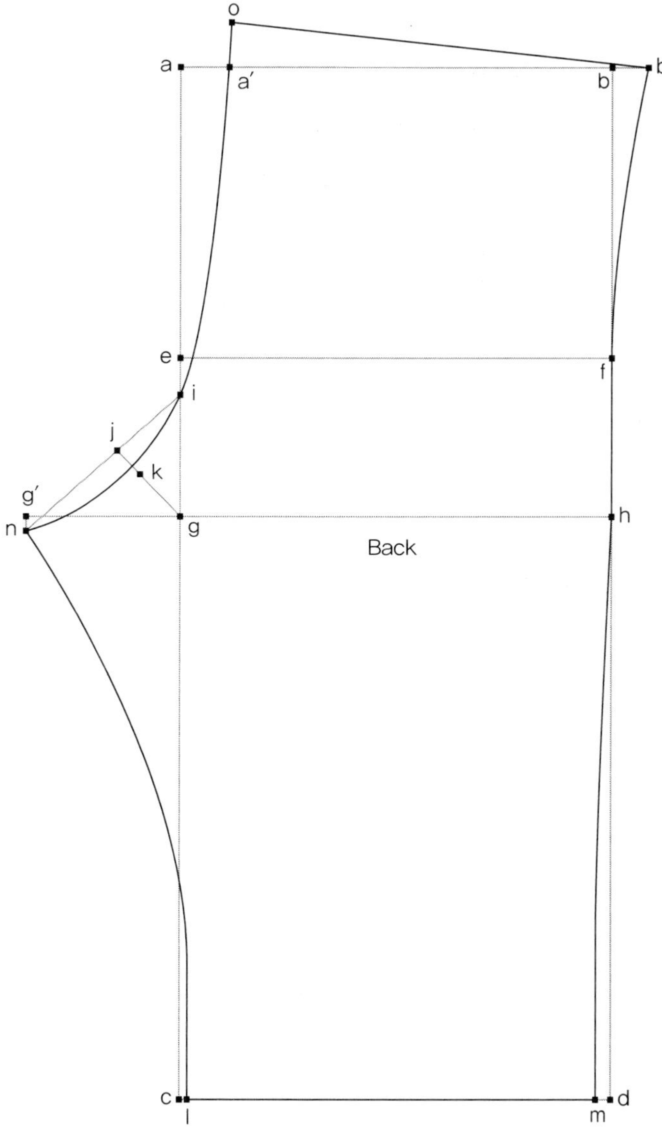

[그림 4-42] 여성용 모시메리 파자마의 하의 뒤판 제도

(3) 그레이딩

① 앞중심선과 앞목둘레를 고정시킨다.

② 옆목점 a를 그레이딩 라인 위 방향으로 0.5cm씩 올린다.

③ 어깨끝점 b를 그레이딩 라인 위 방향으로 0.5cm씩 올리고 그레이딩 라인에 직각으로 1cm 씩 늘린다.

④ 겨드랑이점 c를 그레이딩 라인 아래 방향으로 1cm씩 내리고, 그레이딩 라인에 직각으로 1.25cm씩 늘린다.

⑤ d점을 그레이딩 라인 아래 방향으로 2cm씩 내리고, 그레이딩 라인에 직각으로 1.25cm씩 늘린다.

⑥ e점을 그레이딩 라인 아래 방향으로 2cm씩 내려 길이를 늘린다.

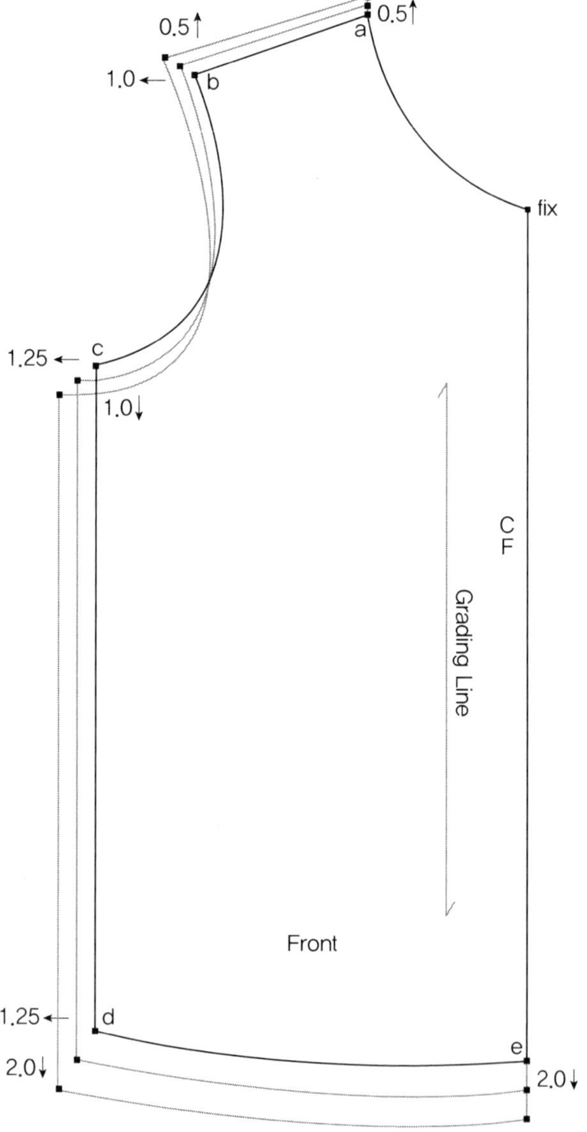

[그림 4-43] 여성용 모시메리 파자마의 상의 앞판 그레이딩

① 뒷목점을 고정시킨다.

② 옆목점 a를 그레이딩 라인 위 방향으로 0.5cm씩 올린다.

③ 어깨끝점 b를 그레이딩 라인 위 방향으로 0.5cm씩 올리고 그레이딩 라인에 직각으로 1cm
씩 늘린다.

④ 겨드랑이점 c를 그레이딩 라인 아래
방향으로 1cm씩 내리고, 그레이딩 라
인에 직각으로 1.25cm씩 늘린다.

⑤ d점을 그레이딩 라인 아래 방향으로
2cm씩 내리고, 그레이딩 라인에 직각
으로 1.25cm씩 늘린다.

⑥ e점을 그레이딩 라인 아래 방향으로
2cm씩 내려 길이를 늘린다.

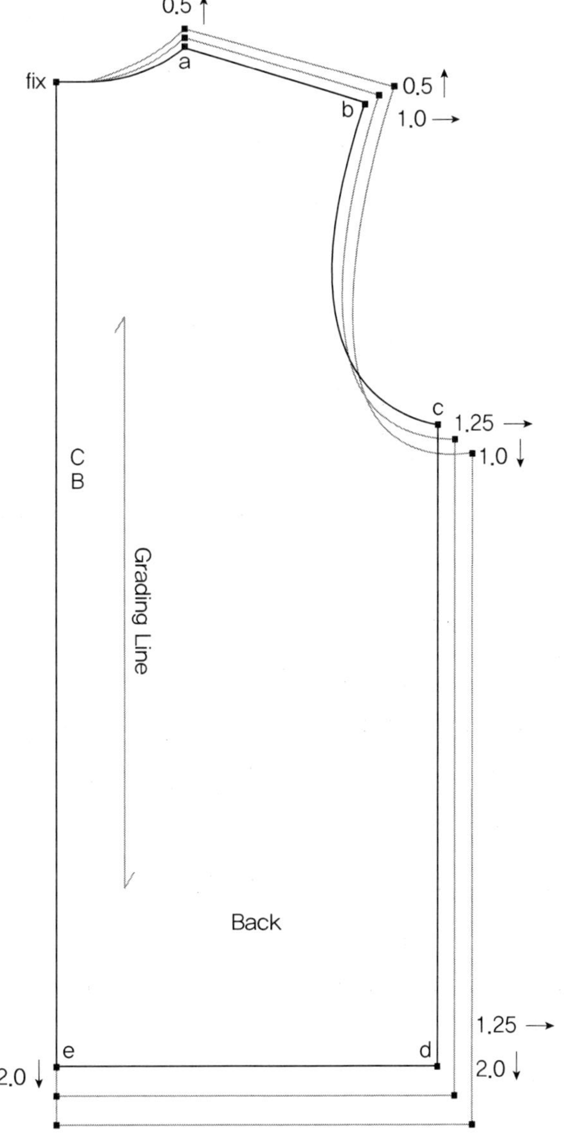

[그림 4-44] 여성용 모시메리 파자마의 상의 뒤판 그레이딩

① 소매산 부분을 고정시킨다.

② a점과 b점을 그레이딩 라인 아래 방향으로 1cm씩 내리고, 그레이딩 라인에 직각으로 1cm씩 넓혀준다. 고정시킨 소매산 부분과 자연스럽게 연결시킨다.

③ c점과 d점을 그레이딩 라인 아래 방향으로 2cm씩 내리고, 그레이딩 라인에 직각으로 1cm씩 넓혀준다.

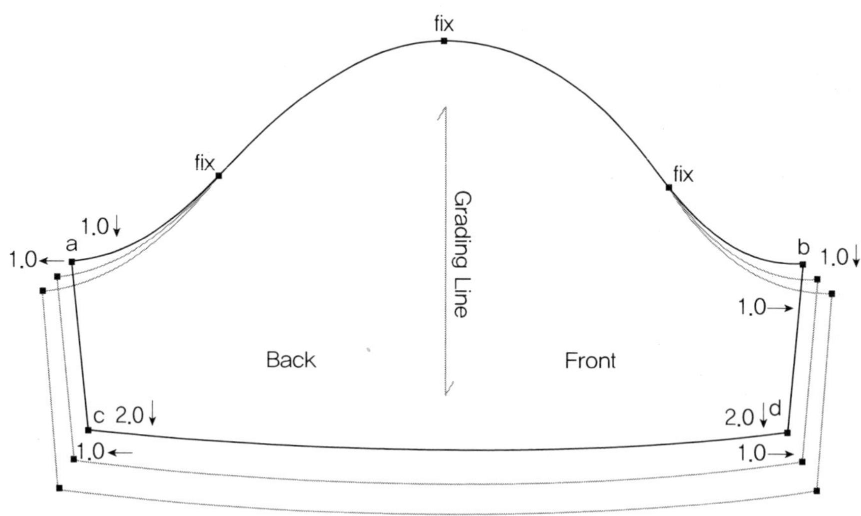

[그림 4-45] 여성용 모시메리 파자마의 소매 그레이딩

① 밑위 부분과 바지안선을 고정시킨다.

② a점을 그레이딩 라인 위 방향으로 1cm씩 이동시킨다.

③ b점을 그레이딩 라인 위 방향으로 1cm씩 이동시키고, 그레이딩 라인에 직각으로 1.25cm씩 넓혀준다.

④ c점을 그레이딩 라인 아래 방향으로 2cm씩 내려 늘리고, 그레이딩 라인에 직각으로 1.25cm씩 넓혀준다.

⑤ d점을 그레이딩 라인 아래 방향으로 2cm씩 내려 늘린다.

① 밑위부분과 바지안선을 고정시킨다.

② a점을 그레이딩 라인 위 방향으로 1cm씩 이동시킨다.

③ b점을 그레이딩 라인 위 방향으로 1cm씩 이동시키고, 그레이딩 라인에 직각으로 1.25cm씩 넓혀준다.

④ c점을 그레이딩 라인 아래 방향으로 2cm씩 내려 늘리고, 그레이딩 라인에 직각으로 1.25cm씩 넓혀준다.

⑤ d점을 그레이딩 라인 아래 방향으로 2cm씩 내려 늘린다.

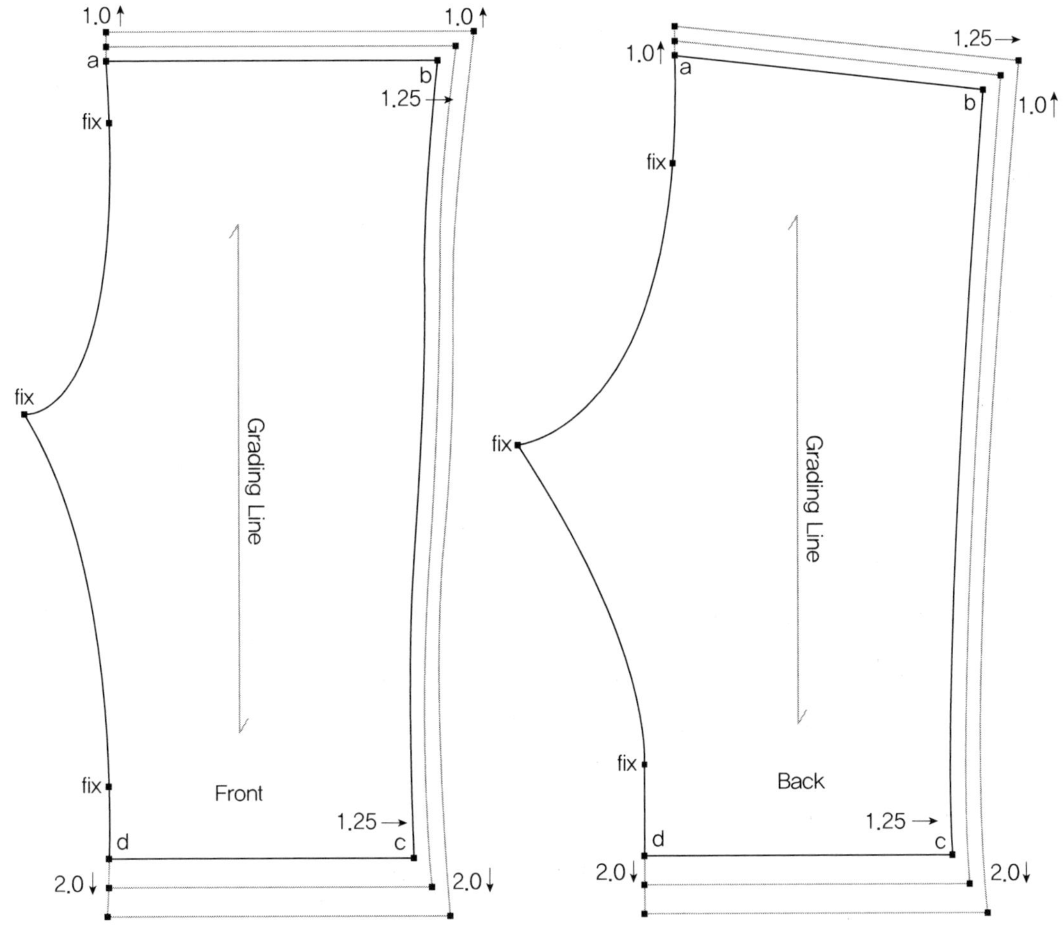

[그림 4-46] 여성용 모시메리 파자마의 하의 앞판 그레이딩　　[그림 4-47] 여성용 모시메리 파자마의 하의 뒤판 그레이딩

(1) 사이즈

① 총길이

파자마 반바지의 총길이는 40.5cm로 설정한다.

② 엉덩이둘레

반바지의 엉덩이둘레는 111cm를 기본으로 한다.

③ 허리둘레

파자마의 하의 허리는 고무줄을 넣어 처리한다. 고무줄을 넣은 완성사이즈는 58cm를 기본으로 한다.

④ 바지둘레

반바지의 바지둘레는 60cm를 기본으로 한다.

(2) 패턴 제작

A. 앞판

① **a-b, c-d** 엉덩이둘레/4-0.5cm로 그린다. 예시에서는 엉덩이둘레를 111cm로 하여 111/4-0.5=27.75-0.5=27.25cm로 가로선을 설정하였다.

② **a-c, b-d** 바지의 총길이인 40.5cm로 그려 직사각형을 완성한다.

③ **e-f** a-b에서 평행으로 엉덩이길이 20cm만큼 내려 e-f 선을 그린다.

④ **g-h** a-b에서 밑위길이 31cm를 내려 a-b 선에 평행이 되도록 g-h 선을 그린다.

⑤ **g-g′** g-h 선을 연장하여 g점에서 6.5cm를 나가 g′점을 설정한다.

⑥ **g-i** g점에서 10cm를 올려 i점을 설정한다.

⑦ **i-g′** i점과 g′점을 직선으로 연결한다.

⑧ **g-j** g점에서 i-g′ 선에 직각이 되도록 수선을 내려 g-j 선을 그린다.

⑨ **g-k** g점에서 3.5cm를 올려 k점을 설정한다.

⑩ **a-a′** a점에서 0.5cm 안으로 들어와 a′점을 설정한다.

⑪ **a′-i-k-g′** a′-i를 직선에 가까운 곡선으로 연결한 후, i-k-g′는 자연스러운 곡선으로 연결하여 앞밑위선을 그린다.

⑫ **b-b′** a-b 선을 연장하여 b점에서 1.5cm를 바깥쪽으로 이동하여 b′점을 설정한다.

⑬ b′-f 직선에 가까운 안쪽으로 휘는 곡선으로 그린다.

⑭ c-l 바지둘레가 60cm가 되도록 앞바지밑단을 29.5cm로 설정한 후, c점에서 2.25cm를 바깥쪽으로 나가 l점을 설정한다.

⑮ g′-l l점 시작 부위는 직각으로 하여 자연스러운 곡선이 되도록 그린다.

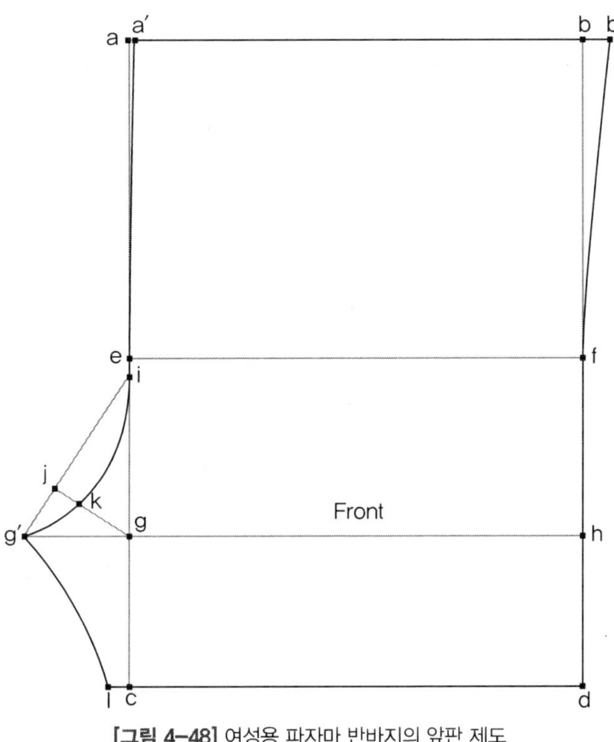

[그림 4-48] 여성용 파자마 반바지의 앞판 제도

B. 뒤판

① a-b, c-d 엉덩이둘레/4+0.5cm로 그린다. 예시에서는 엉덩이둘레를 111cm로 하여 111/4+0.5=27.75+0.5=28.25cm로 가로선을 설정하였다.

② a-c, b-d 바지의 총길이인 40.5cm로 그려 직사각형을 완성한다.

③ e-f a-b에서 평행으로 엉덩이길이 20cm만큼 내려 e-f 선을 그린다.

④ g-h a-b에서 밑위길이 31cm를 내려 a-b 선에 평행이 되도록 g-h 선을 그린다.

⑤ g-g′ g-h 선을 연장하여 g점에서 10.5cm를 나가 g′점을 설정한다.

⑥ g′-n g′점에서 1cm를 내려 n점을 설정한다.

⑦ g-i g점에서 10cm를 올려 i점을 설정한다.

⑧ i-n i점과 n점을 직선으로 연결한다.

⑨ g-j g점에서 i-g′ 선에 직각이 되도록 수선을 내려 g-j 선을 그린다.

⑩ **g-k** g점에서 4cm를 올려 k점을 설정한다.

⑪ **a-a′** a점에서 3.5cm를 안으로 들어와 a′점을 설정한다.

⑫ **a′-o** a′점에서 3cm를 올려 o점을 설정한다.

⑬ **o-i-k-n** o-i를 직선에 가까운 곡선으로 연결한 후, i-k-n은 자연스러운 곡선으로 연결하여 뒤밑위선을 그린다.

⑭ **b-b′** a-b 선을 연장하여 b점에서 2.5cm를 바깥쪽으로 이동하여 b′점을 설정한다.

⑮ **o-b′** o점과 b′점을 직선으로 연결한다.

⑯ **b′-f** 직선에 가까운 안쪽으로 휘는 곡선으로 그린다.

⑰ **c-l** 바지둘레가 60cm가 되도록 뒤바지밑단을 30.5cm로 설정한 후, c점에서 2.25cm를 바깥으로 나가 l점을 설정한다.

⑱ **n-l** l점 시작 부위는 직각으로 하여 자연스러운 곡선이 되도록 그린다.

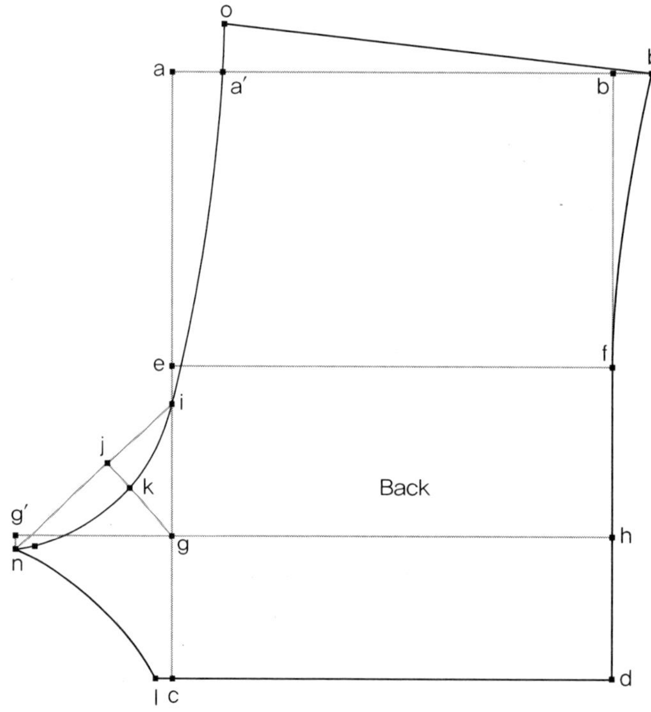

[그림 4-49] 여성용 파자마 반바지의 뒤판 제도

(3) 그레이딩

① 밑위 부분과 바지안선을 고정시킨다.

② a점을 그레이딩 라인 위 방향으로 1cm씩 이동시킨다.

③ b점을 그레이딩 라인 위 방향으로 1cm씩 이동시키고, 그레이딩 라인에 직각으로 1.25cm씩
넓혀준다.

④ c점을 그레이딩 라인 아래 방향으로 1cm씩 내려 늘려준다.

⑤ d점을 그레이딩 라인 아래 방향으로 1cm씩 내려 늘리고, 그레이딩 라인에 직각으로
1.25cm씩 넓혀준다.

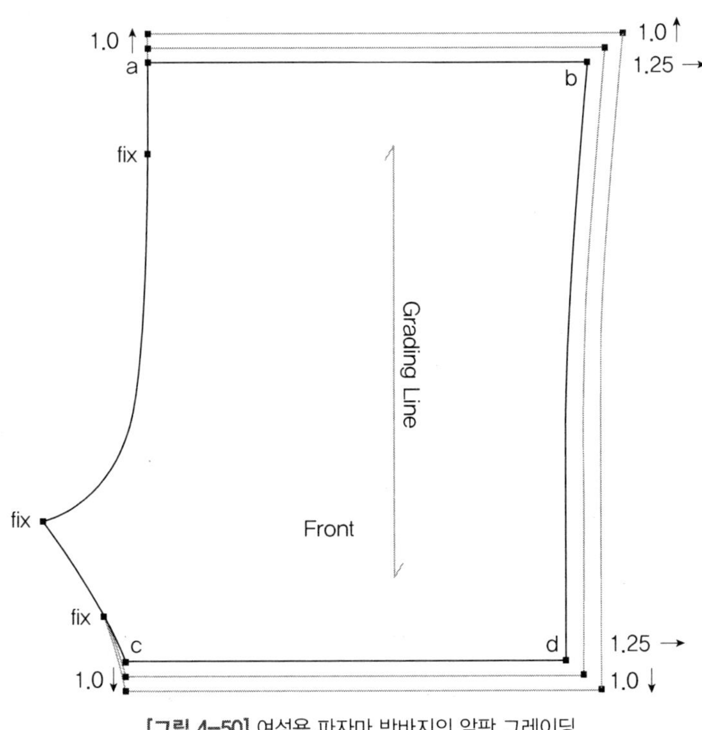

[그림 4-50] 여성용 파자마 반바지의 앞판 그레이딩

① 밑위 부분과 바지안선을 고정시킨다.

② a점을 그레이딩 라인 위 방향으로 1cm씩 이동시킨다.

③ b점을 그레이딩 라인 위 방향으로 1cm씩 이동시키고, 그레이딩 라인에 직각으로 1.25cm씩 넓혀준다.

④ c점을 그레이딩 라인 아래 방향으로 1cm씩 내려 늘린다.

⑤ d점을 그레이딩 라인 아래 방향으로 1cm씩 내려 늘리고, 그레이딩 라인에 직각으로 1.25cm씩 넓혀준다.

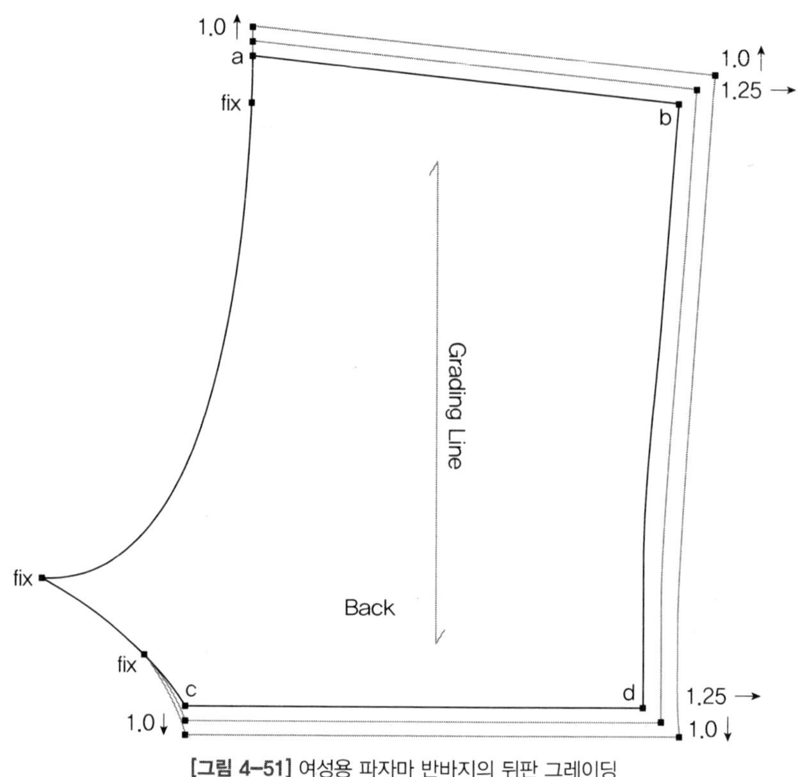

[**그림 4-51**] 여성용 파자마 반바지의 뒤판 그레이딩

(1) 사이즈

① 총길이

로맨틱 파자마는 기본 파자마보다 좀 더 여성스러운 디자인을 일컫는 말이다. 로맨틱 파자마의
상의 총길이는 65~70cm 정도를 기본으로 한다. 하의 총길이는 긴바지를 94cm로 하여 디자인
에 따라 자유롭게 조정한다.

② 가슴둘레

기본 파자마의 경우 108cm로 설정하나 로맨틱 파자마의 경우 가슴둘레를 조금 더 작게 해 보통
92~96cm로 설정한다.

③ 소매길이

로맨틱 파자마의 소매길이는 긴소매의 경우 58cm를 기본으로 한다. 로맨틱 파자마는 어깨를 드롭하지 않기 때문에 설정한 소매길이를 그대로 사용한다.

④ 소매둘레

소매둘레는 28~30cm로 설정한다. 로맨틱 파자마의 경우 소매 끝부분을 고무줄로 처리하는 경우가 많으므로 고무줄 치수는 보통 15~18cm 정도로 한다.

⑤ 엉덩이둘레

하의의 엉덩이둘레는 110cm를 기본으로 한다. 그러나 조금 더 꼭 맞는 스타일을 원할 경우에는 디자인에 따라서 사이즈를 줄일 수 있다.

⑥ 허리둘레

파자마의 하의 허리는 고무줄을 넣어 처리한다. 고무줄을 넣은 완성사이즈는 58cm를 기본으로 한다.

⑦ 바지둘레

긴바지의 바지둘레는 43cm를 기본으로 한다.

(2) 패턴 제작

A. 상의 뒤판

① 보디스 원형 뒤판의 다트를 삭제하고 그대로 베껴 그린다.

② a-b 칼라를 부착하지 않으므로 옆목점을 4~5cm를 파준다.

③ c-e a-b 옆목을 파준 치수인 4~5cm의 1/2만큼 뒷목점을 파주어야 하므로 2~2.5cm를 파준다.

④ b-e e점 부위는 직각을 유지하면서 자연스러운 곡선으로 뒷목둘레선을 정리한다.

⑤ f′-f″ 가슴둘레는 보디스 원형의 가슴둘레를 그대로 사용하여 94cm로 설정한다.

⑥ h-h′ 파자마 상의의 뒷중심길이를 64cm로 하여 등길이 38cm와 밑단프릴폭 6cm를 뺀 나머지 길이 20cm를 g-g′에서 내려 밑단선 h-h′를 그린다.

⑦ f″-i f′점에서 겨드랑이점을 3~4cm 내려 i점을 설정한다.

⑧ g′-g″ 상의 밑단이 A라인으로 퍼지도록 g′점에서 1.5cm를 나가 g″점을 설정한다.

⑨ g″-i g″점과 i점을 직선으로 연결하고 선을 연장하여 미리 그려놓은 밑단선과 만나는 h′점을 찾는다.

⑩ k-h′ h-h′점을 3등분하는 k점을 찾는다.

⑪ j-h′ k점에서 g″-h′ 선에 직각이 되는 수선을 내려 j점을 찾아 직선으로 연결한다.

⑫ h-k-j 자연스러운 곡선으로 연결하여 밑단선을 정리한다.

⑬ d-i i점 시작 부분이 직각이 되도록 하면서 d-i를 자연스러운 곡선으로 연결하여 진동둘레
　　선을 정리한다.

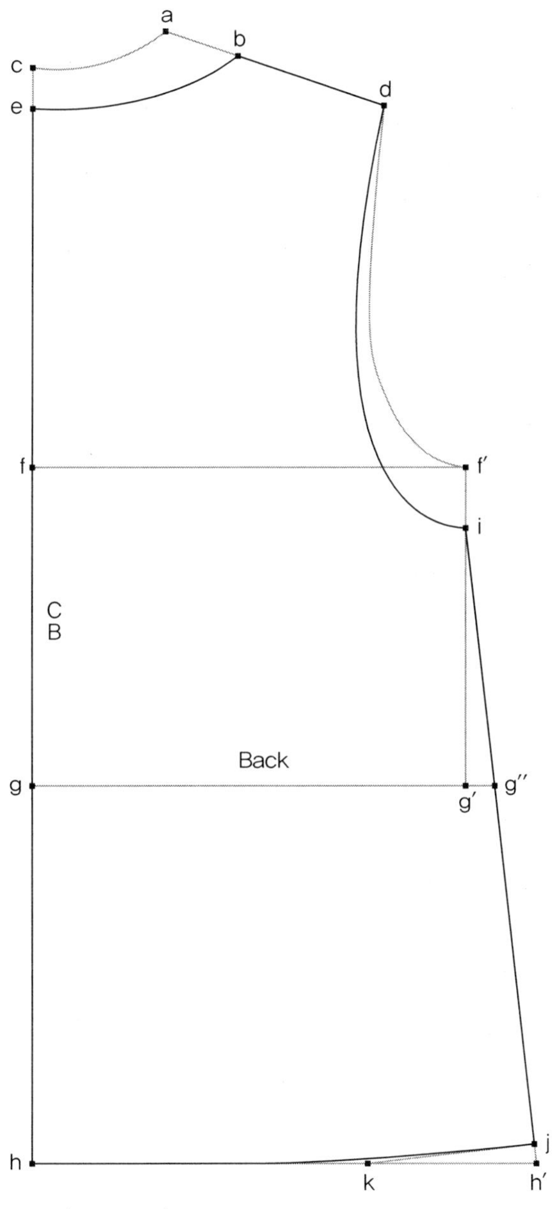

[그림 4-52] 여성용 로맨틱 파자마의 상의 뒤판 제도

① 보디스 원형의 앞판을 다트를 생략하고 따라 그린다.

② a-b 옆목점을 뒤판의 옆목점과 같이 4~5cm 파준다.

③ c-e 앞목점을 4~5cm 파준다.

④ b-e e점 시작 부분이 직각이 되도록 하고 b-e를 자연스러운 곡선으로 연결하여 앞목선을 정리한다.

⑤ f-f′ 가슴둘레를 94cm로 설정하여 보디스 원형의 가슴둘레를 그대로 사용한다.

⑥ h-h′ 파자마 상의의 뒷중심길이를 64cm로 하여 등길이 38cm와 밑단프릴폭 6cm를 뺀 나머지 길이 20cm를 g-g′에서 내려 밑단선 h-h′를 그린다.

⑦ f′-i f′점에서 겨드랑이점을 3~4cm 내려 i점을 설정한다.

⑧ g′-g″ 상의 밑단이 A라인으로 퍼지도록 g′점에서 1.5cm를 나가 g″점을 설정한다.

⑨ g″-i g″점과 i점을 직선으로 연결하고 선을 연장하여 미리 그려놓은 밑단선과 만나는 점 h′점을 찾는다.

⑩ l-l′ h-h′ 선에서 평행으로 앞처짐분 2cm를 내려 l-l′ 선을 그린다.

⑪ j-h′ 뒷몸판의 옆선 j-h′를 올린 치수와 같게 올려 j점을 설정한다.

⑫ j-k-l 자연스러운 곡선으로 연결하여 앞밑단선을 정리한다.

⑬ d-i i점 시작 부분이 직각이 되도록 하고 d-i를 자연스러운 곡선으로 연결하여 진동둘레선을 정리한다.

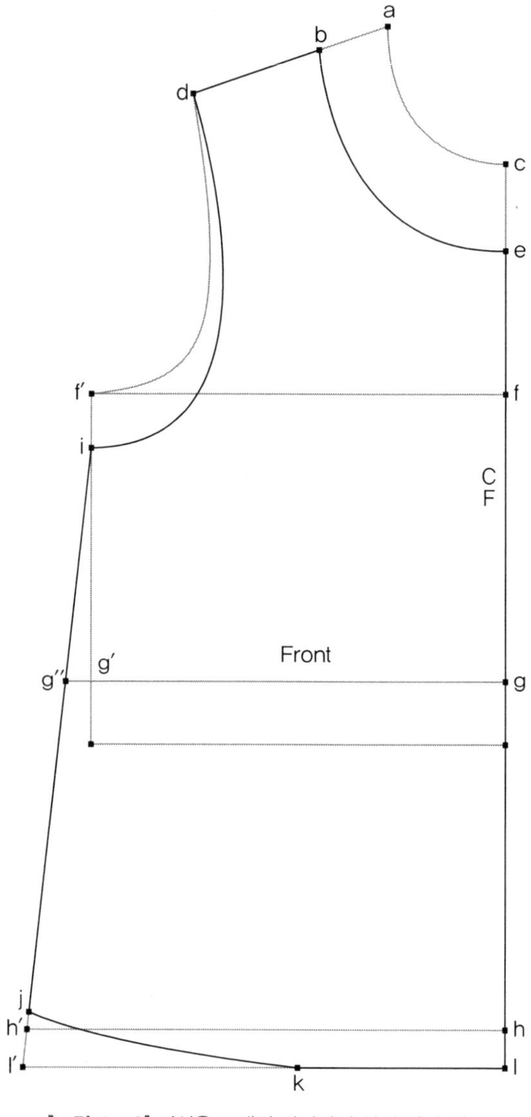

[그림 4-53] 여성용 로맨틱 파자마의 상의 앞판 제도

■ 기본소매

① **a–b** 소매길이 24cm로 수직선 a–b를 그린다.

② **a–c** 소매산높이 13~14cm로 a점에서 내려서 c점을 설정한다.

③ **a′–a″, f–g** b점과 c점에서 a–b선에 수직으로 수평선을 그린다.

④ **a–d** a점에서 뒷몸판의 진동둘레−0.5cm가 되면서 c점에서 그린 수평선과 만나도록 d점을 설정한다.

⑤ **a–e** a점에서 앞몸판의 진동둘레−0.5cm가 되면서 c점에서 그린 수평선과 만나도록 e점을 설정한다.

⑥ **d–f** d점에서 a–b 선에 직각인 밑단선에 수직으로 수선을 내려 f점을 설정한다.

⑦ **e–g** e점에서 a–b 선에 직각인 밑단선에 수직으로 수선을 내려 g점을 설정한다.

⑧ **a–a′, a–a″** a점에서 양쪽으로 6cm를 이동하여 a′점과 a″점을 설정한다.

⑨ **d–d′, e–e′** d점과 e점에서 안쪽으로 4cm를 이동하여 d′점과 e′점을 설정한다.

⑩ **a′–d′, a″–e′** a′점과 d′점, a″점과 e′점을 직선으로 연결한다.

⑪ **d′–j** a–d 선에 직각이 되는 수선을 내려 j점을 설정한 후 d′점에서 직선으로 연결한다.

⑫ **e′–l** a–e 선에 직각이 되는 수선을 내려 l점을 설정한 후 e′점에서 직선으로 연결한다.

⑬ **k** d′–j의 2등분점을 찾아 k점으로 설정한다.

⑭ **a–n–k–d** a점을 지나 a–d 선과 a′–d′ 선의 교차점 n을 지나면서 k점과 d점을 지나도록 뒷 진동둘레선을 자연스러운 곡선으로 그린다.

⑮ **m** e′–l 선의 3등분점을 찾아 m점으로 정한다.

⑯ **a–o–m–e** a점을 지나 a–e 선과 a″–e 선의 교차점 o를 지나면서 m점과 e점을 지나도록 앞 진동둘레선을 자연스러운 곡선으로 그린다.

⑰ **f–f′, g–g′** 소매둘레가 41cm가 되도록 f–g의 길이를 측정한 후 41cm를 뺀 나머지를 2등분 하여 f–f′, g–g′ 길이를 설정한다. 예시에서는 43cm−41cm=2cm로 양쪽에서 1cm씩 들어 와서 f′와 g′점을 설정하였다.

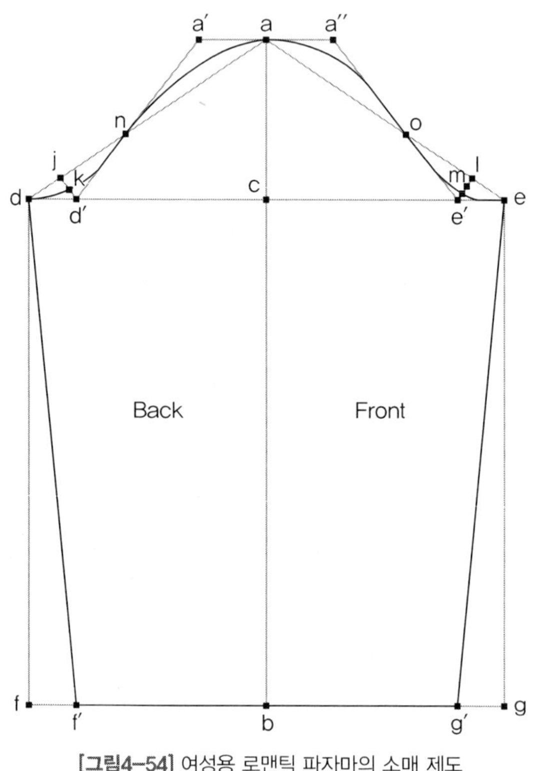

[**그림4-54**] 여성용 로맨틱 파자마의 소매 제도

■ 소매 변형 제도

① **p-q** 수직선 p-q를 그린다.

② **r-s** p-q에 직각이 되는 수평선 r-s를 그린다.

③ **a-b** p-t에서 양쪽으로 소매산 주름분 5cm를 이동하여 p-q에 평행이 되는 a-b 선을 그린다.

■ 소매 완성 제도

① 제도한 소매를 앞판과 뒤판으로 반으로 나누어 수직선 a-c-b에 맞춰서 붙여준다.

② **p-u** 소매산점을 연결한 소매중심점 p에서 1cm를 올려 u점을 설정한다.

③ **a-v, a-w** 소매산 주름분으로 a점에서 8cm 이동하여 v점과 w점을 설정한다.

④ **v-u-w** v점과 w점에서 u점을 연결하는 자연스러운 곡선으로 정리한다.

⑤ **b-q-b** 직선으로 밑단선을 연결한다.

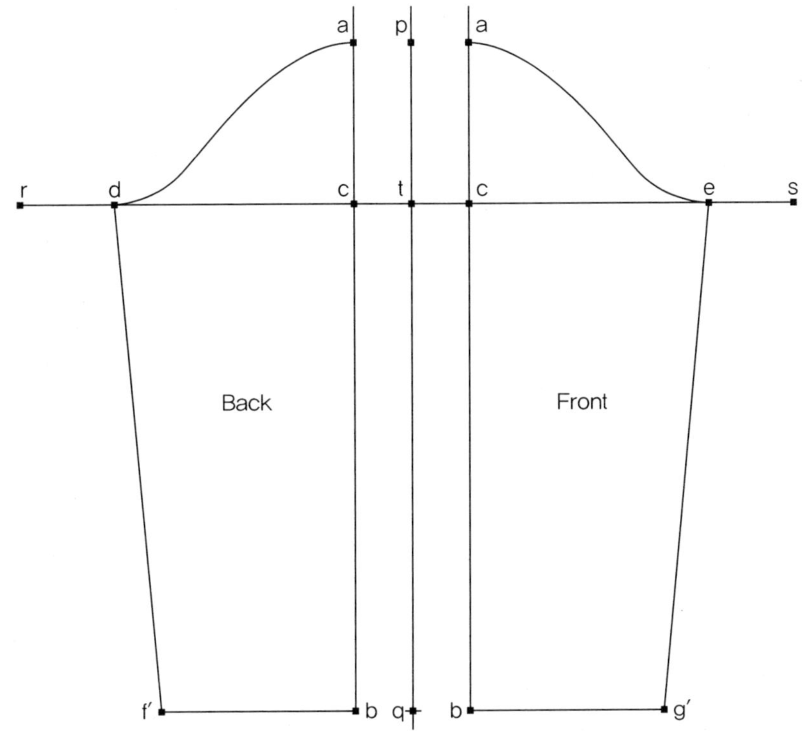

[그림 4-55] 여성용 로맨틱 파자마의 소매 변형 제도

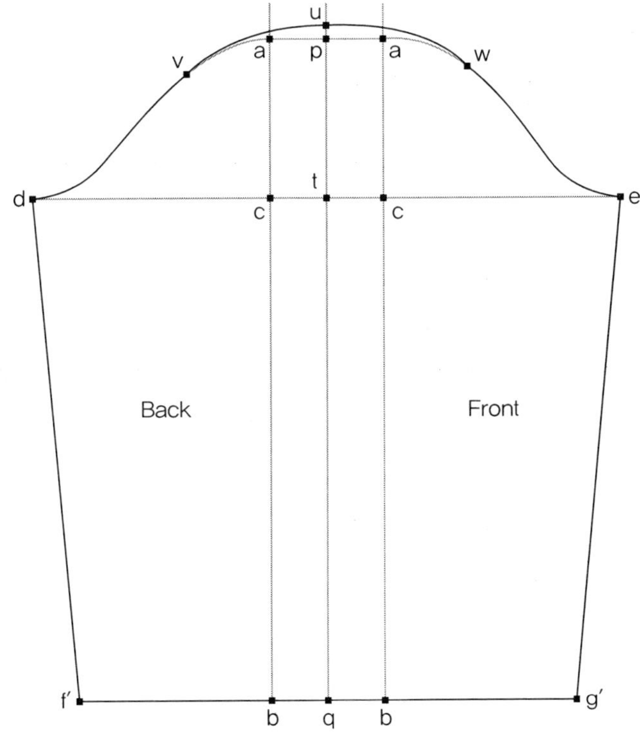

[그림 4-56] 여성용 로맨틱 파자마의 소매 완성 제도

① **a–b, c–d** 단춧단 너비를 2cm로 정하여 4배 길이인 8cm로 그린다.

② **a–c, b–d** 앞몸판의 e–l 길이에 여유분 5cm를 더하여 그린다.

[그림 4-57] 여성용 로맨틱 파자마의 앞단 제도

E. 상의 밑단 프릴

① **a–b, c–d** 뒷몸판의 h–j 길이를 측정한 후 h–j 길이+{(h–j)×0.7}의 길이로 그린다.

② **a–c, b–d** 바지밑단 프릴폭을 6cm로 그린다.

③ **e–f, g–h** 앞몸판의 l–j 길이를 측정한 후 l–j 길이+{(l–j)×0.7} 길이로 그린다.

④ **e–g, f–h** 바지밑단 프릴폭을 6cm로 그린다.

⑤ 재단 시에는 a–c, e–g를 곬선으로 하여 잘라준다.

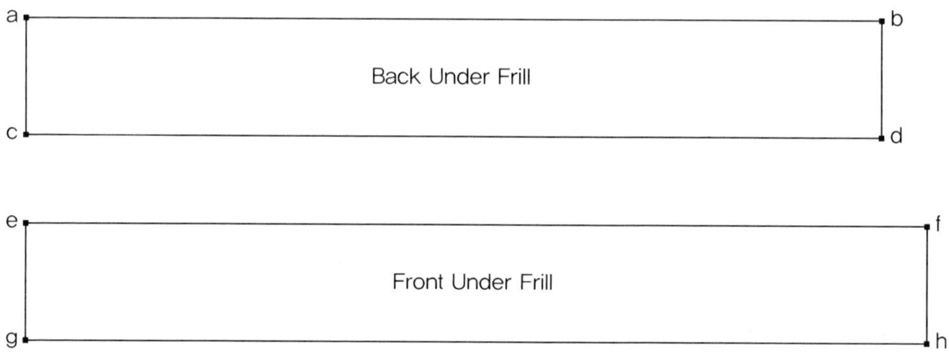

[그림 4-58] 여성용 로맨틱 파자마의 상의 밑단 프릴 제도

① **a–c** 앞목둘레 b–e와 뒷목둘레 b–e의 길이를 줄자를 사용하여 측정한다. 앞뒤목둘레를 더한 후 주름분량을 70%로 하여 0.7을 곱해준다. 그리고 그 길이만큼을 앞뒤목둘레에 더하여 그린다.

② **a–b, c–d** 목프릴폭은 2.5cm로 하여 그린다. 디자이너의 의도에 따라 변화를 줄 수 있다.

③ **c–e** 앞중심 쪽의 프릴폭이 점차 좁아지는 디자인이 될 수 있도록 굴려서 그린다.

④ 앞뒤목둘레의 1/2만 계측한 치수이므로 직선부분을 곬선으로 하여 두배가 되도록 재단해준다.

[그림 4–59] 여성용 로맨틱 파자마의 상의 목프릴 제도

① **a–b, c–d** 엉덩이둘레/4−0.5cm로 그린다. 예시에서는 엉덩이둘레를 110cm로 하여 110/4−0.5=27.5−0.5=27cm로 가로선을 설정하였다.

② **a–c, b–d** 바지 총길이인 94cm로 그려 직사각형을 완성한다.

③ **e–f** a–b에서 평행으로 엉덩이길이 20cm만큼 내려서 e–f 선을 그린다.

④ **g–h** a–b에서 밑위길이 31cm를 내려 a–b 선에 평행이 되도록 g–h 선을 그린다.

⑤ **g–g′** g–h 선을 연장하여 g점에서 6.5cm 나가 g′점을 설정한다.

⑥ **g–i** g점에서 10cm를 올려 i점을 설정한다.

⑦ **i–g′** i점과 g′점을 직선으로 연결한다.

⑧ **g–j** g점에서 i–g′ 선에 직각이 되도록 수선을 내려 g–j 선을 그린다.

⑨ **g–k** g점에서 3.5cm를 올려 k점을 설정한다.

⑩ **a–a′** a점에서 0.5cm를 안으로 들어와 a′점을 설정한다.

⑪ **a′–i–k–g′** a′–i를 직선에 가까운 곡선으로 연결한 후, i–k–g′는 자연스러운 곡선으로 연결하여 앞밑위선을 그린다.

⑫ **b–b′** a–b 선을 연장하여 b점에서 1.5cm 바깥쪽으로 이동하여 b′점을 설정한다.

⑬ **b′–f** 직선에 가까운 안쪽으로 휘는 곡선으로 그린다.

⑭ **c–l** 바지둘레가 43cm가 되도록 앞바지밑단을 21cm로 설정한 후, c점에서 2cm를 들어와 l점을 설정한다.

⑮ **m-d** d점에서 5cm를 들어와 m점을 설정한다.

⑯ **g′-l** l점 시작 부위는 직각으로 하여 자연스러운 곡선이 되도록 그린다.

⑰ **h-m** m점 시작 부위는 직각으로 하여 자연스러운 곡선이 되도록 그린다.

⑱ **n-o** c-d에서 15cm를 올려서 n-o 선을 그린다.

H. 하의 뒤판

① **a-b, c-d** 엉덩이둘레/4+0.5cm로 그린다. 예시에서는 엉덩이둘레를 110cm로 하여 110/4+0.5=27.5+0.5=28cm로 가로선을 설정하였다.

② **a-c, b-d** 바지의 총길이인 94cm로 그려 직사각형을 완성한다.

③ **e-f** a-b에서 평행으로 엉덩이길이 20cm만큼 내려서 e-f 선을 그린다.

④ **g-h** a-b에서 밑위길이 31cm를 내려 a-b 선에 평행이 되도록 g-h 선을 그린다.

⑤ **g-g′** g-h 선을 연장하여 g점에서 10.5cm 나가 g′점을 설정한다.

⑥ **g′-n** g′점에서 1cm를 내려 n점을 설정한다.

⑦ **g-i** g점에서 10cm를 올려 i점을 설정한다.

⑧ **i-n** i점과 n점을 직선으로 연결한다.

⑨ **g-j** g점에서 i-g′ 선에 직각이 되도록 수선을 내려 g-j 선을 그린다.

⑩ **g-k** g점에서 4cm를 올려 k점을 설정한다.

⑪ **a-a′** a점에서 3.5cm를 안으로 들어와 a′점을 설정한다.

⑫ **a′-o** a′점에서 3cm를 올려 o점을 설정한다.

⑬ **o-i-k-n** o-i를 직선에 가까운 곡선으로 연결한 후, i-k-n은 자연스러운 곡선으로 연결하여 뒤밑위선을 그린다.

⑭ **b-b′** a-b 선을 연장하여 b점에서 2.5cm 바깥쪽으로 이동하여 b′점을 설정한다.

⑮ **o-b′** o점과 b′점을 직선으로 연결한다.

⑯ **b′-f** 직선에 가까운 안쪽으로 휘는 곡선으로 그린다.

⑰ **c-l** 바지둘레가 43cm가 되도록 뒤바지밑단을 22cm로 설정한 후, c점에서 1.5cm를 들어와 l점을 설정한다.

⑱ **m-d** d점에서 5.5cm를 들어와 m점을 설정한다.

⑲ **n-l** l점 시작 부위는 직각으로 하여 자연스러운 곡선이 되도록 그린다.

⑳ **h-m** m점 시작 부위는 직각으로 하여 자연스러운 곡선이 되도록 그린다.

㉑ **p-q** c-d에서 15cm를 올려 p-q선을 그린다.

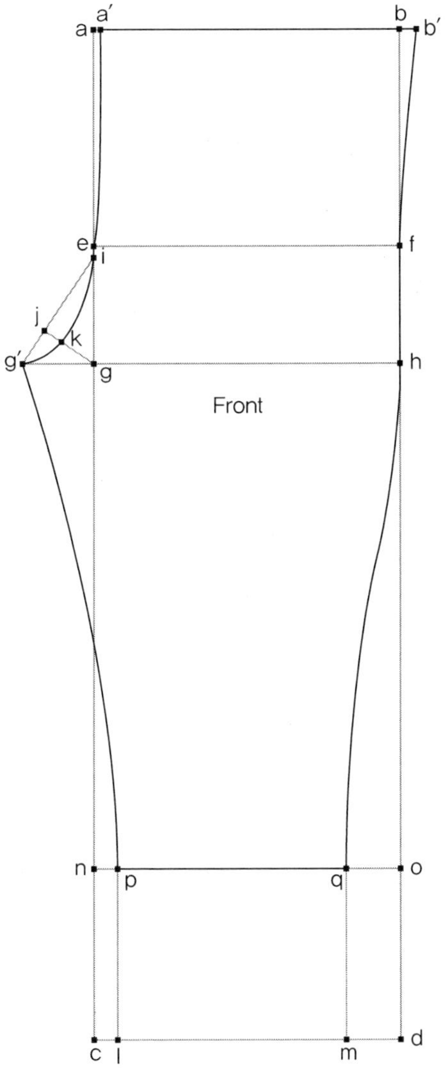

[그림 4-60] 여성용 로맨틱 파자마의 하의 앞판 제도 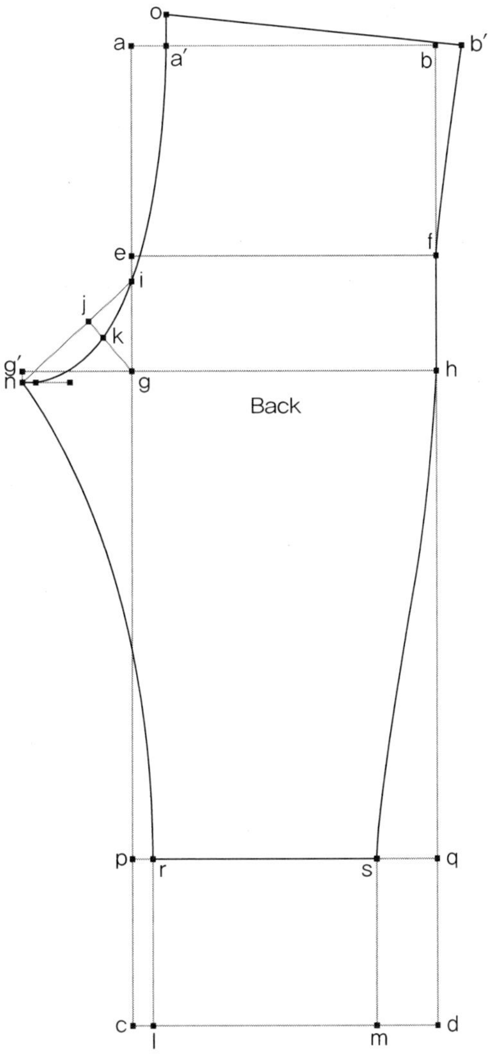   [그림 4-61] 여성용 로맨틱 파자마의 하의 뒤판 제도

I. 바지밑단 프릴

① **a–c, b–d** [그림 4–60], [그림 4–61]을 이용해 바지밑단 p–q와 r–s 선의 길이를 측정한 후 주름량 70%를 더해서 그린다. 즉, (p–q+r–s)+{(p–q+r–s)×0.7의 길이로 a–c와 b–d를 그린다.

② **a–b, c–d** 프릴폭을 6cm로 그린다.

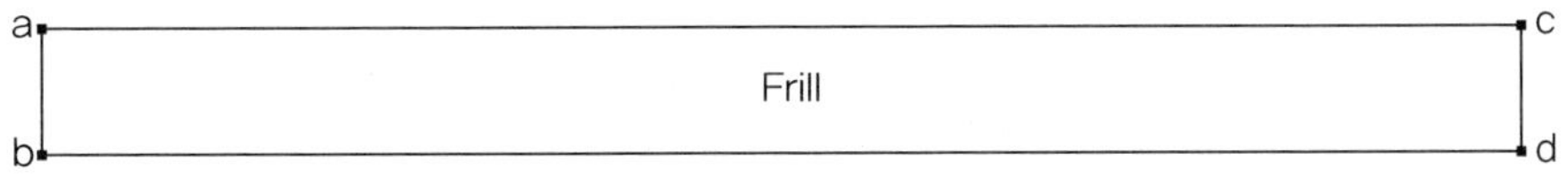

[그림 4–62] 여성용 로맨틱 파자마의 바지밑단 프릴 제도

(3) 그레이딩

① 앞목점 a를 그레이딩 라인 아래 방향으로 0.5cm씩 내려 앞목을 파준다.

② 옆목점 b를 그레이딩 라인에 직각인 바깥쪽으로 0.5cm씩 벌려준다.

③ 어깨끝점 c를 그레이딩 라인에 직각인 바깥쪽으로 0.7cm씩 이동시킨다.

④ 겨드랑이점 d를 그레이딩 라인 아래 방향으로 0.7cm씩 내리고, 그레이딩 라인에 직각으로
　 1.25cm씩 넓혀준다.

⑤ e점을 그레이딩 라인 아래 방향으로 2cm씩 내리고, 그레이딩 라인에 직각으로 1.25cm씩
　 넓혀준다.

⑥ f점을 그레이딩 라인 아래 방향으로 2cm씩 내려 길이를 늘린다.

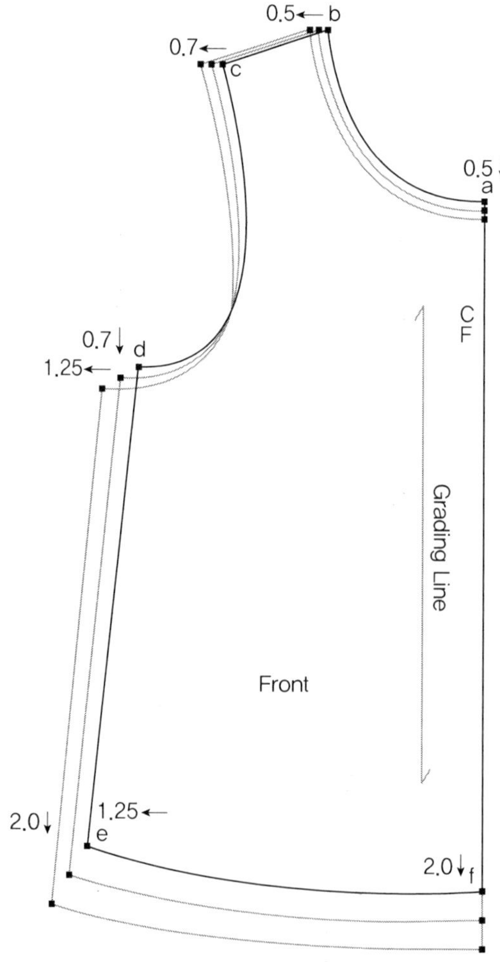

[그림 4–63] 여성용 로맨틱 파자마의 상의 앞판 그레이딩

① 뒷목점 a를 그레이딩 라인 아래 방향으로 0.5cm씩 내려 뒷목을 파준다.

② 옆목점 b를 그레이딩 라인에 직각인 바깥쪽으로 0.5cm씩 벌려준다.

③ 어깨끝점 c를 그레이딩 라인에 직각인 바깥쪽으로 0.7cm씩 이동시킨다.

④ 겨드랑이점 d를 그레이딩 라인 방향으로 0.7cm씩 아래로 내리고, 그레이딩 라인에 직각으로 1.25cm씩 넓혀준다.

⑤ e점을 그레이딩 라인 아래 방향으로 2cm씩 내리고, 그레이딩 라인에 직각으로 1.25cm 넓혀준다.

⑥ f점을 그레이딩 라인 아래 방향으로 2cm씩 내려 길이를 늘린다.

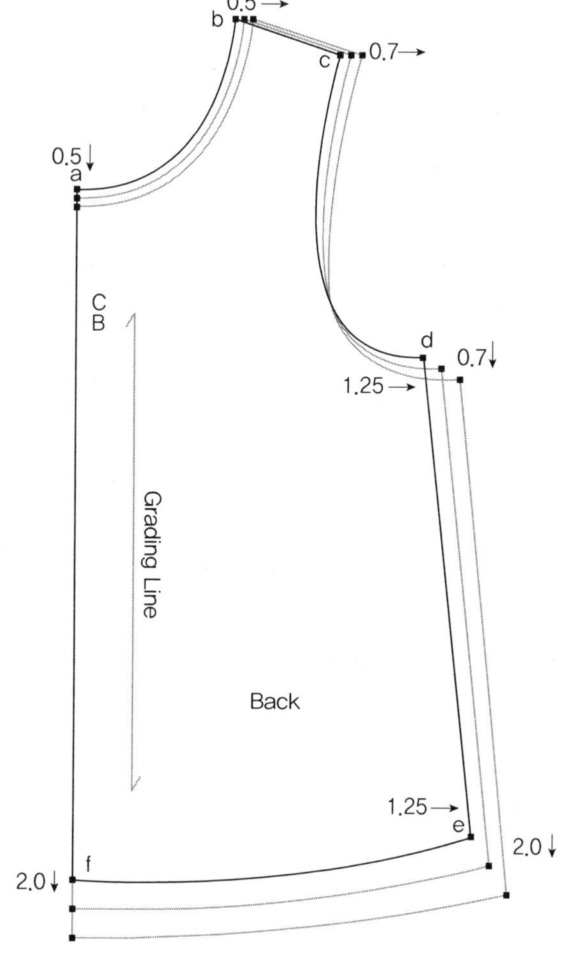

[그림 4-64] 여성용 로맨틱 파자마의 상의 뒤판 그레이딩

C. 소매

① 소매산 부분을 고정시킨다.

② a점과 b점을 그레이딩 라인 아래 방향으로 0.7cm씩 내리고, 그레이딩 라인에 직각으로
1.25cm씩 넓힌 후 고정시킨 소매산 부분과 자연스럽게 연결시킨다.

③ c점과 d점을 그레이딩 라인 아래 방향으로 2cm씩 내리고, 그레이딩 라인에 직각으로
1.25cm씩 넓힌다.

D. 앞단

그레이딩 라인 아래 방향으로 a점과 b점을 2cm씩 늘린다.

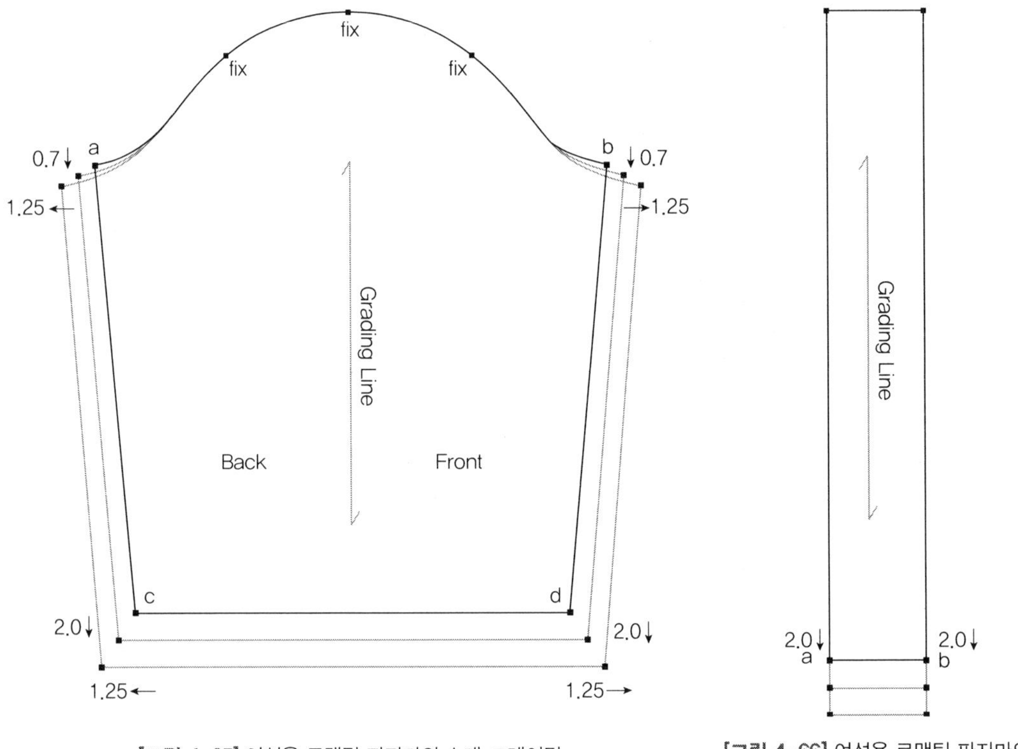

[그림 4-65] 여성용 로맨틱 파자마의 소매 그레이딩

[그림 4-66] 여성용 로맨틱 파자마의
앞단 그레이딩

① 목프릴은 앞몸판과 뒷몸판 목둘레의 늘어나는 치수에 주름분 70%를 더해서 늘린다.

② 그레이딩 라인 방향으로 a점과 b점을 7cm씩 늘린다.

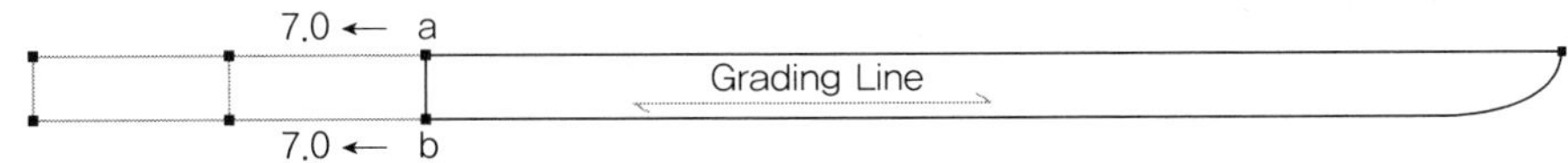

[그림 4-67] 여성용 로맨틱 파자마의 목프릴 그레이딩

F. 밑단 프릴

① 뒤밑단의 늘어나는 치수에 주름분 70%를 더하여 a점과 b점을 그레이딩 라인 방향으로 4cm 씩 늘린다.

② 앞밑단의 늘어나는 치수에 주름분 70%를 더하여 c점과 d점을 그레이딩 라인 방향으로 4cm 씩 늘린다.

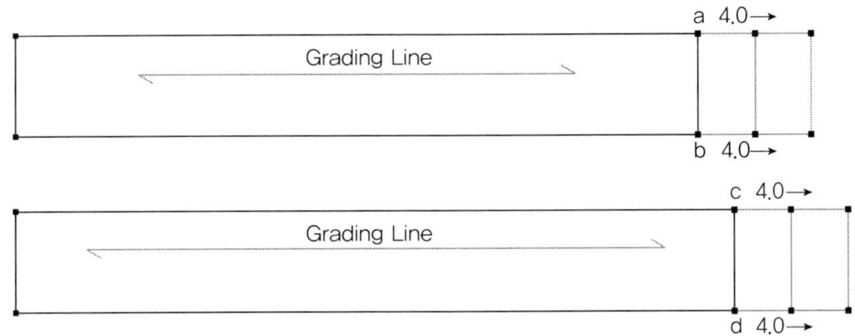

[그림 4-68] 여성용 로맨틱 파자마의 밑단 프릴 그레이딩

① 밑위 부분과 바지안선을 고정시킨다.

② a점을 그레이딩 라인 위 방향으로 1cm씩 이동시킨다.

③ b점을 그레이딩 라인 위 방향으로 1cm씩 이동시키고, 그레이딩 라인에 직각으로 1.25cm씩 넓혀준다.

④ c점을 그레이딩 라인 아래 방향으로 2cm씩 내려 늘리고, 그레이딩 라인에 직각으로 1.25cm씩 넓혀준다.

⑤ d점을 그레이딩 라인 아래 방향으로 2cm씩 내려 늘린다.

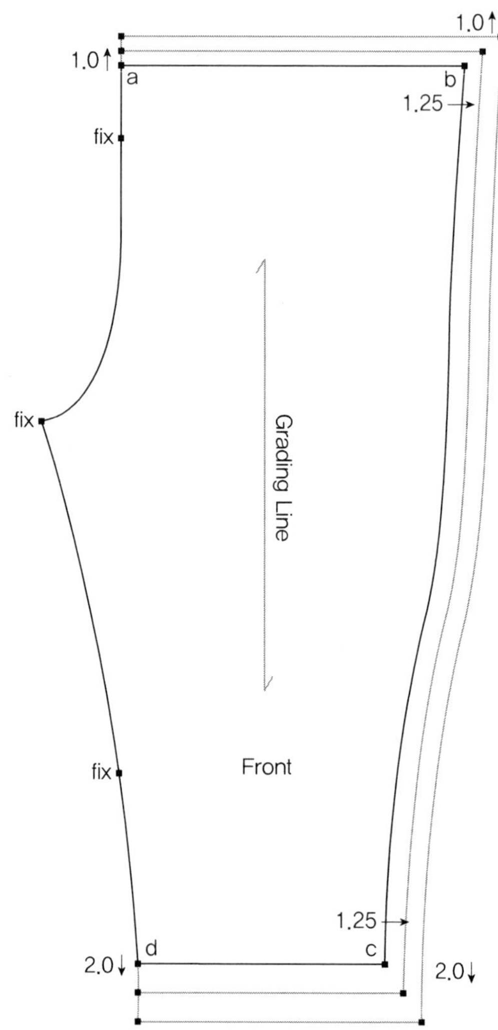

[그림 4-69] 여성용 로맨틱 파자마의 하의 앞판 그레이딩

① 밑위 부분과 바지안선을 고정시킨다.

② a점을 그레이딩 라인 위 방향으로 1cm씩 이동시킨다.

③ b점을 그레이딩 라인 위 방향으로 1cm씩 이동시키고, 그레이딩 라인에 직각으로 1.25cm씩 넓혀준다.

④ c점을 그레이딩 라인 아래 방향으로 2cm씩 내려 늘리고, 그레이딩 라인에 직각으로 1.25cm씩 넓혀준다.

⑤ d점을 그레이딩 라인 아래 방향으로 2cm씩 내려 늘린다.

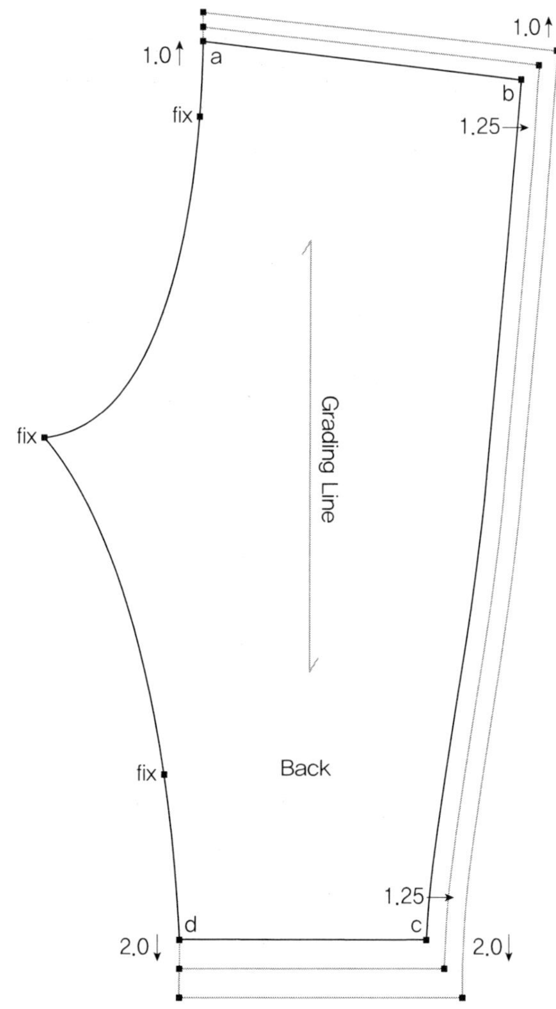

[그림 4-70] 여성용 로맨틱 파자마의 하의 뒤판 그레이딩

I. 바지밑단 프릴

I. 바지밑단 프릴

① 바지밑단의 늘어난 치수에 주름분 70%를 더해서 늘린다.

② a점과 b점을 그레이딩 라인 방향으로 4cm씩 늘린다.

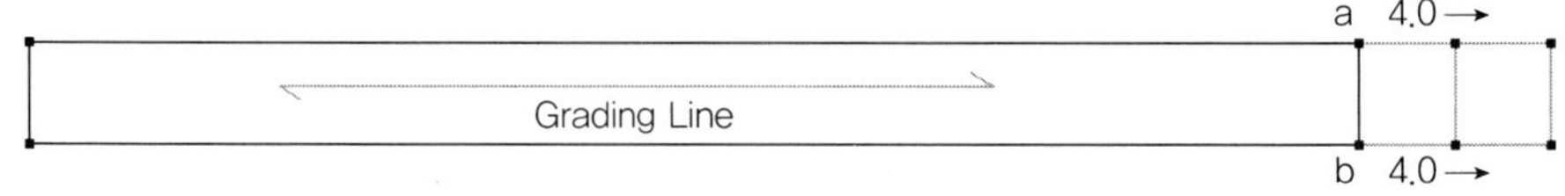

[그림 4-71] 여성용 로맨틱 파자마 바지밑단 프릴 그레이딩

05 ✕ 남성용 기본 파자마

(1) 사이즈

① 가슴둘레

남성용 기본 파자마의 경우 여성 파자마와 마찬가지로 헐렁하게 착용하는 것이 일반적이므로 95사이즈 기준으로 가슴둘레를 113cm로 설정해준다. 최근에는 남성들도 몸에 밀착되는 스타일을 선호하는 경우가 있으므로 디자인에 따라 가슴둘레를 조금 작게 설정하기도 한다.

② 총길이

남성용 기본 파자마의 상의 총길이는 뒷중심길이를 기준으로 보통 73cm가 되도록 한다. 하의 총길이는 긴바지의 경우 101cm가 되도록 하며, 모시메리라고 불리는 실버층용 개량한복 스타일의 잠옷일 경우 75cm를 기본으로 한다. 또, 반바지의 경우 47.5cm를 기본으로 한다.

③ 소매길이

남성용 기본 파자마의 경우 소매길이를 58cm로 한다. 그러나 소매길이는 몸판의 드롭분에 따라 달라진다. 기본 어깨는 2cm를 드롭하는 경우가 일반적이므로 소매길이는 58cm로 설정한다. 그러나 드롭 치수가 3cm이면 소매길이는 57cm, 4cm이면 56cm로 드롭 치수와 반비례하여 소매길이는 줄어든다. 반소매의 경우에는 26cm로 소매길이를 설정한다.

④ 소매둘레

남성용 기본 파자마의 긴소매둘레는 일반적으로 34cm가 되도록 한다. 반소매둘레는 44cm로 설정한다.

⑤ 엉덩이둘레

남성용 기본 파자마 하의의 엉덩이둘레는 115cm를 기본으로 한다.

⑥ 허리둘레

남성용 파자마의 하의 허리는 고무줄을 넣어 처리한다. 고무줄을 넣은 완성사이즈는 66cm를 기본으로 한다.

⑦ 바지둘레

파자마의 바지둘레는 44cm를 기본으로 한다. 모시메리는 60cm, 반바지는 66cm를 기본으로 한다.

표 4-4 남성용 기본 파자마 사이즈 (단위 : cm)

부위 \ 사이즈	95	100	105	110
등길이	41	42	44	44
상의 총길이	73	76	79	82
가슴둘레	113	118	123	128
허리둘레(신체)	85	90	95	100
허리둘레(고무줄을 넣어 완성 시)	66	70	74	78
엉덩이둘레(신체)	100	105	110	115
엉덩이둘레(패턴)	115	120	125	130
밑위길이(신체)	29	30	31	32
밑위길이(패턴)	34	35	36	37
팔길이	56	58	60	62
소매길이	58	60	62	64
소매둘레	34	36	38	40
어깨폭	45	47	49	51
하의 총길이	101	104	107	109
바지둘레	44	46	48	50
신장	165	170	175	180

표 4-5 모시메리 사이즈 (단위 : cm)

부위 \ 사이즈	95	100	105
뒷중심길이	72.5	74	76
가슴둘레	113	118	123
소매길이	26	28	30
어깨넓이	50	52	54
소매둘레	44	46	48
하의 총길이	75	79	82
엉덩이둘레	120	125	130
허리둘레	68	71	74
밑위(앞/뒤)	38/44	39/45	40/46
바지둘레	60	62	64

부위 \ 사이즈	95	100	105
총길이	47.5	49.5	51.5
엉덩이둘레	116	121	126
허리둘레	68	71	74
밑위(앞/뒤)	37/43	38/44	39/45
바지둘레	66	68	70

(2) 패턴 제도

A. 상의 뒤판

① 보디스 원형 뒤판을 그대로 따라 그린다.

② a-b 옆목점을 0.5cm 파준다.

③ b-c c점에서는 직각을 유지하면서 자연스러운 곡선이 되도록 뒷목둘레선을 그린다.

④ f′-f″ 가슴둘레를 113cm로 하여 113/4-0.5cm로 뒷가슴둘레를 설정한다. 보디스 원형의 가슴둘레인 f-f′의 길이가 26cm이므로 f′-f″의 길이를 2.25cm로 하여 가슴둘레를 넓혀준다.

⑤ h-h′ 파자마 상의의 뒷중심길이를 73cm로 하여 등길이 42cm를 뺀 나머지 길이 31cm를 g-g′에서 내려서 밑단선 h-h′를 그린다.

⑥ f″-h′ f″점에서 f-f″ 선에 직각으로 선을 그리고 h′점을 정하여 직선으로 연결한다.

⑦ d-e 어깨선을 연장하여 직선을 그린 후 d점에서 2cm를 옮겨 e점을 설정한다.

⑧ f″-i 겨드랑밑점을 3.5~4cm 정도 파서 i점을 설정한다. 예시에서는 4cm로 파주었다.

⑨ e-i e점과 i점의 시작 부위는 직각을 유지하면서 자연스러운 곡선이 되도록 뒷진동둘레선을 정리한다.

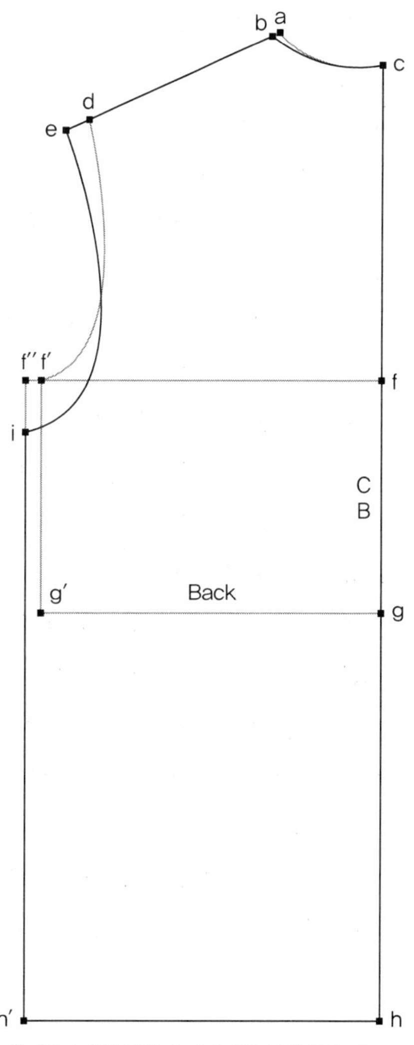

[그림 4-72] 남성용 파자마의 상의 뒤판 제도

① 보디스 원형의 앞판을 그대로 따라 그린다.

② a-b 옆목점을 0.5cm 파준다.

③ f'-f" 가슴둘레를 113cm로 하여 113/4+0.5cm로 앞가슴둘레를 설정한다. 보디스 원형의 가슴둘레인 f-f'의 길이가 26cm이므로 f'-f"의 길이를 2.75cm로 하여 가슴둘레를 넓혀준다.

④ h-h' 파자마 상의의 뒷중심길이를 73cm로 하여 등길이 42cm를 뺀 나머지 길이 31cm를 g-g'에서 내려 밑단선 h-h'를 그린다.

⑤ f"-h' f"점에서 f-f" 선에 직각으로 선을 그리고 h'점을 설정하여 직선으로 연결한다.

⑥ h-j 앞처짐분 1cm를 h점에서 내려 j점을 설정한다.

⑦ j-j" h-h' 선에 평행이 되도록 그린다.

⑧ j-j'-h' j-j' 선 부분은 직선을 유지하면서 옆선 쪽으로 가면서 자연스러운 곡선이 되도록 밑단선을 정리한다.

⑨ d-e 어깨선을 연장하여 직선을 그린 후 d점에서 2cm를 옮겨 e점을 설정한다.

⑩ f"-i 겨드랑밑점을 3.5~4cm 정도 파서 i점을 설정한다. 예시에서는 4cm로 파주었다.

⑪ e-i e점과 i점의 시작 부위는 직각을 유지하면서 자연스러운 곡선이 되도록 앞진동둘레선을 정리한다.

⑫ c-c' 앞여밈단 폭을 1.5~2cm로 정하여 c점에서 2cm를 나가 c'점을 설정한다.

⑬ c'-j' 앞중심선에서 평행으로 앞여밈단을 그린다.

⑭ c'-k c'점에서 15cm를 내려 k점을 설정한다.

⑮ a-r 어깨선 연장선의 a점에서 1.5cm를 이동하여 r점을 설정한다.

⑯ r-k r점과 k점을 직선으로 연결한다.

⑰ b-m r-k 선과 평행이 되면서 2cm 떨어져 있는 b-m 선을 그린다.

⑱ b-o-p b점에서 o점까지의 길이가 뒷몸판의 목둘레길이가 되면서 o-p 선의 길이가 3cm 되는 직각의 b-o-p 선을 그린다.

⑲ p-q o-p 선을 연장하여 p점에서 4cm를 나가 q점을 찾는다.

⑳ k-v k점에서 12cm를 올려 v점을 찾는다.

㉑ v-u v점에서 0.5cm를 내려 u점을 찾는다.

㉒ t-u l-u를 직선으로 연결한 후 u점에서 0.5cm를 나가 t점을 찾는다.

㉓ t-k t점과 k점을 약간 볼록한 곡선으로 연결하여 라펠선을 그린다.

㉔ l-s l-s 선의 길이가 5.5~6cm가 되도록 직선으로 그려준다. 이때 각도는 디자이너의 의도
에 따라 정하는데 30~45° 정도가 되도록 한다.

㉕ s-q q점의 시작부위는 직각이 되도록 하면서 자연스러운 곡선이 되도록 연결한다.

㉖ b-l 자연스러운 곡선이 되도록 목둘레선을 따라 칼라절개선을 그린다.

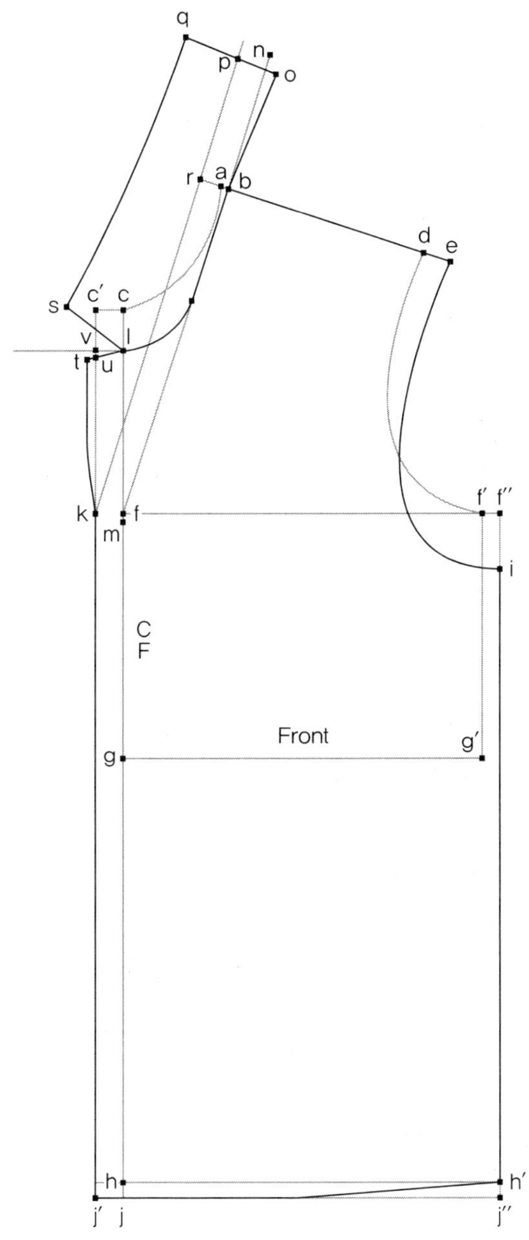

[그림 4-73] 남성용 파자마의 상의 앞판 제도

① **a-b** 소매길이 58cm로 수직선 a-b를 그린다.

② **a-c** 소매산높이 13~14cm로 a점에서 내려서 c점을 설정한다.

> **Tip** 소매산은 기본, 즉 드롭분이 없을 때 15~16cm로 설정하며, 드롭분이 2cm이면 13~14cm, 드롭분이 3cm 이면 12~13cm로 하여 제도한다.

③ **a'-a", f-g** b점과 c점에서 a-b 선에 수직으로 수평선을 그린다.

④ **a-d** a점에서 뒷몸판의 진동둘레-0.5cm가 되면서 c점에서 그린 수평선과 만나도록 d점을 설정한다.

⑤ **a-e** a점에서 앞몸판의 진동둘레-0.5cm가 되면서 c점에서 그린 수평선과 만나도록 e점을 설정한다.

⑥ **d-f** d점에서 a-b선에 직각인 밑단선에 수직으로 수선을 내려 f점을 설정한다.

⑦ **e-g** e점에서 a-b선에 직각인 밑단선에 수직으로 수선을 내려 g점을 설정한다.

⑧ **a-a', a-a"** a점에서 양쪽으로 6cm를 이동하여 a'점과 a"점을 설정한다.

⑨ **d-d', e-e'** d점과 e점에서 안쪽으로 4cm를 이동하여 d'점과 e'점을 설정한다.

⑩ **a'-d', a"-e'** a'점과 d' a"점과 e'점을 직선으로 연결한다.

⑪ **d'-j** a-d 선에 직각이 되는 수선을 내려 j점을 설정한 후 d'점에서 직선으로 연결한다.

⑫ **e'-l** a-e 선에 직각이 되는 수선을 내려 l점을 설정한 후 e'점에서 직선으로 연결한다.

⑬ **k** d'-j의 2등분점을 찾아 k점으로 정한다.

⑭ **a-n-k-d** a점을 지나 a-d 선과 a'-d' 선의 교차점 n을 지나면서 k점과 d점을 지나도록 뒷 진동둘레선을 자연스러운 곡선으로 그린다.

⑮ **m** e'-l 선의 3등분점을 찾아 m점으로 설정한다.

⑯ **a-o-m-e** a점을 지나 a-e 선과 a"-e 선의 교차점 o를 지나면서 m점과 e점을 지나도록 앞 진동둘레선을 자연스러운 곡선으로 그린다.

⑰ **f-f', g-g'** 소매둘레가 34cm가 되도록 f-g의 길이를 측정한 후 34cm를 뺀 나머지를 2등분 하여 f-f', g-g' 길이를 설정한다. 예시에서는 46cm-34cm=12cm를 2등분하여 양쪽에서 6cm씩 들어와 f', g'점을 설정하였다.

⑱ **f'-h, g'-i** f'점과 g'점에서 2cm씩 올려 h점과 i점을 설정한다.

⑲ **h-b-i** 자연스러운 곡선으로 정리하여 소맷단선을 그린다.

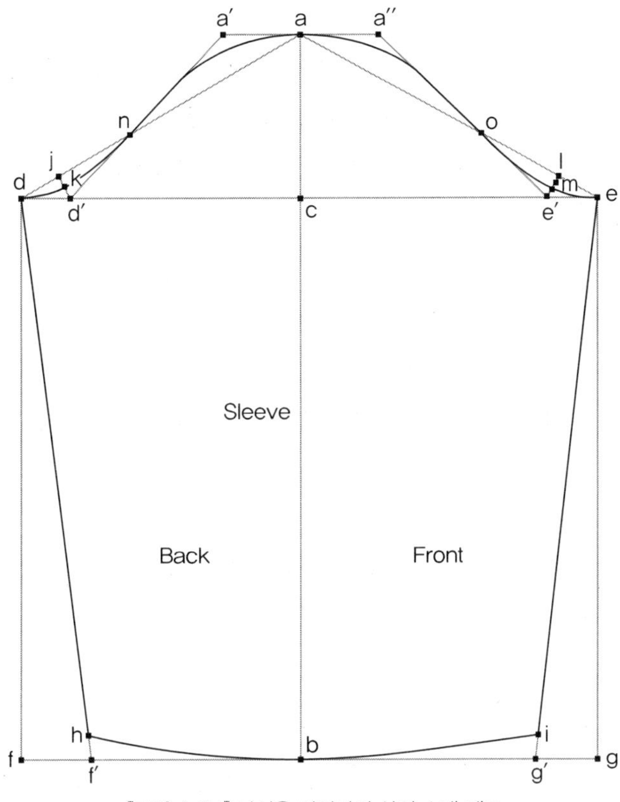

[그림 4-74] 남성용 파자마의 상의 소매 제도

① **a-b, c-d** 주머니폭은 11cm가 되도록 한다.

② **a-c, b-d** 주머니깊이는 12cm로 그린다.

③ 상의 가슴 주머니로, 경우에 따라 아래쪽 c점과 d점 부위를 곡선으로 굴려주기도 한다.

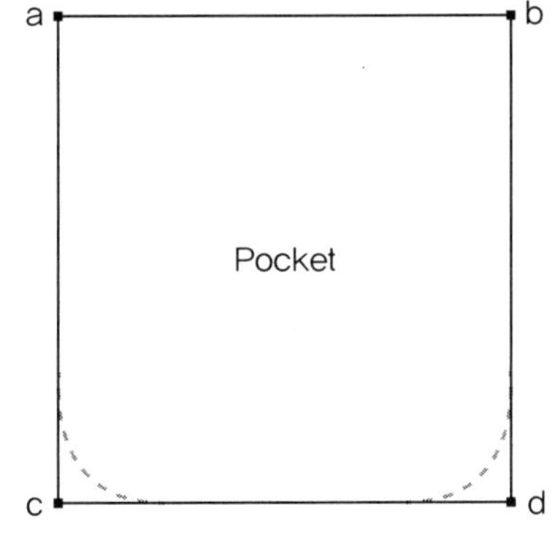

[그림 4-75] 남성용 파자마의 상의 주머니 제도

① **a-b, c-d** 엉덩이둘레/4-0.5cm로 그린다. 예시에서는 엉덩이둘레를 115cm로 하여 115/4-0.5=28.75-0.5=28.25cm로 가로선을 설정하였다.

② **a-c, b-d** 바지의 총길이인 101cm로 그려 직사각형을 완성한다.

③ **g-f** a-b에서 평행으로 밑위길이 34cm만큼 내려서 g-f 선을 그린다.

④ **g-g′** g-선을 연장하여 g점에서 6.5cm를 나가 g′점을 설정한다.

⑤ **g-e** g점에서 9cm를 올려 e점을 설정한다.

⑥ **e-g′** g′점과 e점을 직선으로 연결한다.

⑦ **h-g** g점에서 e-g′ 선에 직각이 되도록 수선을 내려 h-g 선을 그린다.

⑧ **g-i** g점에서 3.5cm를 올려 i점을 설정한다.

⑨ **a-a′** a점에서 0.5cm 안으로 들어와 a′점을 설정한다.

⑩ **a′-e-i-g′** a′-e를 직선에 가까운 곡선으로 연결한 후, e-i-g′는 자연스러운 곡선으로 연결하여 앞밑위선을 그린다.

⑪ **b-b′** b점에서 0.5cm 안으로 들어와 b′점을 찾는다.

⑫ **b′-f** 직선에 가까운 바깥쪽으로 휘는 곡선으로 그린다.

⑬ **c-j** 바지둘레가 44cm가 되도록 앞바지밑단을 21cm로 설정한 후, c점에서 3cm를 들어와 j점을 설정한다.

⑭ **d-k** d점에서 3.25cm를 들어와 k점을 설정한다.

⑮ **g′-j** j점 시작 부위는 직각으로 하여 자연스러운 곡선이 되도록 그린다.

⑯ **k-f** k점 시작 부위는 직각으로 하여 자연스러운 곡선이 되도록 그린다.

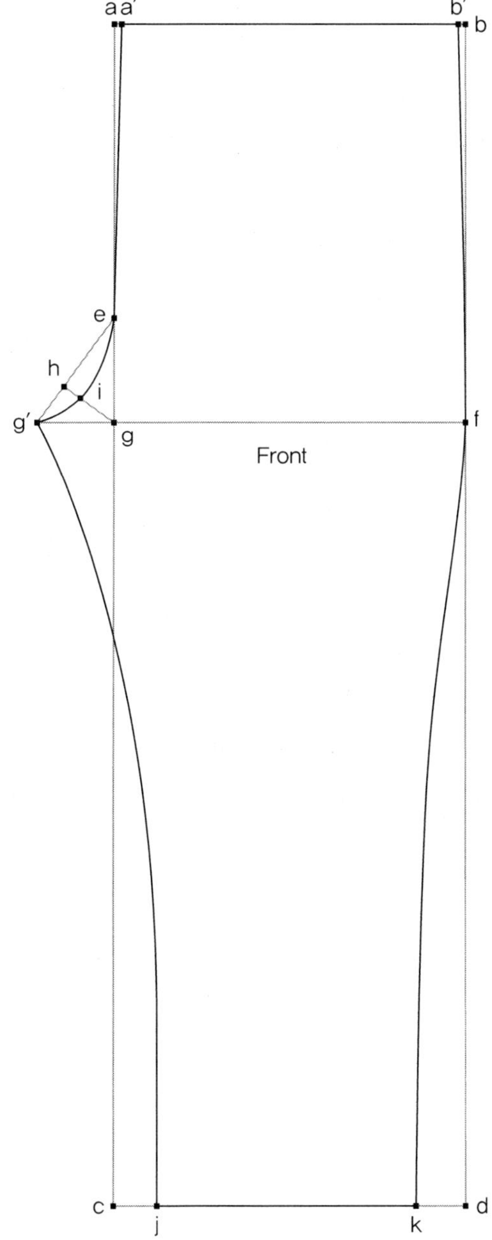

[그림 4-76] 남성용 파자마의 하의 앞판 제도

① **a–b c–d** 엉덩이둘레/4+0.5cm로 그린다. 예시에서는 엉덩이둘레를 115cm로 하여 115/4+0.5=28.7.5+0.5=29.25cm로 가로선을 설정하였다.

② **a–c b–d** 바지의 총길이인 101cm로 그려 직사각형을 완성한다.

③ **e–e′** e–f 선을 연장하여 10.5cm를 나가 e′점을 설정한다.

④ **e–g** e점에서 12cm를 올려 g점을 찾는다.

⑤ **e′–h** e′점에서 직각으로 1cm를 내려 h점을 설정한다.

⑥ **g–h** g점과 h점을 직선으로 연결한다.

⑦ **e–i** e점에서 g–h 선에 직각이 되도록 수선을 내려 e–i 선을 그린다.

⑧ **e–j** e점에서 4.5cm를 올려 j점을 찾는다.

⑨ **a–a′** a점에서 3.5cm 안으로 들어와 a′점을 설정한다.

⑩ **a′–a″** a′점에서 3cm를 올려 a″점을 설정한다.

⑪ **a″–g–j–h** a″–g를 직선에 가까운 곡선으로 연결한 후, g–j–h는 자연스러운 곡선으로 연결하여 뒤밑위선을 그린다.

⑫ **b–b′** a–b 선을 연장하여 b점에서 1cm 바깥쪽으로 이동하여 b′점을 설정한다.

⑬ **a″–b′** a″점과 b′점을 직선으로 연결한다.

⑭ **b′–f** 직선에 가까운 안쪽으로 휘는 곡선으로 그린다.

⑮ **k–l** 바지둘레가 43cm가 되도록 뒤바지밑단을 23cm로 설정한 후, c점에서 2.25cm를 들어와 k점을 설정한다.

⑯ **l–d** d점에서 4cm 들어와 l점을 설정한다.

⑰ **k–h** k점 시작 부위는 직각으로 하여 자연스러운 곡선이 되도록 그린다.

⑱ **l–f** l점 시작 부위는 직각으로 하여 자연스러운 곡선이 되도록 그린다.

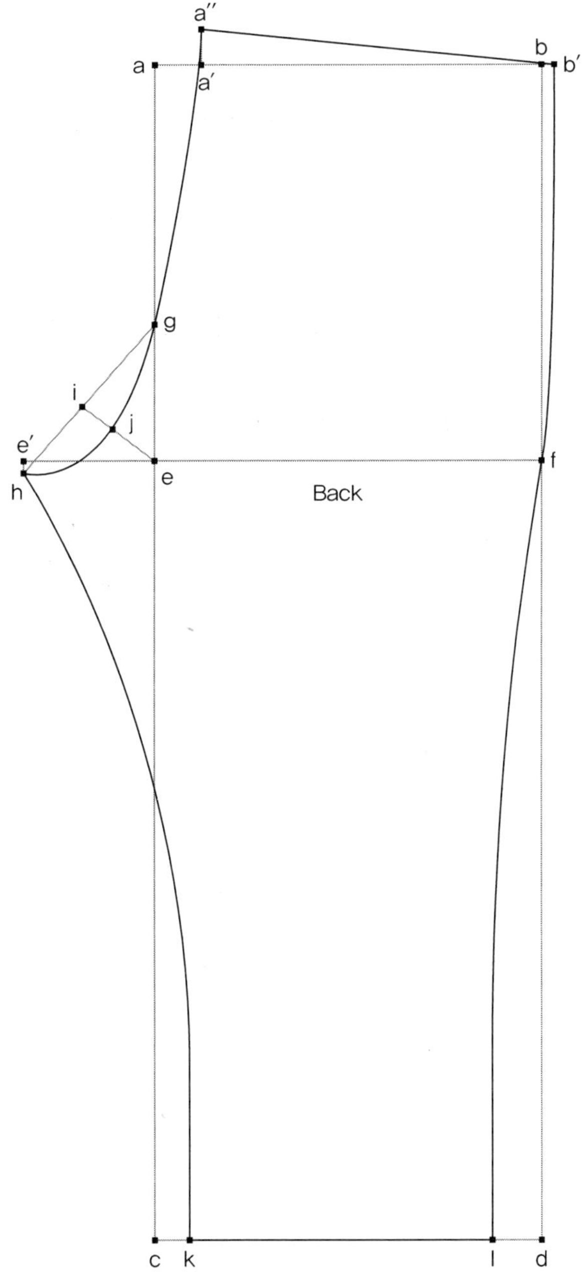

[그림 4-77] 남성용 파자마의 하의 뒤판 제도

(3) 그레이딩

① 뒷목점은 고정시킨다.

② 옆목점 a를 그레이딩 라인 위 방향으로 0.5cm씩 올리고, 뒷목점과 자연스러운 곡선으로 연결한다.

③ 어깨끝점 b를 그레이딩 라인 위 방향으로 0.5cm씩 올리고, 그레이딩 라인에 직각으로 1cm씩 넓혀준다.

④ 겨드랑이점 c를 그레이딩 라인 아래 방향으로 1cm씩 내리고, 그레이딩 라인에 직각으로 1.25cm씩 넓혀준다.

⑤ d점을 그레이딩 라인 아래 방향으로 2cm씩 내리고, 그레이딩 라인에 직각으로 1.25cm씩 넓혀준다.

⑥ e점을 그레이딩 라인 아래 방향으로 2cm씩 내린다.

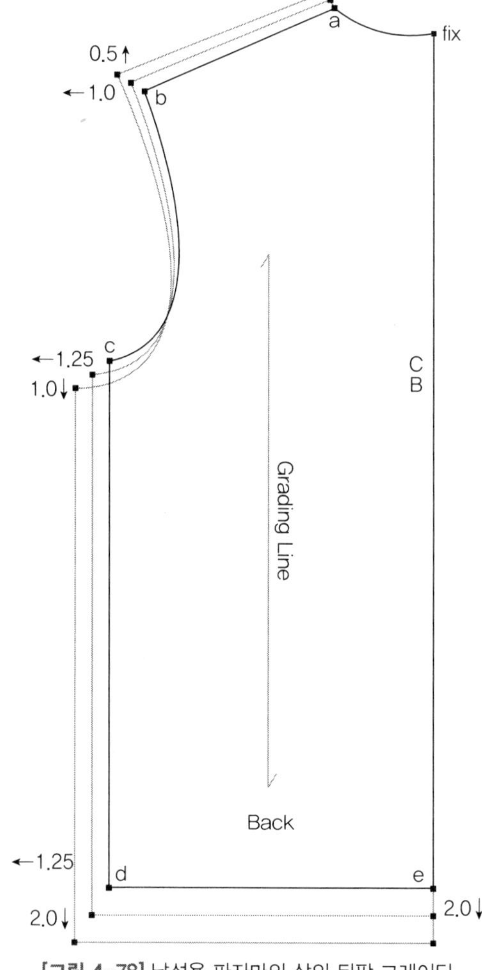

[그림 4-78] 남성용 파자마의 상의 뒤판 그레이딩

① 앞중심선의 라펠 부분과 목둘레선을 고정시킨다.

② 옆목점 a를 그레이딩 라인 위 방향으로 0.5cm씩 올리고, 앞둘레선과 자연스러운 곡선으로 연결한다.

③ 어깨끝점 b를 그레이딩 라인 위 방향으로 0.5cm씩 올리고, 그레이딩 라인에 직각으로 1cm씩 넓혀준다.

④ 겨드랑이점 c를 그레이딩 라인 아래 방향으로 1cm씩 내리고, 그레이딩 라인에 직각으로 1.25cm씩 넓혀준다.

⑤ d점을 그레이딩 라인 아래 방향으로 2cm씩 내리고, 그레이딩 라인에 직각으로 1.25cm씩 넓혀준다.

⑥ e점을 그레이딩 라인 아래 방향으로 2cm씩 내린다.

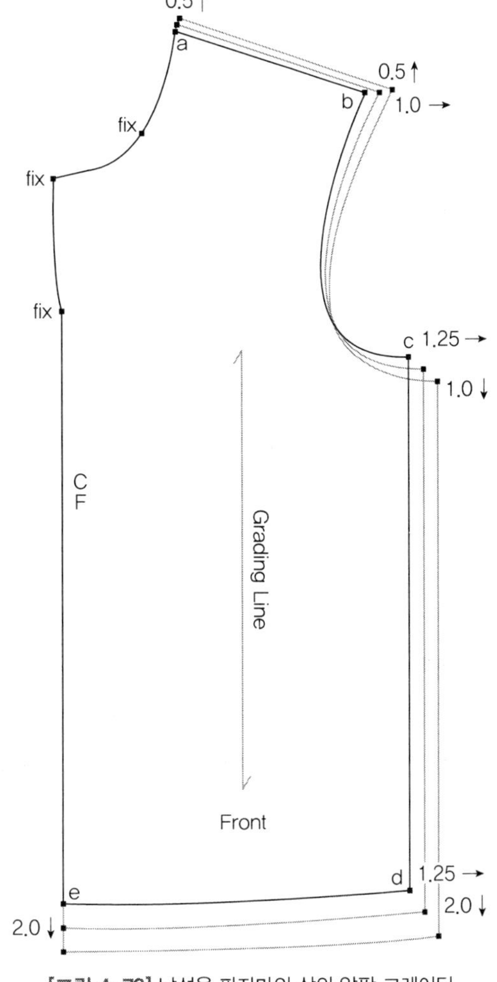

[그림 4-79] 남성용 파자마의 상의 앞판 그레이딩

① 소매산 부분을 고정시킨다.

② a점과 b점을 그레이딩 라인 아래 방향으로 아래로 1cm씩 내리고, 그레이딩 라인에 직각으로 1cm씩 넓혀준 후 고정시킨 소매산 부분과 자연스럽게 연결해준다.

③ c점과 d점을 그레이딩 라인 아래 방향으로 2cm씩 내리고, 그레이딩 라인에 직각으로 1cm씩 넓혀준다.

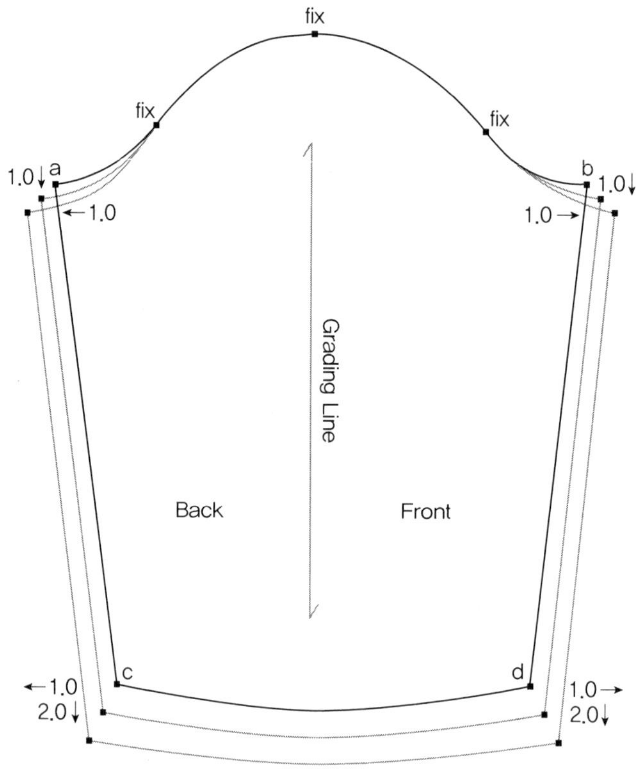

[그림 4-80] 남성용 파자마의 소매 그레이딩

① 칼라의 뒷중심선 a-b를 그레이딩 라인에 직각으로 1cm씩 이동시킨다.

② 옆목점 c를 뒷중심 방향 및 그레이딩 라인에 직각으로 0.5cm씩 이동시킨다.

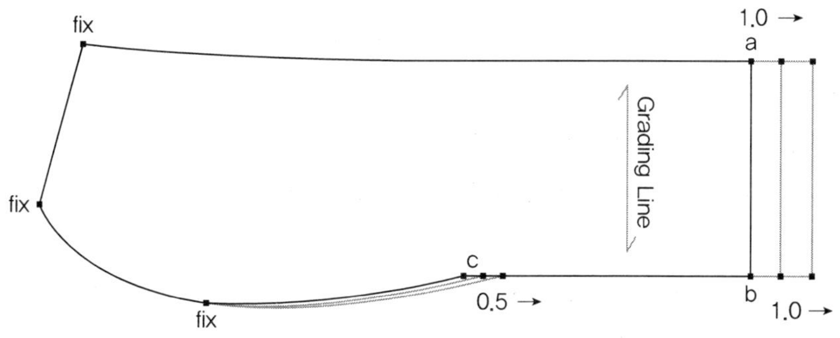

[그림 4-81] 남성용 파자마의 칼라 그레이딩

E. 하의 앞판

① 밑위 부분과 바지안선을 고정시킨다.

② a점을 그레이딩 라인 위 방향으로 1cm
씩 이동시킨다.

③ b점을 그레이딩 라인 위 방향으로 1cm
씩 이동시키고, 그레이딩 라인에 직각으로
1.25cm씩 넓혀준다.

④ c점을 그레이딩 라인 아래 방향으로 2cm
씩 내려 늘리고, 그레이딩 라인에 직각으
로 1.25cm씩 넓혀준다.

⑤ d점을 그레이딩 라인 아래 방향으로
2cm씩 내려 늘린다.

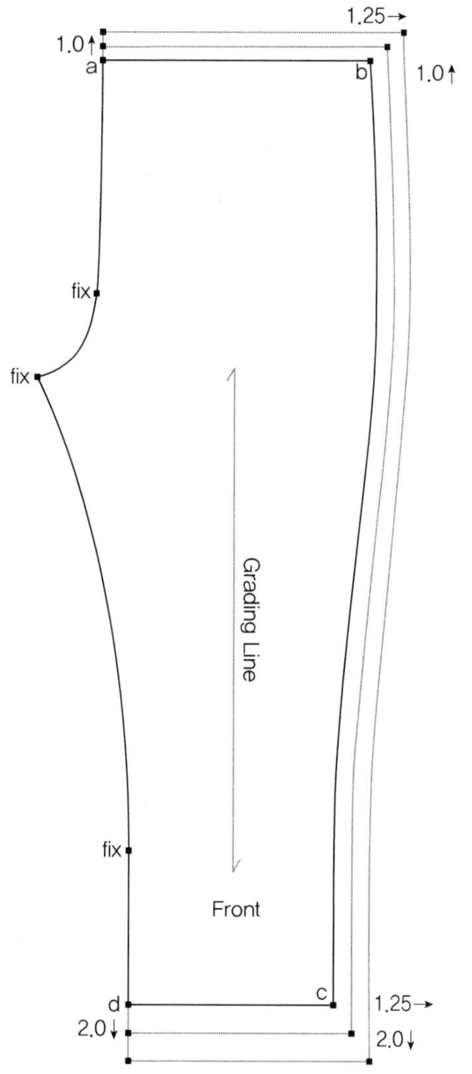

[그림 4-82] 남성용 파자마의 하의 앞판 그레이딩

① 밑위 부분과 바지안선을 고정시킨다.

② a점을 그레이딩 라인 위 방향으로 1cm씩 이동시킨다.

③ b점을 그레이딩 라인 위 방향으로 1cm씩 이동시키고, 그레이딩 라인에 직각으로 1.25cm씩 넓혀준다.

④ c점을 그레이딩 라인 아래 방향으로 2cm씩 내려 늘리고, 그레이딩 라인에 직각으로 1.25cm씩 넓혀준다.

⑤ d점을 그레이딩 라인 아래 방향으로 2cm씩 내려 늘린다.

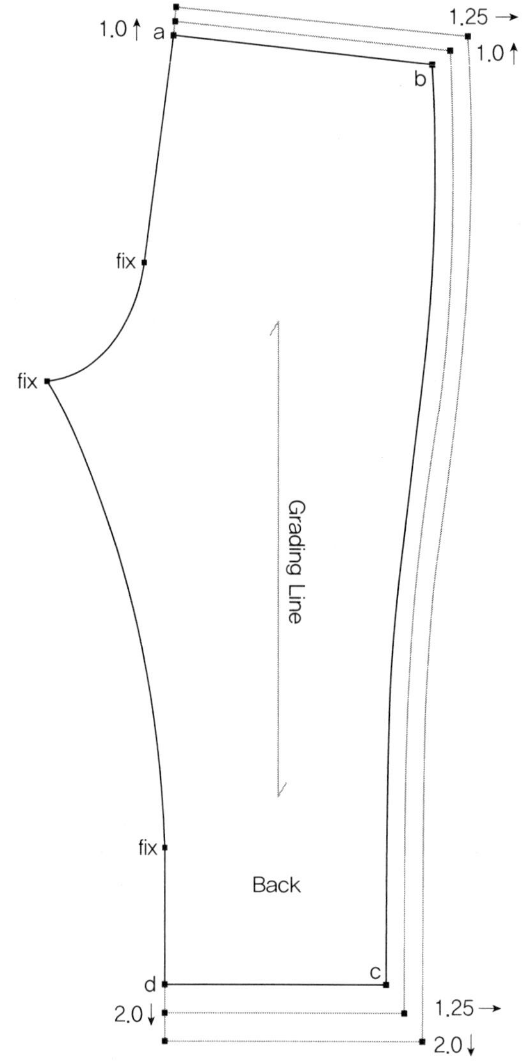

[그림 4-83] 남성용 파자마의 하의 뒤판 그레이딩

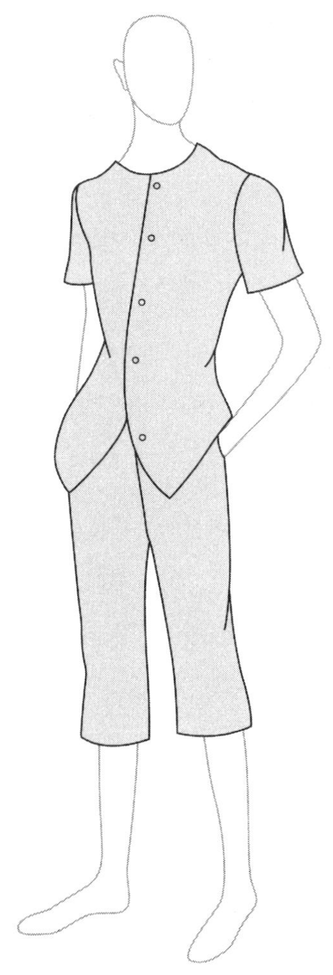

(1) 사이즈

① 가슴둘레

남성용 모시메리 파자마의 경우는 95사이즈 기준으로 가슴둘레를 113cm로 설정한다. 모시메리의 경우 실버층을 대상으로 하므로 사이즈에 여유가 있어야 한다.

② 총길이

남성용 모시메리 파자마 상의의 총길이는 뒷중심을 기준으로 보통 72.5cm가 되도록 한다. 하의는 보통 7부 정도의 기장으로 75cm를 기본으로 한다.

③ 소매길이

남성용 모시메리 파자마의 경우 하절용이 대부분이므로 소매길이는 26cm를 기본으로 한다.
그러나 소매길이는 몸판의 어깨 드롭분에 따라 달라진다. 기본 어깨는 2cm를 드롭하는 경우
가 일반적으로 이때 소매길이는 26cm로 설정한다. 그러나 드롭 치수가 3cm이면 소매길이는
25cm, 4cm이면 24cm로, 드롭 치수와 반비례하여 소매길이는 줄어든다.

④ 소매둘레

남성용 모시메리 파자마는 반소매이므로 소매둘레는 44cm로 설정한다.

⑤ 엉덩이둘레

하의의 엉덩이둘레는 120cm를 기본으로 한다. 실버층의 경우 허리, 배, 엉덩이둘레가 젊은 층
보다는 크므로 기본 파자마 하의의 엉덩이둘레보다 약 5cm 정도 크게 제작한다.

⑥ 허리둘레

파자마의 하의 허리는 고무줄을 넣어 처리한다. 고무줄을 넣은 완성사이즈는 68cm를 기본으
로 한다.

⑦ 바지둘레

남성용 모시메리의 바지둘레는 60cm를 기본으로 한다.

(2) 패턴 제도

A. 상의 뒤판

① 보디스 원형 뒤판을 그대로 따라 그린다.
② a-b 모시메리 파자마의 경우 칼라를 부착하지 않으므로 옆목점을 2~3cm 정도 파준다.
③ c-c′ a-b 옆목을 파준 치수인 2~3cm의 1/2만큼 뒷목점을 파주어야 하므로 1~1.5cm로
   설정한다.
④ b-c′ c′점 부위는 직각을 유지하면서 자연스러운 곡선이 되도록 뒷목둘레선을 정리한다.
⑤ f′-f″ 가슴둘레를 113cm로 하여 113/4-0.5cm로 뒷가슴둘레 치수를 설정한다. 보디스 원
   형의 가슴둘레인 f-f′의 길이가 26cm이므로 f′-f″의 길이를 2.25cm로 하여 가슴둘레를 넓
   혀준다.
⑥ h-h′ 파자마 상의의 뒷중심길이를 72.5cm로 하여 등길이 42cm를 뺀 나머지 길이 30.5cm
   를 g-g′에서 내려서 밑단선 h-h′ 선을 그린다.

⑦ f″-h′ f″점에서 f-f″ 선에 직각으로 선을 그려 h′점을 설정한 후 직선으로 연결한다.

⑧ d-e 어깨선을 연장하여 직선을 그린 후 d점에서 2cm를 나가 e점을 설정한다.

⑨ f″-i 겨드랑밑점을 3.5~4cm 정도 파서 i점을 설정한다. 예시에서는 4cm로 파주었다.

⑩ e-i e점과 i점의 시작부위는 직각을 유지하면서 자연스러운 곡선이 되도록 뒷진동둘레선을
정리한다.

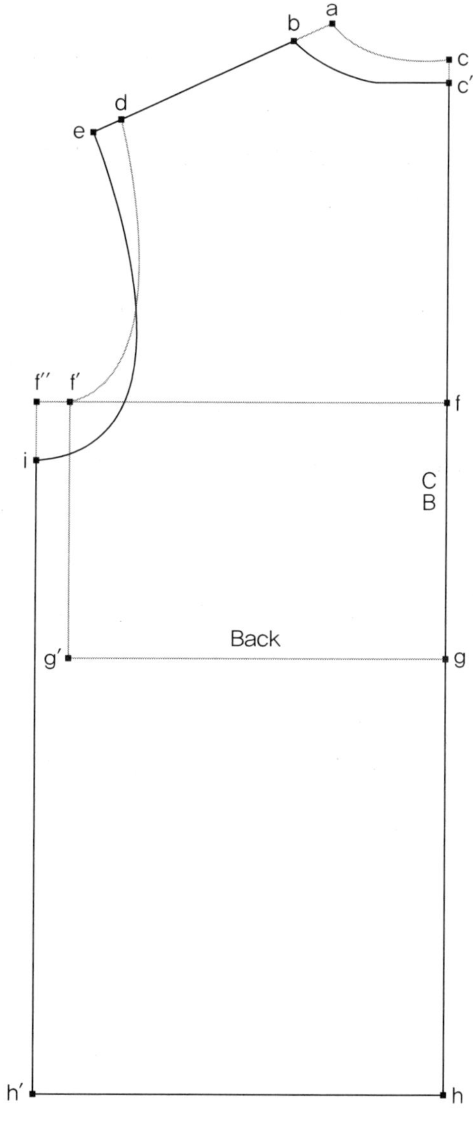

[그림 4-84] 남성용 모시메리 파자마의 상의 뒤판 제도

① 보디스 원형의 앞판을 그대로 따라 그린다.

② a-b 옆목점을 뒤판의 옆목점과 같이 2~3cm로 파준다.

③ f′-f″ 가슴둘레를 113cm로 하여 113/4+0.5cm로 앞가슴둘레 치수를 설정한다. 보디스 원형의 가슴둘레인 f-f′의 길이가 26cm이므로 f′-f″의 길이를 2.75cm로 하여 가슴둘레를 넓혀준다.

④ h-h′ 파자마 상의의 뒷중심길이를 72.5cm로 하여 등길이 42cm를 뺀 나머지 길이 30.5cm를 g-g′에서 내린 후 밑단선 h-h′ 선을 그린다.

⑤ f″-h′ f″점에서 f-f″ 선에 직각으로 선을 그려 h′점을 설정한 후 직선으로 연결한다.

⑥ h-j 앞처짐분 1cm를 h점에서 내려 j점을 설정한다.

⑦ j-j″ h-h′ 선에 평행이 되도록 그린다.

⑧ j-j′-h′ j-j′ 선 부분은 직선을 유지하면서 h′ 쪽으로 가면서 자연스러운 곡선이 되도록 밑단선을 정리한다.

⑨ d-e 어깨선을 연장하여 직선을 그린 후 d점에서 2cm를 옮겨 e점을 설정한다.

⑩ f″-i 겨드랑밑점을 3.5~4cm 정도 파서 i점을 설정한다. 예시에서는 4cm로 파주었다.

⑪ e-i e점과 i점의 시작부위는 직각을 유지하면서 자연스러운 곡선이 되도록 앞진동둘레선을 정리한다.

⑫ c-c′ 앞여밈단 폭을 1.5~2cm로 정하여 c점에서 2cm를 나가 c′점을 설정한다.

⑬ c′-j 앞중심선에서 평행으로 앞여밈단을 그린다.

⑭ c′-k c′점에서 5~6cm를 내려서 k점을 설정한다.

⑮ b-k 옆목점 b점과 앞목을 파 내린 k점을 연결하여 자연스러운 곡선으로 앞목둘레선을 그린다.

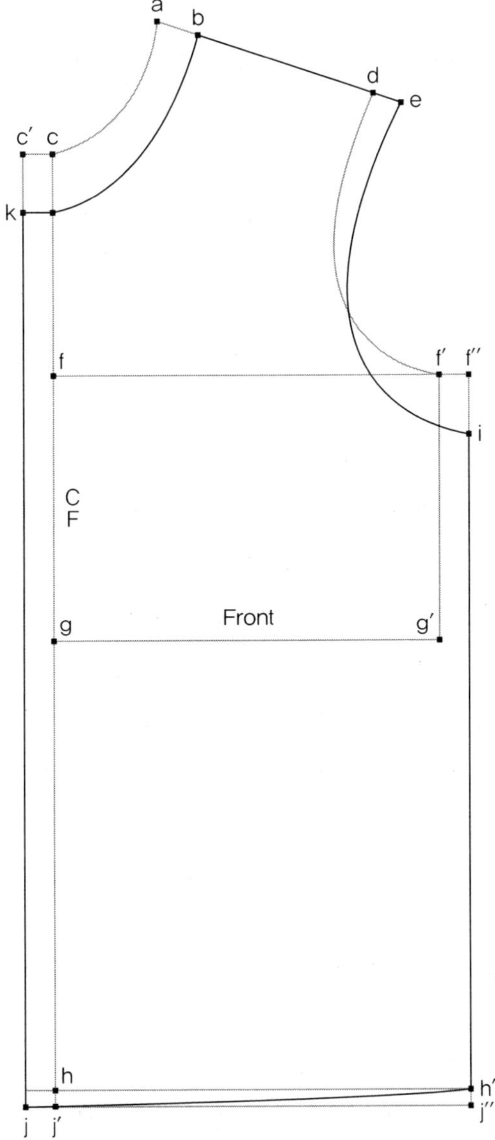

[그림 4-85] 남성용 모시메리 파자마의 상의 앞판 제도

① **a–b** 소매길이 26cm로 수직선 a–b를 그린다.

② **a–c** 소매산높이 13–14cm로 a점에서 내려서 c점을 설정한다.

> **Tip** 소매산은 기본, 즉 드롭분이 없을 때 15~16cm로 설정하며 드롭분이 2cm이면 13~14cm, 드롭분이 3cm이면 12~13cm로 하여 제도한다.

③ **a′–a″, f–g** b점과 c점에서 a–b 선에 수직으로 수평선을 그린다.

④ **a–d** a점에서 뒷몸판의 진동둘레−0.5cm가 되면서 c점에서 그린 수평선과 만나도록 d점을 설정한다.

⑤ **a–e** a점에서 앞몸판의 진동둘레−0.5cm가 되면서 c점에서 그린 수평선과 만나도록 e점을 설정한다.

⑥ **d–f** d점에서 a–b선에 직각인 밑단선에 수직으로 수선을 내려 f점을 설정한다.

⑦ **e–g** e점에서 a–b선에 직각인 밑단선에 수직으로 수선을 내려 g점을 설정한다.

⑧ **a–a′, a–a″** a점에서 양쪽으로 6cm를 이동하여 a′점과 a″점을 설정한다.

⑨ **d–d′, e–e′** d점과 e점에서 안쪽으로 4cm를 이동하여 d′점과 e′점을 설정한다.

⑩ **a′–d′, a″–e′** a′점과 d′, a″점과 e′점을 직선으로 연결한다.

⑪ **d′–j** d′점에서 a–d 선에 직각이 되는 수선을 내려 j점을 찾아 직선으로 연결한다.

⑫ **e′–l** e′점에서 a–e 선에 직각이 되는 수선을 내려 l점을 찾아 직선으로 연결한다.

⑬ **k** d′–j의 2등분점을 찾아 k점으로 설정한다.

⑭ **a–n–k–d** a점을 지나 a–d 선과 a′–d′ 선의 교차점 n을 지나면서 k점과 d점을 지나도록 뒷 진동둘레선을 자연스러운 곡선으로 그린다.

⑮ **m** e′–l 선의 3등분점을 찾아 m점으로 설정한다.

⑯ **a–o–m–e** a점을 지나 a–e 선과 a″–e 선의 교차점 o를 지나면서 m점과 e점을 지나도록 앞 진동둘레선을 자연스러운 곡선으로 그린다.

⑰ **f–f′, g–g′** 소매둘레가 44cm가 되도록 f–g의 길이를 측정한 후 44cm를 뺀 나머지를 2등분하여 f–f′, g–g′ 길이를 설정한다. 예시에서는 45.6cm−44cm=1.6cm를 2등분하여 양쪽에서 0.8cm씩 들어와서 f′, g′점을 설정하였다.

⑱ **f′–h, g′–i** 1.5cm씩 올려준다.

⑲ **h–b–i** 자연스러운 곡선으로 정리하여 소맷단선을 그린다.

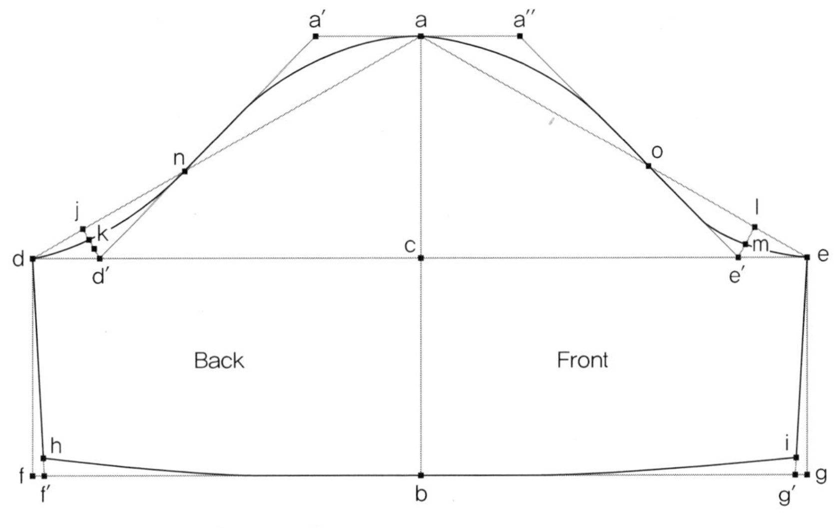

[그림 4-86] 남성용 모시메리 파자마의 소매 제도

D. 하의 앞판

① **a-b, c-d** 엉덩이둘레/4-0.5cm로 그려준다. 예시에서는 엉덩이둘레를 120cm로 하여 120/4-0.5=30.0-0.5=29.5cm로 가로선을 설정하였다.

② **a-c, b-d** 바지의 총길이인 75cm로 그려 직사각형을 완성한다.

③ **e-f** a-b에서 평행으로 밑위길이 34cm만큼 내려서 e-f 선을 그린다.

④ **f′-f** f점에서 6.5cm를 나가 f′점을 설정한다.

⑤ **f-g** f점에서 9cm를 올려 g점을 설정한다.

⑥ **g-f′** g점과 f′점을 직선으로 연결한다.

⑦ **f-h** f점에서 g-f′ 선에 직각이 되도록 수선을 내려 h-f 선을 그린다.

⑧ **f-i** f점에서 3.5cm를 올려 i점을 설정한다.

⑨ **a-a′** a점에서 0.5cm 안으로 들어와 a′점을 설정한다.

⑩ **a′-g-f-f′** a′-g를 직선에 가까운 곡선으로 연결한 후, g-f-f′는 자연스러운 곡선으로 연결하여 앞밑위선을 그린다.

⑪ **b-b′** b점에서 0.5cm 안으로 들어와 b′점을 찾는다.

⑫ **b′-e** 직선에 가까운 곡선으로 그린다.

⑬ **c–d** 바지둘레가 60cm가 되도록 앞바지밑단 치수를 29.5cm로 설정하여 원래 선을 그대로
사용한다.

⑭ **f′–c** c점의 시작부위는 직각을 유지하면서 자연스러운 곡선이 되도록 그린다.

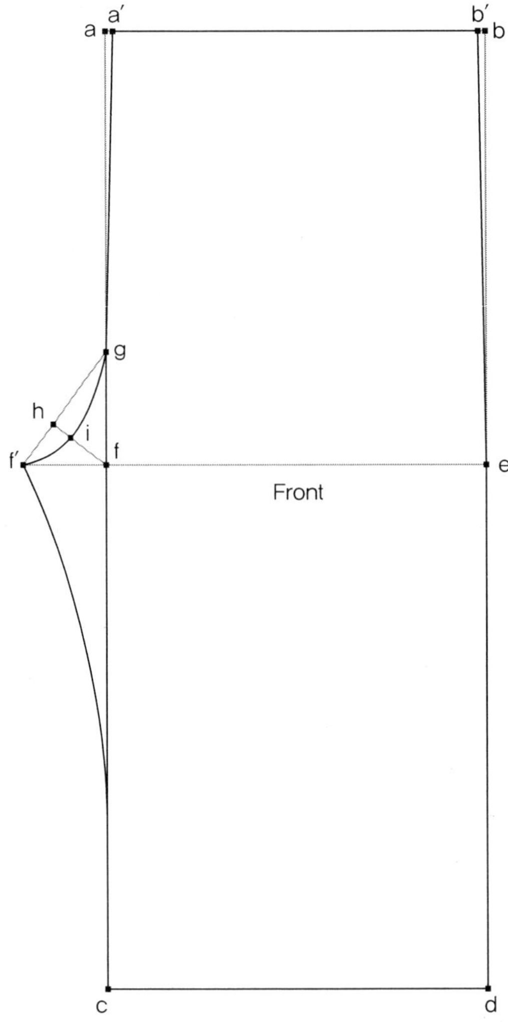

[그림 4–87] 남성용 모시메리 파자마의 하의 앞판 제도

① **a-b, c-d** 엉덩이둘레/4+0.5cm로 그린다. 예시에서는 엉덩이둘레를 120cm로 하여 120/4+0.5=30.0+0.5=30.5cm로 가로선을 설정하였다.

② **a-c, b-d** 바지의 총길이인 75cm로 그려 직사각형을 완성한다.

③ **e-f** a-b에서 평행으로 밑위길이 34cm만큼 내려서 e-f 선을 그린다.

④ **f-f′** f점에서 10.5cm를 나가 f′점을 설정한다.

⑤ **f′-j** f′점에서 1cm를 내려 j점을 설정한다.

⑥ **f-g** f점에서 12cm를 올려 g점을 설정한다.

⑦ **g-j** g점과 j점을 직선으로 연결한다.

⑧ **f-h** f점에서 g-f′ 선에 직각이 되도록 수선을 내려 h-f 선을 그린다.

⑨ **f-i** f점에서 4.5cm를 올려 i점을 찾는다.

⑩ **a-a′** a점에서 3.5cm를 안으로 들어와 a′점을 찾는다.

⑪ **a′-k** a′점에서 3cm를 올려 k점을 찾는다.

⑫ **k-g-i-j** k-g는 직선에 가까운 곡선으로 연결한 후, g-f-j는 자연스러운 곡선으로 연결하여 뒤밑위선을 그린다.

⑬ **b-b′** a-b 선을 연장하여 b점에서 1cm를 바깥쪽으로 이동하여 b′점을 설정한다.

⑭ **k-b′** k점과 b′점을 직선으로 연결한다.

⑮ **b′-e** 직선에 가까운 안쪽으로 휘는 곡선으로 그린다.

⑯ **c-d** 바지둘레가 60cm가 되도록 뒤 바지밑단을 30.5cm로 설정한다.

⑰ **c-j** c점의 시작부위는 직각으로 하여 자연스러운 곡선이 되도록 그린다.

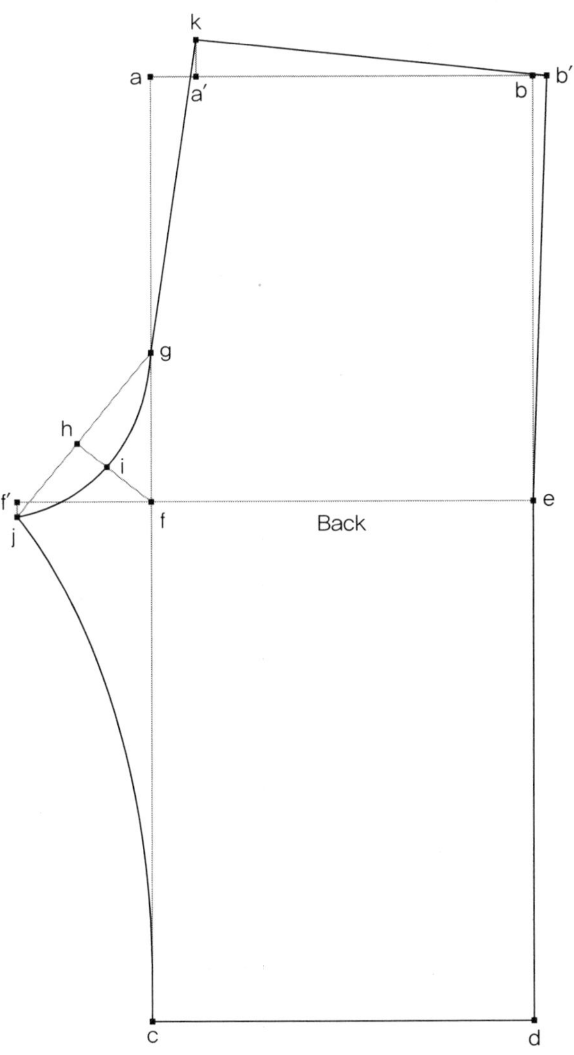

[그림 4-88] 남성용 모시메리 파자마의 하의 뒤판 제도

(3) 그레이딩

① 앞중심선과 앞목둘레를 고정시킨다.

② 옆목점 a를 그레이딩 라인 위 방향으로 0.5cm씩 올린다.

③ 어깨끝점 b를 그레이딩 라인 위 방향으로 0.5cm씩 올리고 그레이딩 라인에 직각으로 1cm씩 늘린다.

④ 겨드랑이점 c를 그레이딩 라인 아래 방향으로 1cm씩 내리고, 그레이딩 라인에 직각으로 1.25cm씩 늘린다.

⑤ d점을 그레이딩 라인 아래 방향으로 2cm씩 내리고, 그레이딩 라인에 직각으로 1.25cm씩 늘린다.

⑥ e점을 그레이딩 라인 아래 방향으로 2cm씩 내려 길이를 늘린다.

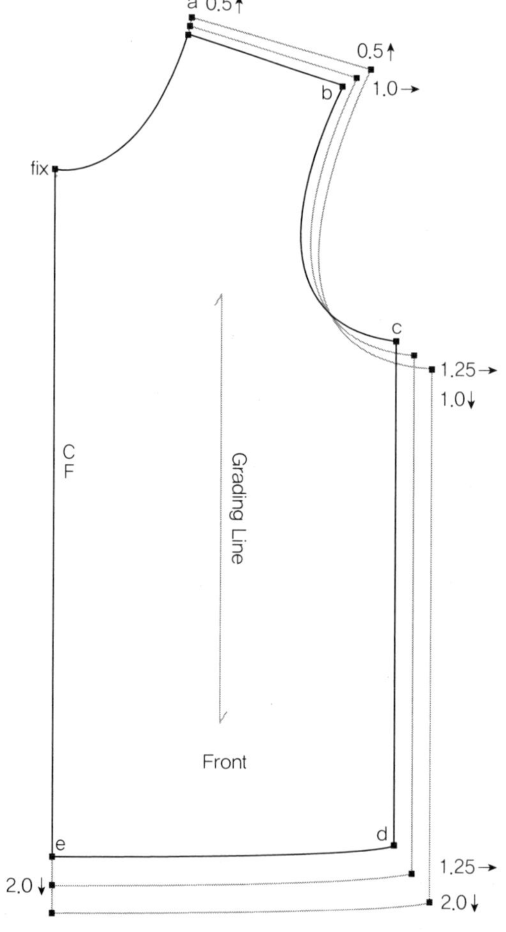

[그림 4-89] 남성용 모시메리 파자마의 상의 앞판 그레이딩

① 뒷목점을 고정시킨다.

② 옆목점 a를 그레이딩 라인 위 방향으로 0.5cm씩 올린다.

③ 어깨끝점 b를 그레이딩 라인 위 방향으로 0.5cm씩 올리고 그레이딩 라인에 직각으로 1cm
  씩 늘린다.

④ 겨드랑이점 c를 그레이딩 라인 아래 방향으로 1cm씩 내리고, 그레이딩 라인에 직각으로
  1.25cm씩 늘린다.

⑤ d점을 그레이딩 라인 아래 방향으로 2cm씩 내리고, 그레이딩 라인에 직각으로 1.25cm씩
  늘린다.

⑥ e점을 그레이딩 라인 아래 방향으로 2cm씩 내려 길이를 늘린다.

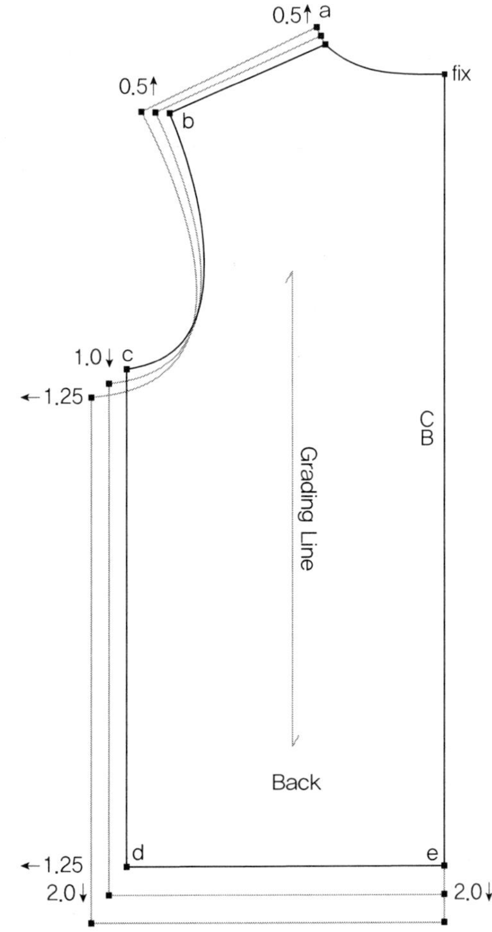

[그림 4-90] 남성용 모시메리 파자마의 상의 뒤판 그레이딩

① 소매산 부분을 고정시킨다.

② a점과 b점을 그레이딩 라인 아래 방향으로 1cm씩 내리고, 그레이딩 라인에 직각으로 1cm 씩 넓혀준 후 고정시킨 소매산 부분과 자연스럽게 연결한다.

③ c점과 d점을 그레이딩 라인 아래 방향으로 2cm씩 내리고, 그레이딩 라인에 직각으로 1cm 씩 넓혀준다.

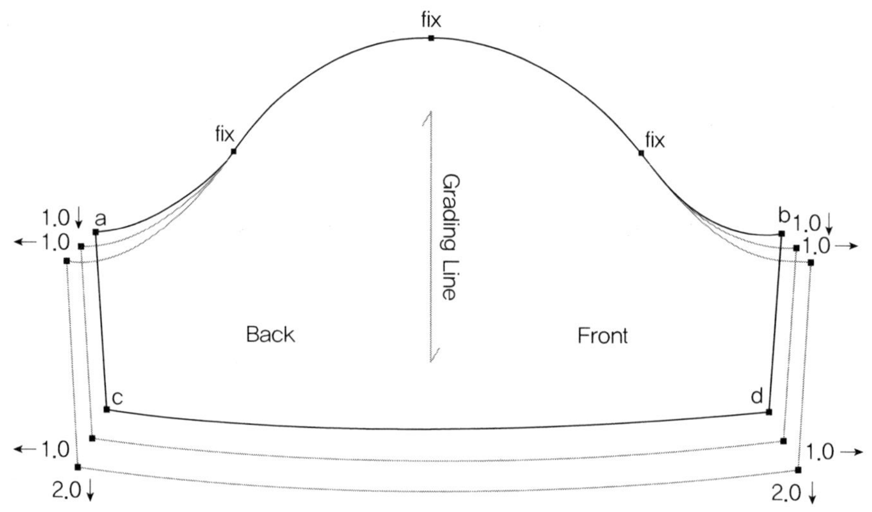

[그림 4-91] 남성용 모시메리 파자마의 소매 그레이딩

① 밑위 부분과 바지안선을 고정시킨다.

② a점을 그레이딩 라인 위 방향으로 1cm씩 이동시킨다.

③ b점을 그레이딩 라인 위 방향으로 1cm씩 이동시키고, 그레이딩 라인에 직각으로 1.25cm씩 넓혀준다.

④ c점을 그레이딩 라인 아래 방향으로 3cm, 2cm를 내려 늘리고, 그레이딩 라인에 직각으로 1.25cm씩 넓혀준다.

⑤ d점을 그레이딩 라인 아래 방향으로 3cm, 2cm를 내려 늘린다.

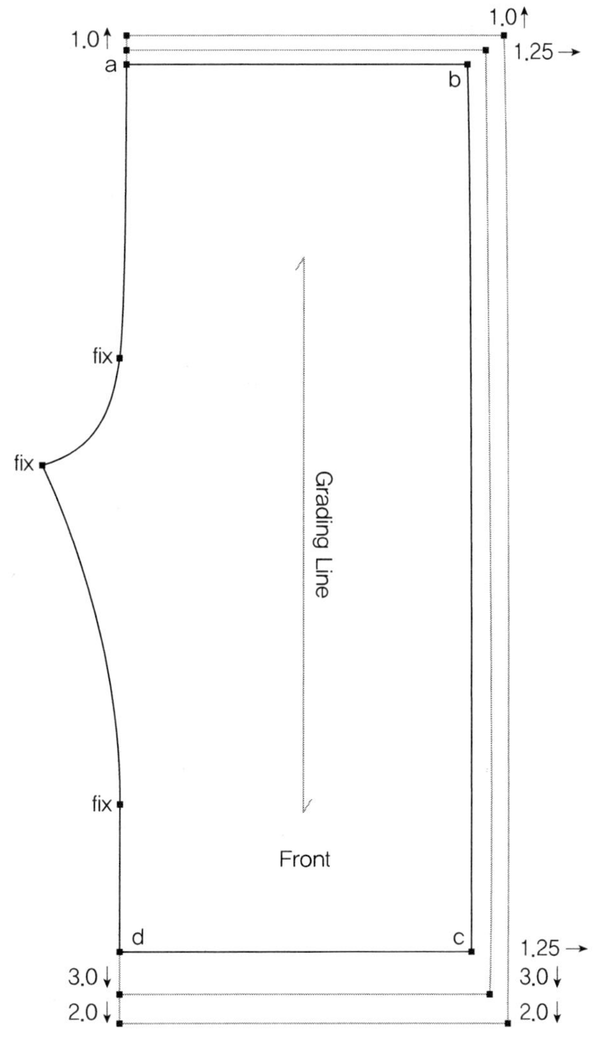

[그림 4-92] 남성용 모시메리 파자마의 하의 앞판 그레이딩

① 밑위 부분과 바지안선을 고정시킨다.

② a점을 그레이딩 라인 위 방향으로 1cm씩 이동시킨다.

③ b점을 그레이딩 라인 위 방향으로 1cm씩 이동시키고, 그레이딩 라인에 직각으로 1.25cm씩 넓혀준다.

④ c점을 그레이딩 라인 아래 방향으로 3cm, 2cm를 내려 늘리고, 그레이딩 라인에 직각으로 1.25cm씩 넓혀준다.

⑤ d점을 그레이딩 라인 방향으로 3cm, 2cm를 내려 늘린다.

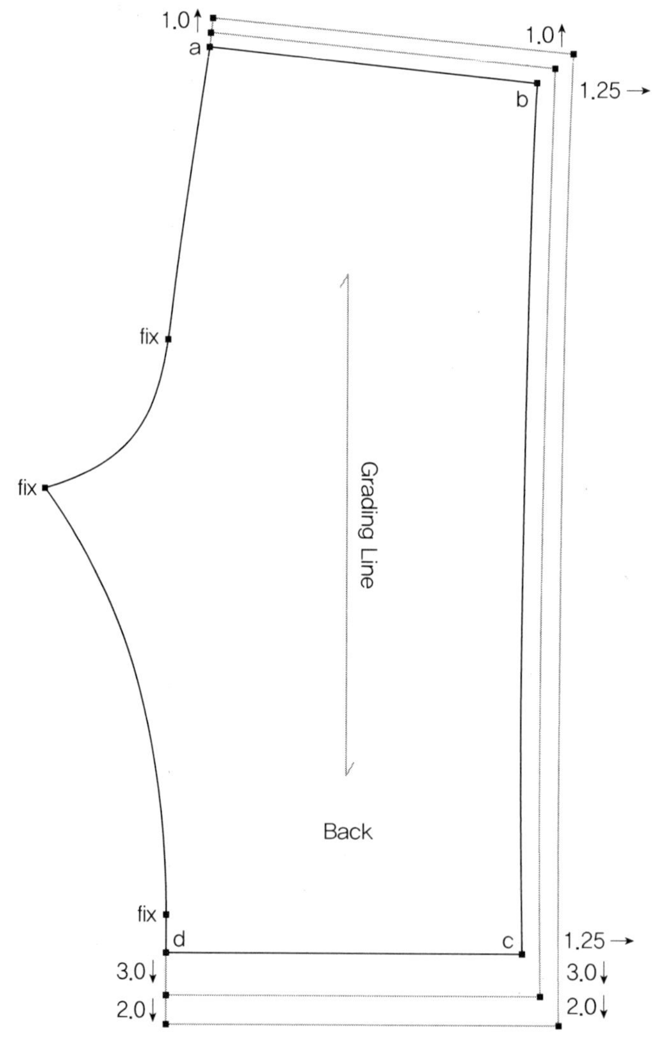

[그림 4-93] 남성용 모시메리 파자마의 하의 뒤판 그레이딩

(1) 사이즈

① 총길이

파자마 반바지의 총길이는 47.5cm로 설정한다.

② 엉덩이둘레

반바지의 엉덩이둘레는 116cm를 기본으로 한다.

③ 허리둘레

파자마의 하의 허리는 고무줄을 넣어 처리한다. 고무줄을 넣은 완성사이즈는 68cm를 기본으로 한다.

④ 바지둘레

반바지의 바지둘레는 66cm를 기본으로 한다.

(2) 패턴 제작

A. 앞판

① a-b, c-d   엉덩이둘레/4-0.5cm로 그린다. 예시에서는 엉덩이둘레를 116cm로 하여 116/4-0.5=29.0-0.5=28.5cm로 가로선을 설정하였다.

② a-c, b-d   바지의 총길이인 47.5cm로 그려 직사각형을 완성한다.

③ e-f   a-b에서 평행으로 밑위길이 34cm만큼 내려서 e-f 선을 그린다.

④ f-f′   e-f 선을 연장하여 f점에서 6.5cm를 나가 f′점을 설정한다.

⑤ f-g   f점에서 9cm를 올려 g점을 설정한다.

⑥ g-f′   g점과 f′점을 직선으로 연결한다.

⑦ f-h   f점에서 g-f′ 선에 직각이 되도록 수선을 내려 h-f 선을 그린다.

⑧ f-i   f점에서 3.5cm를 올려 i점을 찾는다.

⑨ a-a′   a점에서 0.5cm 안으로 들어와 a′점을 설정한다.

⑩ a′-g-i-f′   a′-g는 직선에 가까운 곡선으로 연결한 후, g-i-f′는 자연스러운 곡선으로 연결하여 앞밑위선을 그린다.

⑪ b-b′ b점에서 0.5cm를 안쪽으로 이동하여 b′점을 설정한다.

⑫ b′-e 직선에 가까운 곡선으로 그린다.

⑬ c-j 바지둘레가 66cm가 되도록 앞바지밑단을 32.5cm로 설정한 후, 엉덩이둘레 28.5cm에
　　서 4cm를 더해 c-d 선을 연장하여 j점을 찾는다.

⑭ j-f′ j점 시작부위는 직각으로 시작하여 자연스러운 곡선으로 그린다.

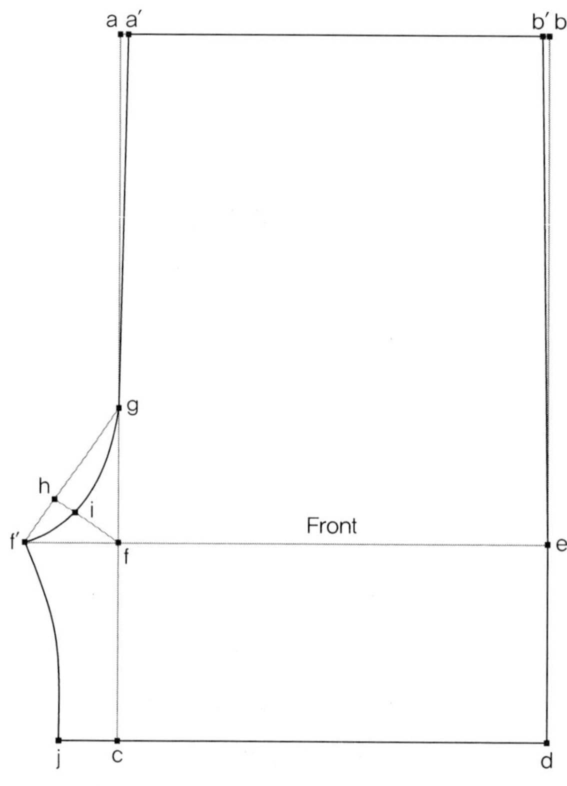

[그림 4-94] 남성용 파자마 반바지의 앞판 제도

① a-b, c-d 엉덩이둘레/4+0.5cm로 그린다. 예시에서는 엉덩이둘레를 116cm로 하여
   116/4+0.5=29.0+0.5=29.5cm로 가로선을 설정하였다.

② a-c, b-d 바지의 총길이인 47.5cm로 그려 직사각형을 완성한다.

③ e-f a-b에서 평행으로 밑위길이 34cm만큼 내려서 e-f 선을 그린다.

④ f-f′ e-f 선을 연장하여 f점에서 10.5cm를 나가 f′점을 설정한다.

⑤ f-g f점에서 12cm를 올려 g점을 설정한다.

⑥ f′-j f′점에서 1cm를 내려 j점을 설정한다.

⑦ f-h f점에서 g-j 선에 직각이 되도록 수선을 내려 h-f 선을 그린다.

⑧ f-i f점에서 4.5cm를 올려 i점을 찾는다.

⑨ a-a′ a점에서 3.5cm 안으로 들어와 a′점을 찾는다.

⑩ a′-k a′점에서 3cm 올려 k점을 찾는다.

⑪ k-g-i-j k-g는 직선에 가까운 곡선으로 연결한 후, g-i-j는 자연스러운 곡선으로 연결하
   여 뒤밑위선을 그린다.

⑫ b-b′ a-b 선을 연장하여 b
   점에서 1cm를 바깥쪽으로 이
   동하여 b′점을 설정한다.

⑬ k-b′ k점과 b′점을 직선으로
   연결한다.

⑭ b′-e 직선에 가까운 곡선으
   로 그린다.

⑮ c-l 바지둘레가 66cm가 되
   도록 뒤바지밑단을 33.5cm
   로 설정한 후, c점에서 4cm
   를 바깥으로 나가 l점을 설정
   한다.

⑯ j-l l점 시작 부위는 직각으
   로 하여 자연스러운 곡선이
   되도록 그린다.

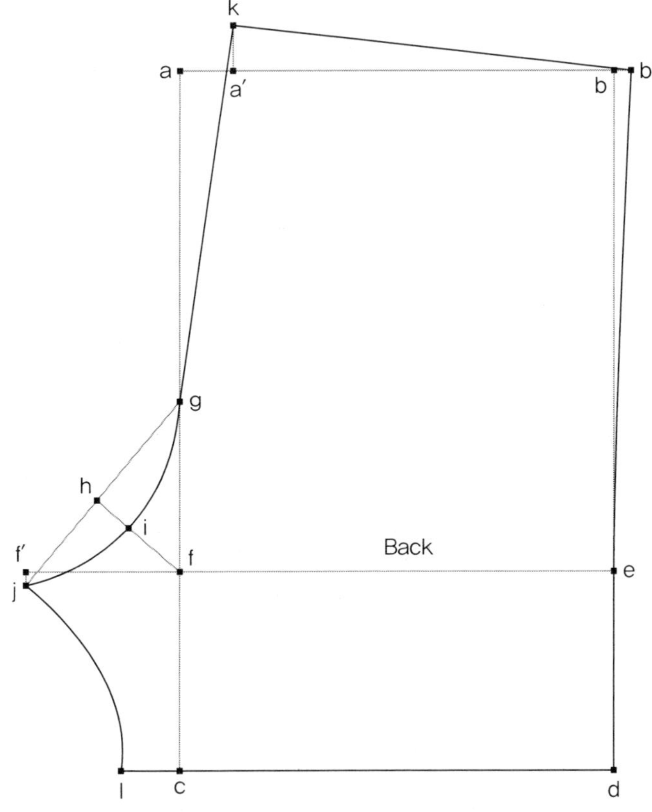

[그림 4-95] 남성용 파자마 반바지의 뒤판 제도

(3) 그레이딩

① 밑위부분과 바지안선을 고정시킨다.

② a점을 그레이딩 라인 위 방향으로 1cm씩 이동시킨다.

③ b점을 그레이딩 라인 위 방향으로 1cm씩 이동시키고, 그레이딩 라인에 직각으로 1.25cm씩
넓혀준다.

④ c점을 그레이딩 라인 아래 방향으로 1cm씩 내려 늘린다.

⑤ d점을 그레이딩 라인 아래 방향으로 1cm씩 내려 늘리고, 그레이딩 라인에 직각으로 1.25cm
씩 넓혀준다.

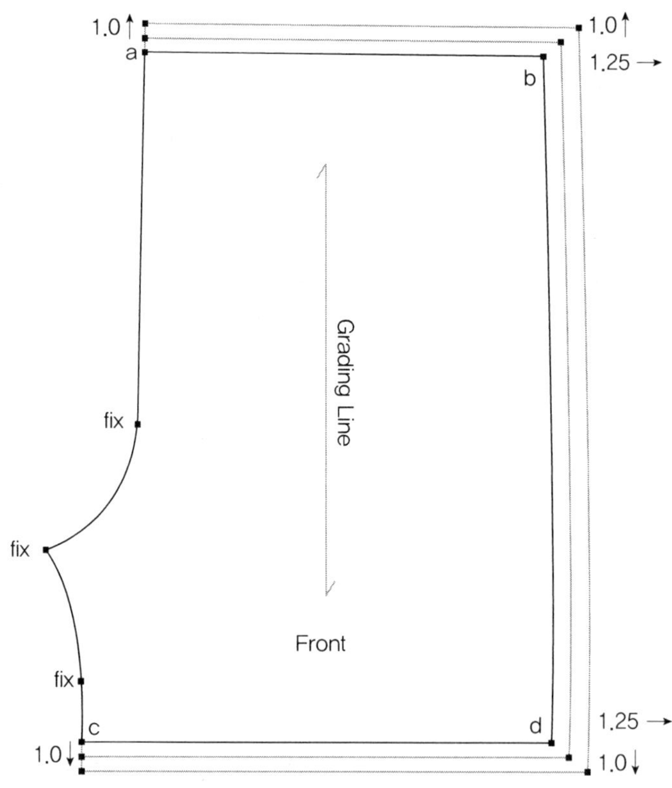

[그림 4-96] 남성용 파자마 반바지의 앞판 그레이딩

① 밑위부분과 바지안선을 고정시킨다.

② a점을 그레이딩 라인 위 방향으로 1cm씩 이동시킨다.

③ b점을 그레이딩 라인 위 방향으로 1cm씩 이동시키고, 그레이딩 라인에 직각으로 1.25cm씩 넓혀준다.

④ c점을 그레이딩 라인 아래 방향으로 1cm씩 내려 늘린다.

⑤ d점을 그레이딩 라인 아래 방향으로 1cm씩 내려 늘리고, 그레이딩 라인에 직각으로 1.25cm씩 넓혀준다.

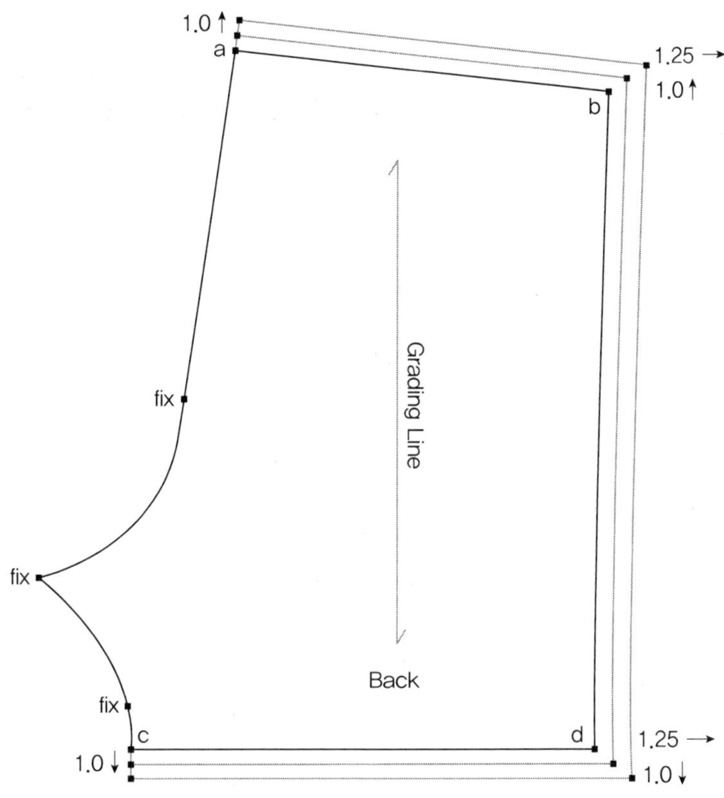

[그림 4-97] 남성용 파자마 반바지의 뒤판 그레이딩

CHAPTER
03

가운 패턴 제작

01 ✕ 밴드 칼라 가운(Band collar gown)

(1) 사이즈

① 가슴둘레

속에 입는 네글리제보다 여유가 있어야 하므로 가슴둘레를 96~100cm 정도로 설정한다.

② 총길이

디자이너의 의도에 따라 설정하면 되는데, 속에 입는 네글리제보다는 길이를 5~10cm 정도 길게 정하는 것이 일반적이다.

③ 소매길이

소매길이는 긴소매인 경우가 대부분이므로 58~60cm 정도로 설정한다.

(2) 패턴 제작

A. 뒤판

① 보디스 원형 뒤판을 다트를 생략하고 따라 그린다.

② a-b 옆목점을 0.5cm 파준다.

③ c 뒷목점은 파지 않고 원래 뒷목점을 그대로 사용한다.

④ b-c 뒷목점 부분은 직각을 유지하도록 하면서 목둘레선을 곡선으로 정리한다.

⑤ e″-f″ 보디스 원형의 가슴둘레 e′-f′에서 1cm를 확장시킨다.

⑥ e″-g 겨드랑이점을 7cm 아래로 내린다.

⑦ f″-h 허리선의 f″점에서 1.5cm를 나가 h점을 설정한다.

⑧ g-h g점과 h점을 연결하여 직선으로 연장한다.

⑨ j-j′ 총길이에서 등길이 38cm를 뺀 나머지 길이를 f-f″에서 내려 j-j′ 선을 평행으로 그린다. 총길이가 120cm일 경우 82cm를 연장해서 그린다.

⑩ j′ g-h 선의 연장선과 만나는 j점을 찾는다.

⑪ m j-j′를 3등분하여 m점을 정해준다.

⑫ k-j′ m점에서 h-j′에 직각이 되는 수선을 내려 k점을 설정한다.

⑬ j-m-k 자연스러운 곡선으로 밑단선을 정리한다.

⑭ d-g d점과 g점 부위는 직각이 되도록 하여 진동둘레선을 곡선으로 정리한다.

⑮ i h점에서 1cm를 올린 i점에 너치(Notch) 표시를 한다. 안고리와 안끈을 달기 위한 위치로 원래 허리선보다 1cm 위에 설정한다.

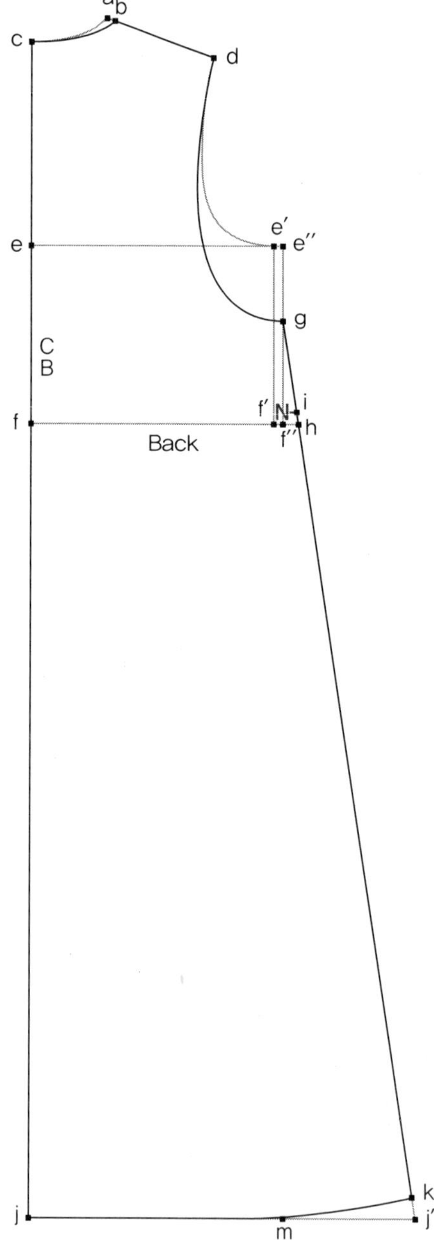

[그림 4-98] 밴드 칼라 가운의 뒤판 제도

① 보디스 원형 앞판을 다트를 생략하고 따라 그린다.

② a–b 옆목점 0.5cm를 파준다.

③ e″–f″ 보디스 원형의 가슴둘레 e′–f′에서 1cm를 확장시켜 준다.

④ e″–g 겨드랑이점을 7cm 아래로 내려준다.

⑤ f″–h 허리선의 f″점에서 1.5cm를 나가 h 점을 설정한다.

⑥ g–h g점과 h점을 연결하여 직선으로 연장한다.

⑦ j–j′ 총길이에서 등길이 38cm를 뺀 나머지 길이를 f–f″에서 내려 j–j′ 선을 평행으로 그린다. 총길이가 120cm일 경우 82cm를 연장해서 그린다.

⑧ l–l′ j–j′ 선에서 앞처짐분 2cm를 내려 평행으로 그린다.

⑨ k–j′ 뒷몸판의 k–j′ 길이와 같은 치수를 올려 k점을 설정한다.

⑩ l–m–k 자연스러운 곡선으로 연결하여 밑단선을 정리한다.

⑪ f–n, l–o f점, l점에서 8cm를 나가서 n점과 o점을 설정한다.

⑫ n–o f–l 선과 평행이 되도록 직선으로 그린다.

⑬ j–m–k 자연스러운 곡선으로 밑단선을 정리한다.

⑭ b–n b점과 n점을 직선으로 연결한다.

⑮ b–n–o 꺾이는 부분이 없도록 n점이 있는 부위를 곡선으로 정리한다.

⑯ d–g d점과 g점 부위는 직각이 되도록 하여 진동둘레선을 곡선으로 정리한다.

⑰ i h점에서 1cm를 올린 i점에 너치(Notch) 표시를 해둔다. 안고리와 안끈을 달기 위한 위치로 원래 허리선보다 1cm 위에 달아준다.

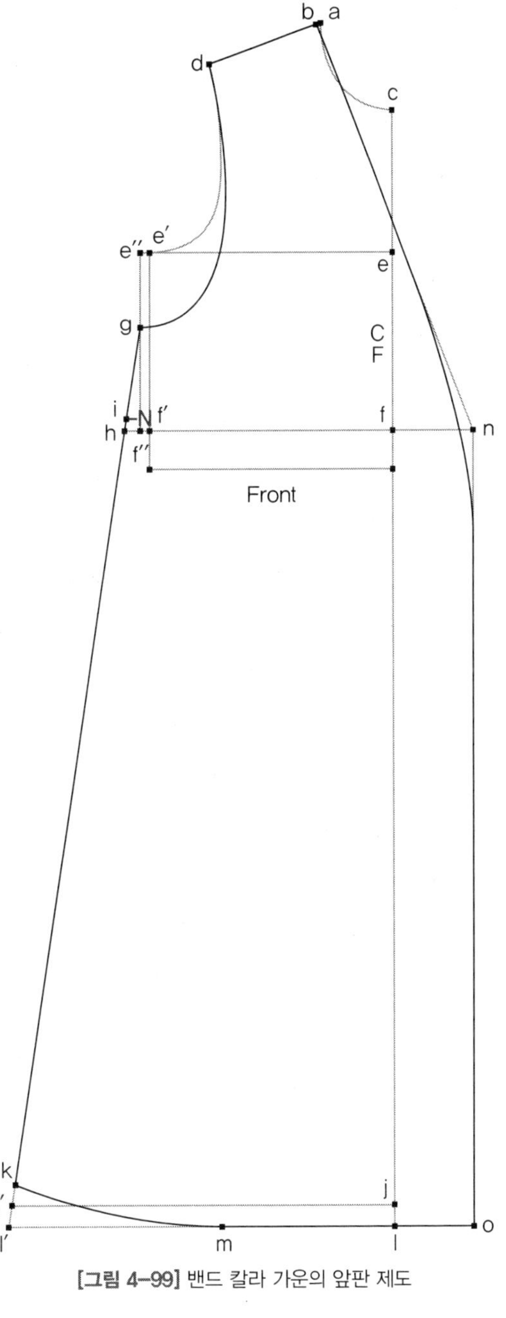

[그림 4-99] 밴드 칼라 가운의 앞판 제도

① **a–b** 소매길이 58~60cm로 수직선 a–b를 그린다.

② **a–e** 소매산높이는 11~13cm로 하여 e점을 설정한다. 보통 13cm로 설정한다.

③ **c–d** e점에서 a–b 선에 직각이 되는 수평선 c–d를 그린다.

> **Tip** 몸판의 앞뒷진동둘레를 미리 측정하여 놓는다.

④ **a–d** 앞진동둘레−0.5cm가 되도록 사선을 그린다.

⑤ **a–c** 뒷진동둘레−0.5cm가 되도록 사선을 그린다.

⑥ **f–g** b점에서 a–b에 직각이 되는 수평선을 양쪽으로 그린다.

⑦ **c–f** c–e 선에 직각이 되는 선을 c점에서 내려 소매밑단의 수평선과 만나는 f점을 설정한다.

⑧ **d–g** e–d 선에서 직각이 되는 선을 d점에서 내려 소매밑단의 수평선과 만나는 g점을 설정한다.

⑨ **a–a′, a–a″** a점에서 수평으로 6cm씩 이동하여 a′점과 a″점을 설정한다.

⑩ **c–c′, d–d′** c점과 d점에서 4cm씩 이동하여 c′점과 d′점을 설정한다.

⑪ **a′–c′, a″–d′** a′점과 c′점, a″점과 d′점을 직선으로 연결한다.

⑫ **c′–h** c′점에서 a′–c 선에 직각이 되는 수선을 내려 h점을 설정한다.

⑬ **j** c′–h 선을 이등분하는 j점을 설정한다.

⑭ **a–n–j–c** a점을 지나 a–c와 a′–c′의 교차점 n을 지나면서 j점과 c점을 지나도록 뒷진동둘레선을 자연스러운 곡선으로 정리한다.

⑮ **d′–i** d′점에서 a–d 선에 직각이 되도록 수선을 내려 i점을 설정한다.

⑯ **k** d′–i 선을 3등분한 후 d′점에서 1/3되는 k점을 설정한다.

⑰ **a–o–k–d** a점을 지나 a–d와 a″–d′의 교차점 o를 지나면서 k점과 d점을 지나도록 앞진동둘레선을 자연스러운 곡선으로 정리한다.

⑱ **f–f′, g–g′** 디자이너의 의도에 따라 소매통을 줄여준다. 보통 3~6cm를 줄인다.

⑲ **c–f′, d–g′** 직선으로 연결하거나 경우에 따라서는 안쪽으로 휘는 곡선으로 정리한다.

⑳ **f′–l, g′–m** f′점과 g′점에서 3.5cm를 올려 m점과 l점을 설정한다.

㉑ **l–b–m** b점 부위는 직선을 유지하도록 하여 곡선으로 소매밑단선을 정리한다.

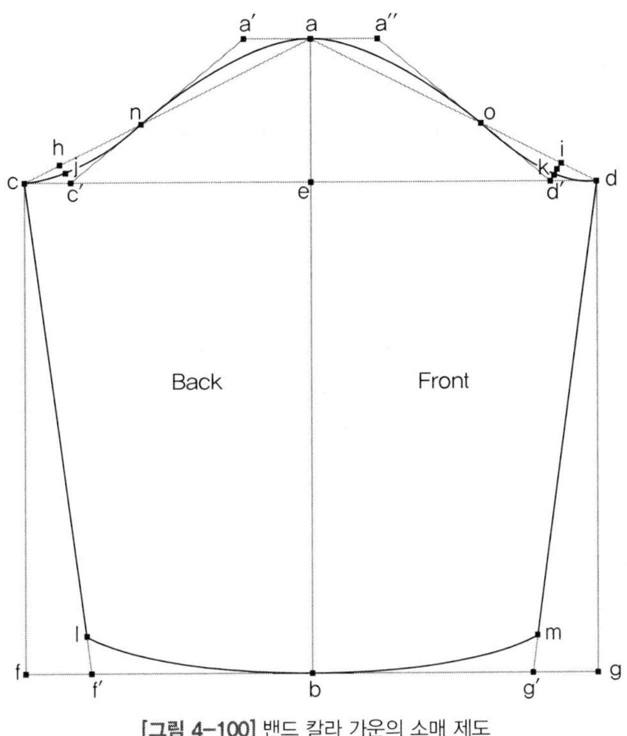

[그림 4-100] 밴드 칼라 가운의 소매 제도

D. 밴드 칼라

① **a–c, b–d** 앞몸판의 b–o 길이+뒷몸판의 b–c 길이+5cm(여유분)로 a–c와 b–d의 길이를 설정한다.

② **a–b, c–d** 원하는 밴드칼라 폭의 2배 길이로 a–b와 c–d를 설정해서 그림과 같은 직사각형을 그린다.

③ **e** c–d의 이등분 위치인 e점을 찾는다.

④ **e–f** e점에서 0.5cm 안쪽으로 들어가 f점을 찾는다.

⑤ **c–f, d–f** 직선으로 연결한다.

> **Tip** 밴드칼라가 세워졌을 때 뒤로 넘어가지 않도록 뒷목중심 0.5cm를 미리 깎아준다.

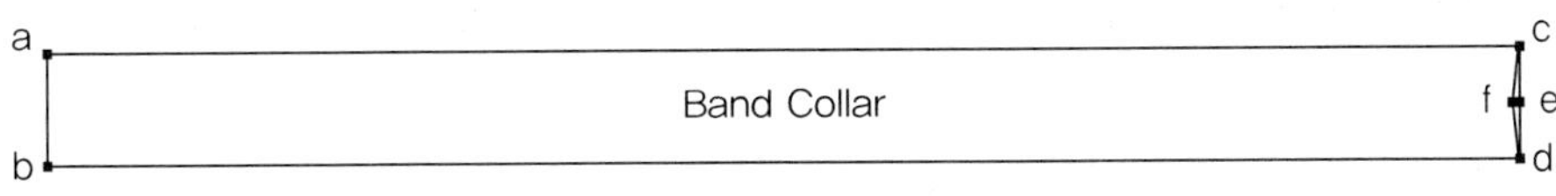

[그림 4-101] 밴드 칼라 가운의 밴드 칼라 제도

① a-c, b-d 벨트길이는 180cm로 설정한다.

② a-b, c-d 벨트폭의 2배로 설정한다. 보통 완성된 벨트폭을 4.5cm로 설정하여 패턴 제도 시에는 9cm로 그린다.

> **Tip** 제도 시 너무 길 수 있으므로 90cm 길이로 그려 재단 시 굵선으로 재단해준다.

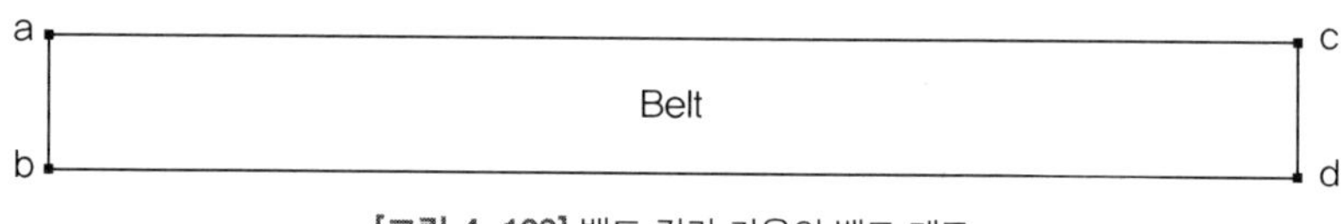

[그림 4-102] 밴드 칼라 가운의 벨트 제도

① 벨트고리는 지름이 5cm가 되도록 바이어스끈을 만들어 사용한다. 시접을 포함하여 12cm 로 커팅하여 사용하면 된다.

② 안고리는 지름 3cm가 되도록 바이어스끈을 만들어 사용한다. 시접을 포함하여 8cm로 커팅 하면 된다.

③ 안끈은 45cm의 2줄을 바이어스끈으로 만들어 사용한다. 시접을 포함하여 92cm로 커팅한 후 반으로 접어 옆선 봉제 시 끼워 봉제하면 된다.

(3) 그레이딩

① 앞중심선과 앞목선 부분을 고정시킨다.

② 옆목점 a를 그레이딩 라인에 직각으로 0.5cm씩 이동시킨다.

③ 어깨끝점 b를 그레이딩 라인에 직각으로 0.7cm씩 이동시킨다.

④ 겨드랑이점 c를 그레이딩 라인 아래 방향으로 0.7cm씩 내려 파주고, 그레이딩 라인에 직각 으로 1.25cm씩 나가서 가슴둘레를 늘린다.

⑤ d점을 그레이딩 라인 아래 방향으로 2cm씩 내리고, 그레이딩 라인에 직각으로 1.25cm씩 나가서 늘린다.

⑥ e점을 그레이딩 라인 아래 방향으로 2cm씩 내려 길이를 늘린다.

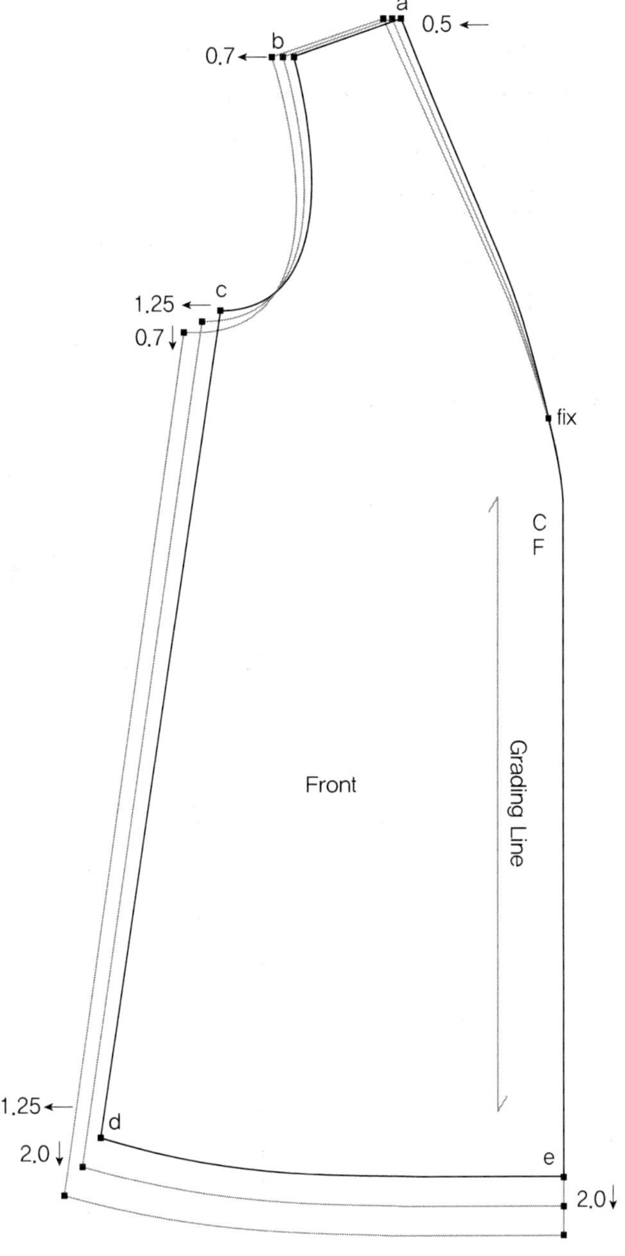

[그림 4-103] 밴드 칼라 가운의 앞판 그레이딩

① 뒷중심선과 뒷목점을 고정시킨다.

② 옆목점 a를 그레이딩 라인에 직각으로 0.5cm씩 이동시킨다.

③ 어깨끝점 b를 그레이딩 라인에 직각으로 0.7cm씩 이동시킨다.

④ 겨드랑이점 c를 그레이딩 라인 아래 방향으로 0.7cm씩 내려 파주고, 그레이딩 라인에 직각으로 1.25cm씩 나가 가슴둘레를 늘린다.

⑤ d점을 그레이딩 라인아래 방향으로 2cm 씩 내리고, 그레이딩 라인에 직각으로 1.25cm씩 나가서 늘린다.

⑥ e점을 그레이딩 라인 아래 방향으로 2cm 씩 내려 길이를 늘린다.

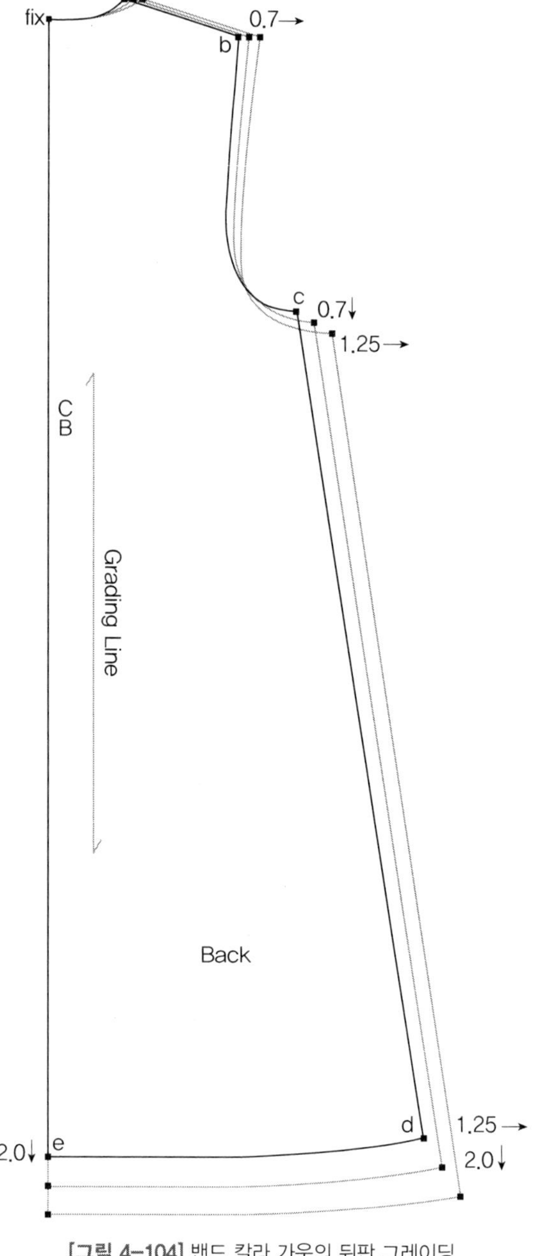

[그림 4-104] 밴드 칼라 가운의 뒤판 그레이딩

① 소매산 부분을 고정시킨다.

② a점과 b점을 그레이딩 라인 아래 방향으로 0.7cm씩 내리고, 그레이딩 라인에 직각으로 1.25cm씩 넓혀준 후 고정시킨 소매산 부분과 자연스럽게 연결한다.

③ c점과 d점을 그레이딩 라인 아래 방향으로 2cm씩 내리고, 그레이딩 라인에 직각으로 1.25cm씩 넓혀준다.

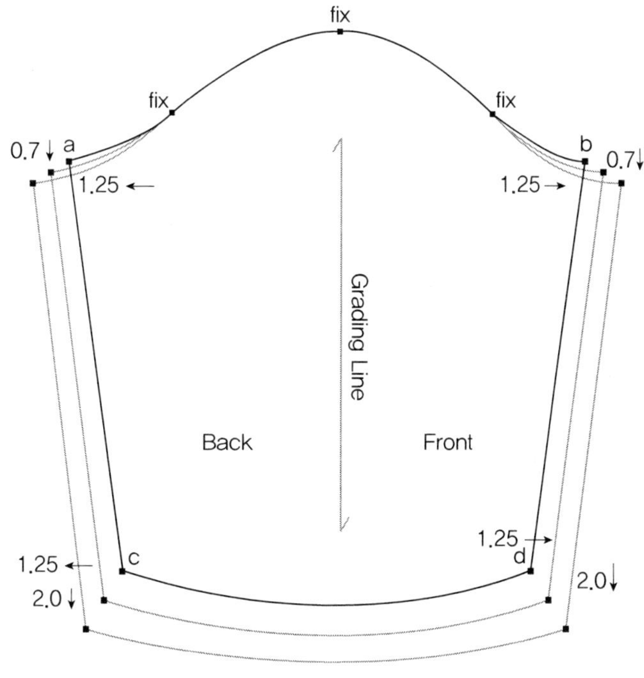

[그림 4-105] 밴드 칼라 가운의 소매 그레이딩

늘어난 앞중심선 길이만큼 a점과 b점을 늘려 그레이딩 라인 방향으로 3cm씩 이동시킨다.

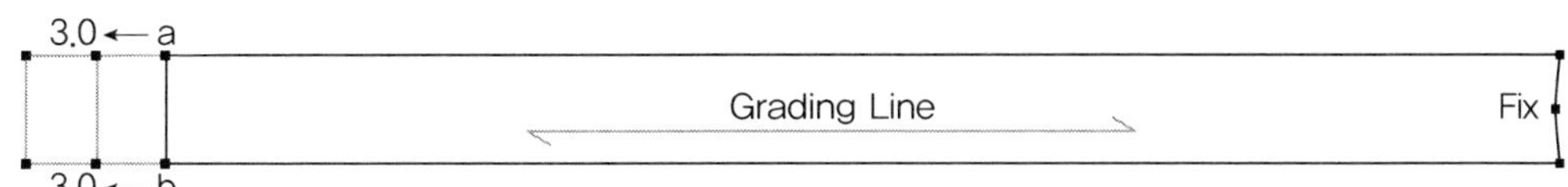

[그림 4-106] 밴드 칼라 가운의 밴드 칼라 그레이딩

벨트는 기본 사이즈이거나 기본 사이즈에서 한 치수 커지는 경우에는 그레이딩 없이 그대로 사용한다. 그러나 2치수 이상 커질 때는 10cm 정도 길이를 늘린다.

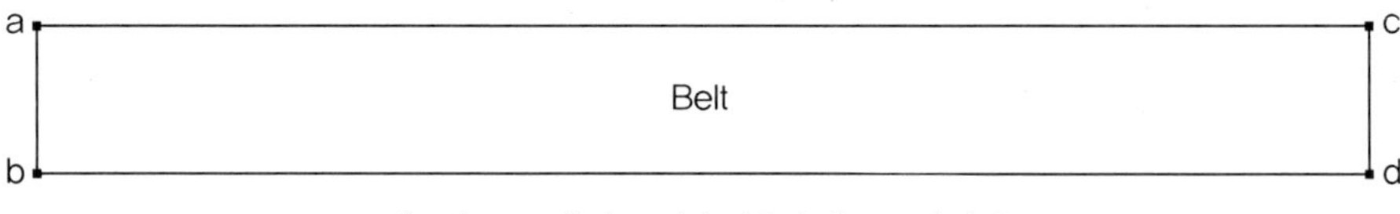

[그림 4-107] 밴드 칼라 가운의 벨트 그레이딩

CHAPTER

04

로브 패턴 제작

(1) 사이즈

① 가슴둘레

목욕가운의 경우 가슴둘레는 110cm 정도를 기본으로 설정하여 기본 보디스 원형에서 16cm를 늘려준다.

② 총길이

디자이너의 의도에 따라 설정하면 되는데, 보통 종아리 중간 정도의 길이일 때 110~115cm로 정하고 발목 정도의 길이를 원할 경우에는 120cm로 설정한다. 짧은 길이를 원할 때는 90~100cm로 설정한다.

③ 소매길이

소매길이는 긴소매일 경우 60cm로 설정한다. 파자마나 네글리제의 소매길이보다 2cm 길게 하여 겉에 입었을 때 안에 착용한 옷이 보이지 않도록 한다. 어깨 드롭을 보통 6.5~8cm씩 하므로 소매길이는 드롭분을 뺀 치수로 설정한다. 예를 들어 드롭분이 7cm일 경우 소매길이는 53cm로 설정한다.

(2) 패턴 제작

A. 뒤판

① a-b 옆목점을 0.5cm 파서 b점을 설정한다.
② b-c 뒷목점 c점 부분이 직각이 되도록 하고 b점과 자연스러운 곡선으로 연결하여 뒷목선을 정리한다.
③ f'-f″ 가슴둘레를 기본 보디스에서 16cm 늘려 110cm로 설정하기 위해 전체 가슴둘레 1/4에서 4cm를 확장시킨다.
④ g'-g″ f'-f″와 같이 4cm를 확장시킨다.
⑤ f″-g″ 직선으로 f″점과 g″점을 연결한다.
⑥ g″-j 아래로 가면서 퍼지도록 g″점에서 1~1.5cm 늘려 j점을 설정한다.
⑦ d-e 어깨 드롭분을 6.5~8cm 내려서 e점을 설정한다. 예시에서는 6.5cm를 내려 e점을 설정하였다.
⑧ f″-i f″점에서 겨드랑이점을 5~6cm 파서 i점을 설정한다. 예시에서는 5cm를 내려주었다.
⑨ e-i e점과 i점 부분이 직각이 되도록 뒷진동둘레선을 그린다.

⑩ **h–h′** 총길이를 110cm로 설정하여 등길이 38cm를 뺀 나머지 길이 72cm를 g–g″ 선에서 평행으로 내려 h–h′ 선을 그린다.

⑪ **i–j** i점과 j점을 직선으로 연결하고 밑단선까지 내려 h′점을 설정한다.

⑫ **k–h′** h′점에서 3.5~4cm를 올려 k점을 설정한다.

⑬ **h–k** h점 부분은 직선을 유지하면서 자연스러운 곡선으로 연결하여 뒤밑단선을 정리한다.

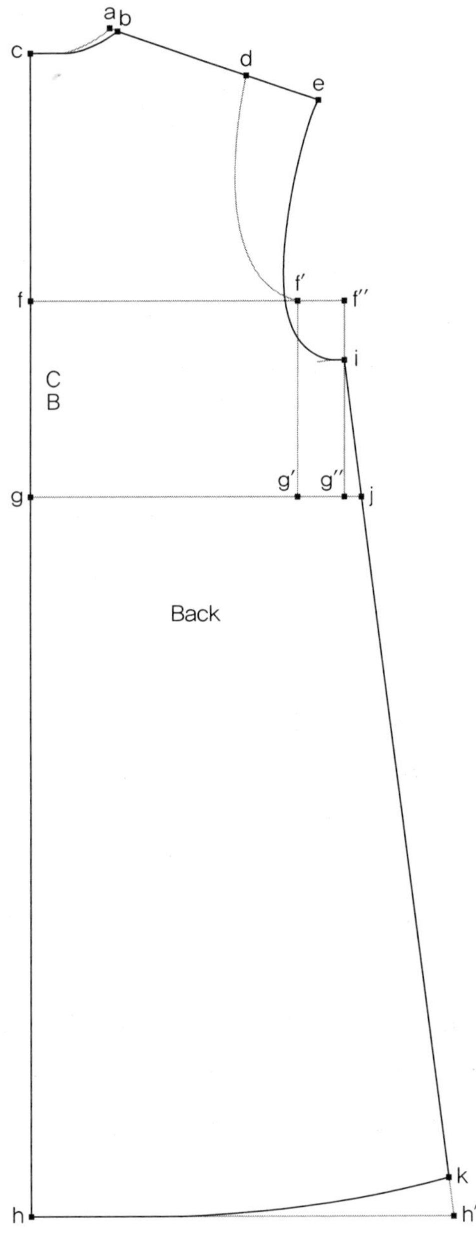

[그림 4-108] 여성용 숄칼라 바스로브의 뒤판 제도

① a-b 옆목점 a를 뒤옆목점과 같이 0.5cm를 파서 b점을 설정한다.

② c-c′ c점에서 2cm를 내려 c′점을 설정한다.

③ f′-f″ 가슴둘레를 기본 보디스에서 16cm 늘려 110cm로 설정하기 위해 전체 가슴둘레의 1/4에서 4cm를 확장시킨다.

④ g′-g″ f′-f″와 같이 4cm를 확장시킨다.

⑤ f″-g″ 직선으로 f″점과 g″점을 연결한다.

⑥ g″-j 아래로 가면서 퍼지도록 g″점에서 1~1.5cm를 늘려 j점을 설정한다.

⑦ d-e 어깨 드롭분을 6.5~8cm 내려서 e점을 설정한다. 예시에서는 6.5cm를 내려 e점을 설정하였다.

⑧ f″-i f″점에서 겨드랑이점을 5~6cm 파서 i점을 설정한다. 예시에서는 5cm를 파주었다.

⑨ e-i e점과 i점 부분이 직각이 되도록 하여 앞진동둘레선을 그린다.

⑩ h-h′ 총길이를 110cm로 설정하여 등길이 38cm를 뺀 나머지 길이 72cm를 g-g″ 선에서 평행으로 내려 h-h′ 선을 그린다.

⑪ l-l′ h-h′에서 앞처짐분 2cm를 평행으로 내려 l-l′ 선을 그린다.

⑫ h′-k 뒷몸판의 h′-k와 같은 치수인 3.5~4cm를 올려 k점을 설정한다.

⑬ l-k l점 부분은 직선을 유지하면서 자연스러운 곡선으로 연결하여 앞밑단선을 그린다.

⑭ n-m 앞중심선 g-h에서 앞여밈분 8~12cm를 나가 직선으로 그린다. 예시에서는 10cm를 앞여밈분으로 설정하였다.

⑮ n g-g″ 선에서 1cm 아래로 내려서 설정한다.

⑯ a-u a점에서 1.5cm를 어깨선 연장선에서 이동시켜 u점을 설정한다.

⑰ u-n u점과 n점을 직선으로 연결한다.

⑱ r-q p-n 선에 평행이 되면서 2cm 간격을 갖도록 r-q 선을 그린다.

⑲ b-o-v b-o의 길이가 뒷목둘레가 되면서 o-v가 3cm가 되는 선을 그린다. 이때 o점 부분은 직각이 되어야 한다.

⑳ v-s v점에서 s점까지 5cm가 되도록 직선으로 연결한다.

㉑ s-t-n 자연스러운 곡선이 되면서 s점 부분이 직각이 되도록 칼라모양을 잡는다.

㉒ c′-t c′점에서 s-n 선에 직각이 되도록 수선을 내려 t점을 설정한다.

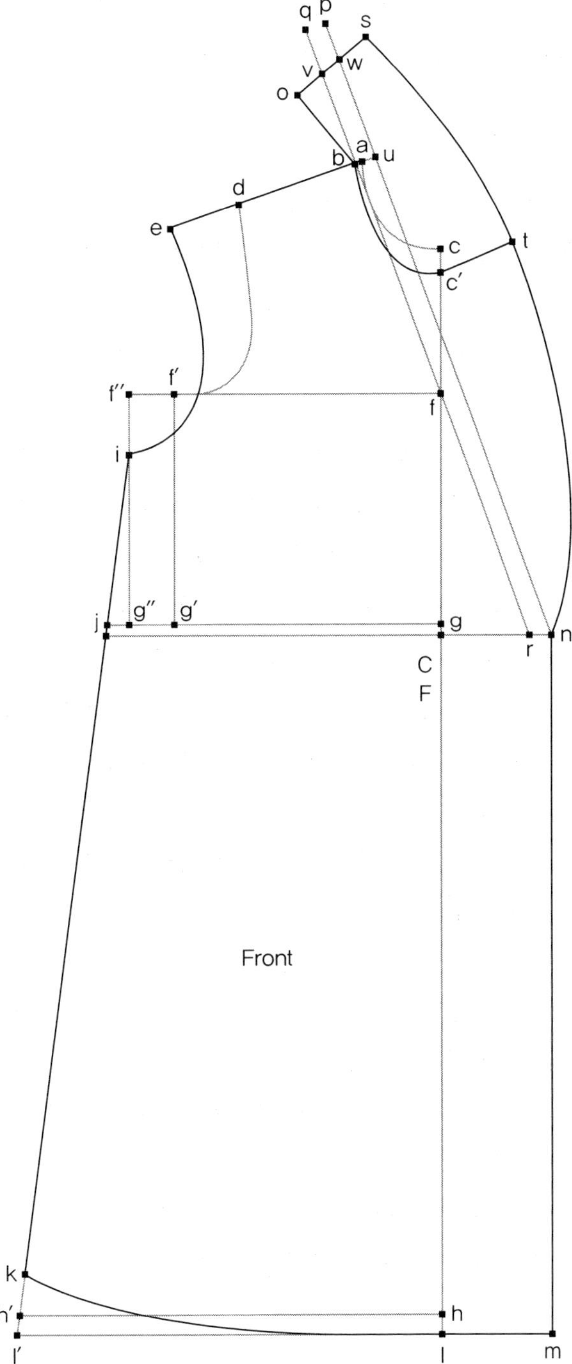

[그림 4-109] 여성용 숄칼라 바스로브의 앞판 제도

① **a–b** 소매길이 54cm로 수직선 a–b를 그린다.

② **a–c** 소매산높이 10cm로 a점에서 내려 c점을 설정한다.

> **Tip** 소매산은 기본, 즉 드롭분이 없을 때 15~16cm로 설정하며 드롭분이 2cm이면 13~14cm, 드롭분이 3cm 이면 12~13cm로 하여 제도한다.

③ **a′–a″, d–e, f–g** a점, b점, c점에서 a–b 선에 수직으로 수평선을 그린다.

④ **a–d** a점에서 뒷몸판의 진동둘레−0.5cm가 되면서 c점에서 그린 수평선과 만나도록 d점을 설정한다.

⑤ **a–e** a점에서 앞몸판의 진동둘레−0.5cm가 되면서 c점에서 그린 수평선과 만나도록 e점을 설정한다.

⑥ **d–f** d점에서 a–b 선에 직각인 밑단선에 수선을 내려 f점을 설정한다.

⑦ **e–g** e점에서 a–b 선에 직각인 밑단선에 수선을 내려 g점을 설정한다.

⑧ **a–a′, a–a″** a점에서 양쪽으로 6cm를 이동하여 a′점과 a″점을 설정한다.

⑨ **d–d′, e–e′** d점과 e점에서 4cm를 이동하여 d′점과 e′점을 설정한다.

⑩ **a′–d′, a″–e′** a′점과 d′, a″점과 e′점을 직선으로 연결한다.

⑪ **d′–j** a–d 선에 직각이 되는 수선을 내려 j점을 설정한 후 d′점에서 직선으로 연결한다.

⑫ **e′–l** a–e 선에 직각이 되는 수선을 내려 l점을 설정한 후 e′점에서 직선으로 연결한다.

⑬ **k** d′–j의 2등분점을 찾아 k점으로 설정한다.

⑭ **a–n–k–d** a점을 지나 a–d 선과 a′–d′ 선의 교차점 n을 지나면서 k점과 d점을 지나도록 뒷 진동둘레선을 자연스러운 곡선으로 그린다.

⑮ **m** e′–l 선의 3등분점을 찾아 m점으로 설정한다.

⑯ **a–o–m–e** a점을 지나 a–e 선과 a″–e 선의 교차점 o를 지나면서 m점과 e점을 지나도록 앞 진동둘레선을 자연스러운 곡선으로 그린다.

⑰ **f–f′, g–g′** 소매둘레가 36cm가 되도록 f–g의 길이를 측정한 후 36cm를 뺀 나머지를 2등분 하여 f–f′, g–g′ 길이를 설정한다.

⑱ **f′–h, g′–i** f′점, g′점에서 3cm씩 올려 h점, i점을 설정한다.

⑲ **h–b–i** 자연스러운 곡선으로 정리하여 소맷단선을 그린다.

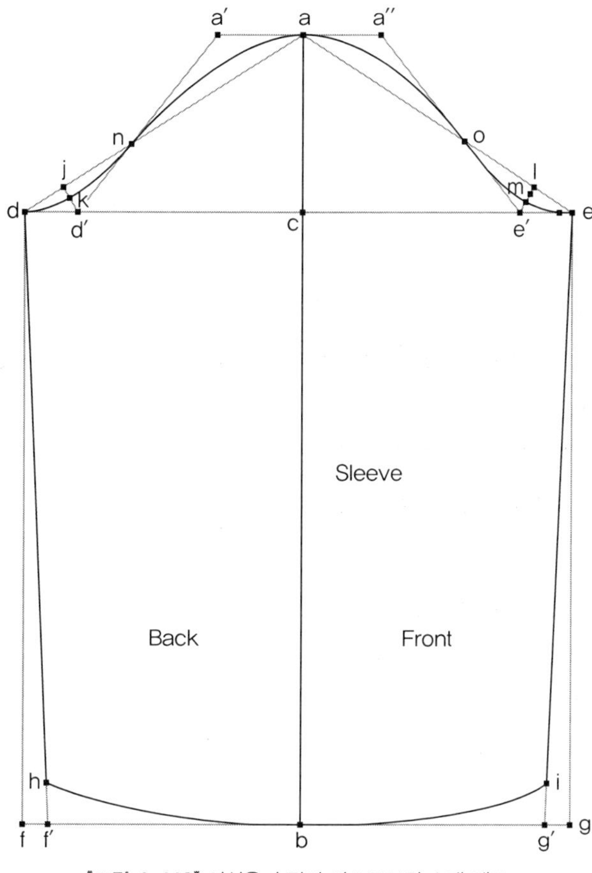

[그림 4-110] 여성용 숄칼라 바스로브의 소매 제도

D. 벨트

① **a–c, b–d** 벨트길이를 180cm로 설정한다.

② **a–b, c–d** 완성될 벨트폭의 2배로 설정한다. 보통 완성 시 벨트폭을 4.5cm로 설정하여 패턴 제도 시에는 9cm로 그린다.

> **Tip** 제도 시 너무 길 수 있으므로 90cm 길이로 그려 재단 시 곬선으로 재단한다.

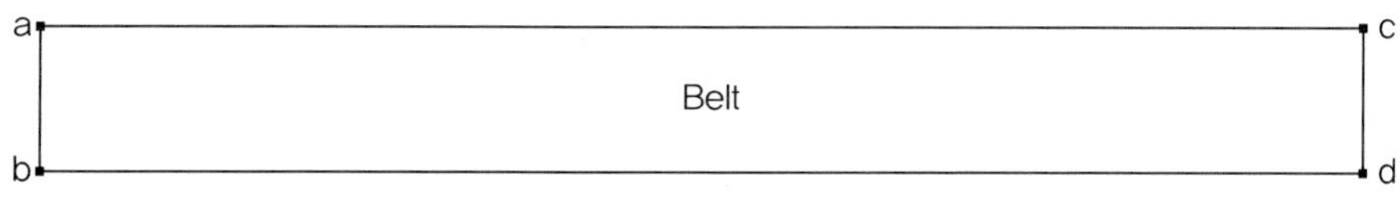

[그림 4-111] 여성용 숄칼라 바스로브의 벨트 제도

(3) 그레이딩

① 뒷목점을 고정시킨다.

② 옆목점 a를 그레이딩 라인 위 방향으로 0.5cm씩 올린 후 뒷목점과 자연스러운 곡선으로 연결한다.

③ 어깨끝점 b를 그레이딩 라인 위 방향으로 0.5cm씩 올리고, 그레이딩 라인에 직각으로 1cm씩 넓혀준다.

④ 겨드랑이점 c를 그레이딩 라인 아래 방향으로 1cm씩 내리고, 그레이딩 라인에 직각으로 1.25cm씩 넓혀준다.

⑤ d점을 그레이딩 라인 방향으로 아래로 2cm씩 내리고, 그레이딩 라인에 직각으로 1.25cm씩 넓혀준다.

⑥ e점을 그레이딩 라인 아래 방향으로 2cm씩 내린다.

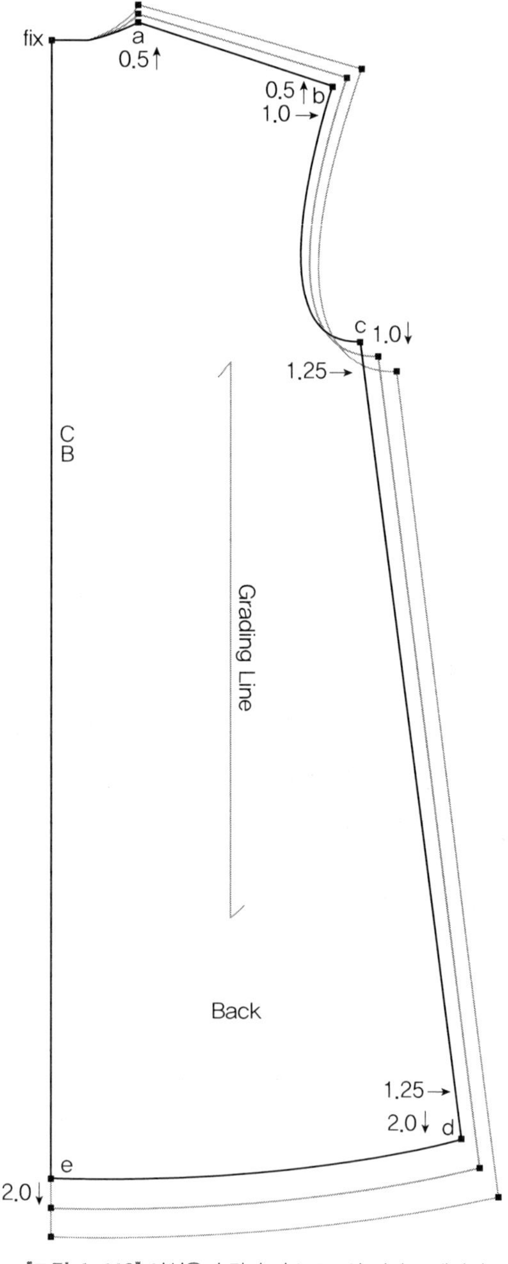

[그림 4-112] 여성용 숄칼라 바스로브의 뒤판 그레이딩

① 앞중심선의 라펠 부분과 목둘레선을 고정시킨다.

② 옆목점 a를 그레이딩 라인 위 방향으로 0.5cm씩 올린다.

③ 어깨끝점 b를 그레이딩 라인 위 방향으로 0.5cm씩 올리고, 그레이딩 라인에 직각으로 1cm
씩 넓혀준다.

④ 겨드랑이점 c를 그레이딩 라
인 아래 방향으로 1cm씩 내리
고, 그레이딩 라인에 직각으로
1.25cm씩 넓혀준다.

⑤ d점을 그레이딩 라인 아래 방향
으로 2cm씩 내리고, 그레이딩 라
인에 직각으로 1.25cm씩 넓혀준
다.

⑥ e점을 그레이딩 라인 아래 방향
으로 2cm씩 내린다.

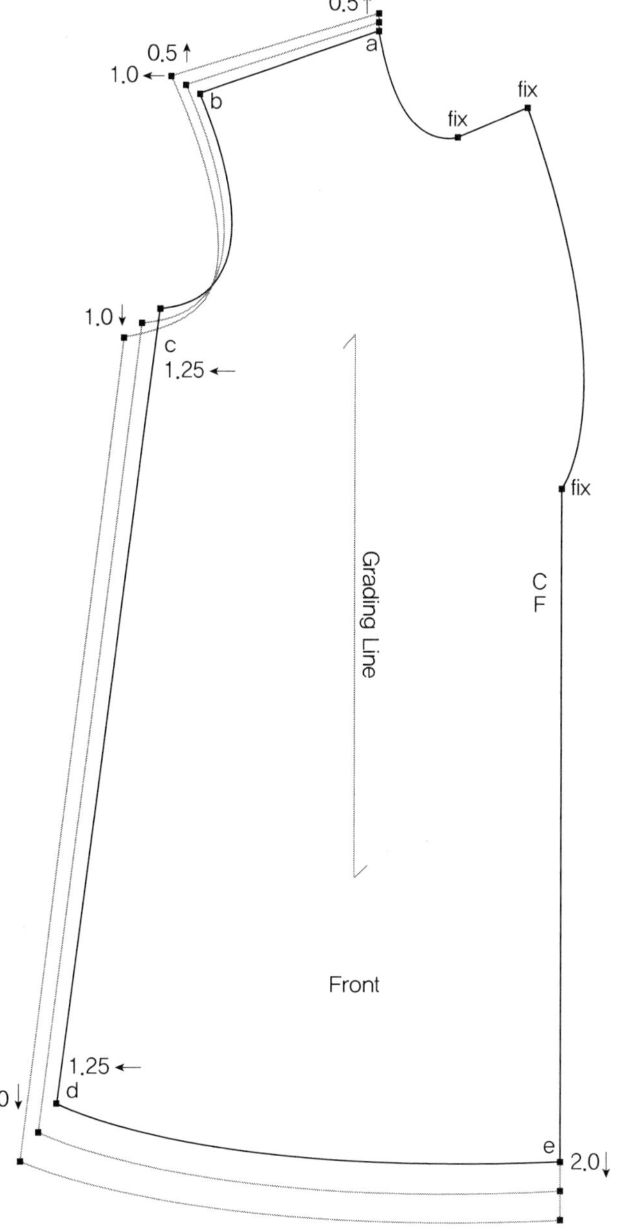

[그림 4-113] 여성용 숄칼라 바스로브의 앞판 그레이딩

① 소매산 부분을 고정시킨다.

② a점과 b점을 그레이딩 라인 아래 방향으로 1cm씩 내리고, 그레이딩 라인에 직각으로 1.25cm씩 넓혀준 후 고정시킨 소매산 부분과 자연스럽게 연결시킨다.

③ c점과 d점을 그레이딩 라인 아래 방향으로 2cm씩 내리고, 그레이딩 라인에 직각으로 1.25cm씩 넓혀준다.

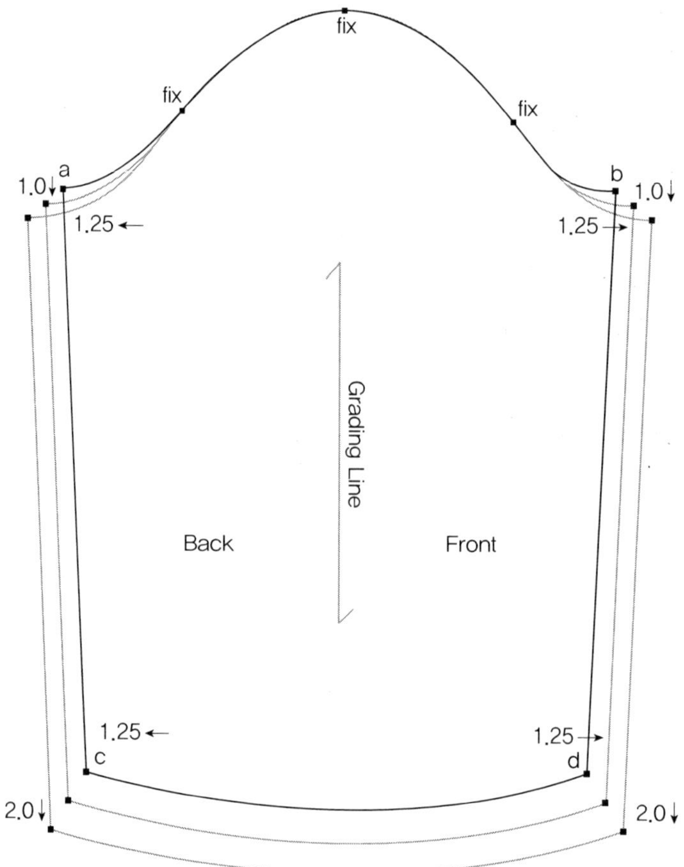

[그림 4-114] 여성용 숄칼라 바스로브의 소매 그레이딩

① 칼라의 뒷중심선 a–b를 그레이딩 라인에 직각으로 1cm씩 이동시킨다.

② 옆목점 c를 뒷중심 방향 및 그레이딩 라인에 직각으로 0.5cm씩 이동시킨다.

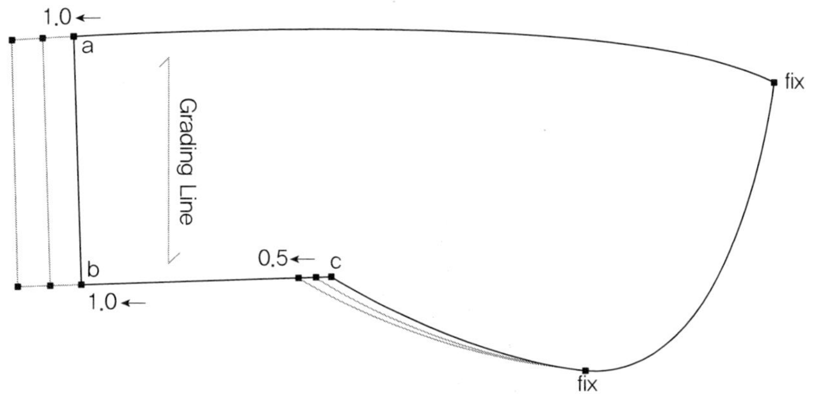

[그림 4–115] 여성용 숄칼라 바스로브의 칼라 그레이딩

E. 벨트

벨트는 기본 사이즈이거나 기본 사이즈에서 한 치수 커지는 경우에는 그레이딩 없이 그대로 사용한다. 그러나 2치수 이상 커질 때는 10cm 정도 길이를 늘린다.

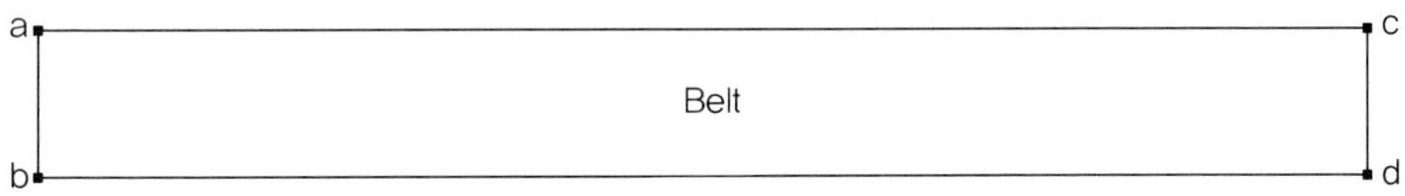

[그림 4–116] 여성용 숄칼라 바스로브의 벨트 그레이딩

(1) 사이즈

① 가슴둘레

목욕가운의 경우 가슴둘레는 117cm 정도를 기본으로 설정하여 기본 보디스 원형에서 9cm를 늘려준다.

② 총길이

디자이너의 의도에 따라 설정하면 되는데 보통 무릎 아래에 오도록 할 경우에 110cm로 설정한다.

③ 소매길이

소매길이는 긴소매일 경우 62cm로 설정한다. 파자마의 소매 길이보다 2cm 길게 하여 겉에 입었을 때 안에 착용한 옷이 보이지 않도록 한다. 어깨 드롭을 보통 4cm씩 해주므로 소매길이는 드롭분을 뺀 치수로 설정한다. 예를 들어 드롭분이 4cm일 경우 소매길이는 58cm로 설정한다.

(2) 패턴 제작

A. 뒤판

① b–d′ a–d 어깨선을 평행으로 1cm 올려 그린다.

② b–b′ b점에서 옆목점을 0.5cm 파서 b′점을 설정한다.

③ b′–c 뒷목점 c점의 직각을 유지하면서 b′점과 자연스럽게 연결하여 뒷목둘레를 그린다.

④ d′–d″ d′점에서 0.7cm를 올려 d″점을 설정한다.

⑤ b′–d″ 직선으로 b′점과 d″점을 연결한다.

⑥ d″–e d″점에서 어깨 드롭분 4cm를 연장하여 e점을 설정한다.

⑦ f″–g 가슴둘레를 117cm로 설정하여 원래 보디스 원형의 가슴둘레인 108cm에서 9cm를 늘리기 위해서 4등분한 2.25cm를 f′–g′ 선에서 평행으로 나가서 그린다.

⑧ f″ f′점에서 겨드랑이점을 5cm 파고 바깥쪽으로 2.25cm를 빼서 f″점을 설정한다. e–f″ 선을 자연스러운 곡선으로 연결하여 진동둘레선을 정리한다.

⑨ g″–i g″점에서 1cm를 나가서 i점을 설정한다.

⑩ g–h 총길이를 110cm로 설정하여 등길이 42cm를 뺀 나머지 길이 68cm를 g–g″ 선에서 내려 평행한 h–h′ 선을 그린다.

⑪ i–f″ i점과 f″점을 직선으로 연결하고 밑단선까지 내려 h′점을 설정한다.

⑫ j–h′ h′점에서 4cm를 올려서 j점을 설정한다.

⑬ h–j h점 부분은 직선을 유지하면서 자연스러운 곡선으로 연결하여 뒤밑단선을 정리한다.

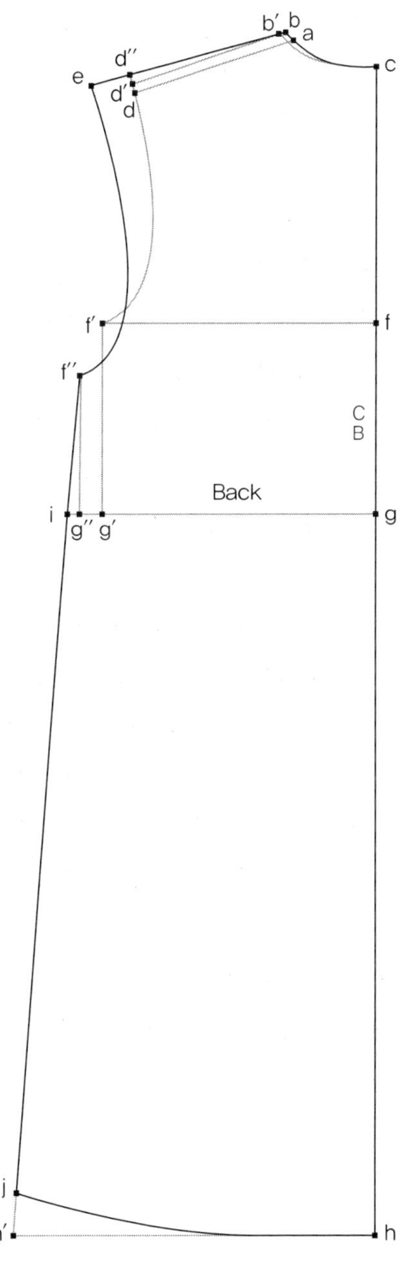

[그림 4-117] 남성용 숄칼라 바스로브의 뒤판 제도

① a′–b′ a–b 어깨선을 1cm 내려서 a′–b′ 선을 그린다.

② a′–a″ a′점에서 0.5cm를 안으로 들어가 a″점을 설정한다.

③ b′–b″ b′점에서 0.7cm를 올려 b″점을 설정한다.

④ a″–b″ a″점과 b″점을 직선으로 연결한다.

⑤ b″–c a″–b″ 선에서 어깨 드롭분 4cm를 연장하여 c점을 설정한다.

⑥ e″–f″ e′–f′ 선을 평행으로 2.25cm를 연장하여 e″–f″ 선을 그린다.

⑦ g′ e′점을 5cm 파고 바깥쪽 아래로 2.25cm를 이동하여 g′점을 찾는다.

⑧ f″–g f″점에서 바깥으로 1cm를 나가 g점을 설정한다.

⑨ c–e″ c점과 e″점 부분이 직각이 되도록 하여 앞진동둘레선을 그린다.

⑩ h–h′ 총길이를 110cm로 설정하여 등길이 42cm를 뺀 나머지 길이 68cm를 f–f′ 선에서 평행으로 내려 h–h′ 선을 그린다.

⑪ l–l′ h–h′에서 앞처짐분 1cm를 평행으로 내려 j–j′ 선을 그린다.

⑫ h′–i 뒷몸판의 h′–j와 같은 치수인 4cm를 올려 i점을 설정한다.

⑬ i–j j점 부분은 직선을 유지하면서 자연스러운 곡선으로 연결하여 앞밑단선을 그린다.

⑭ k–j″ 앞중심선 g–f에서 앞여밈분 8~12cm를 나가서 직선으로 그린다. 예시에서는 10cm를 앞여밈분으로 설정하였다.

⑮ q–a″ a″–c 선을 연장하여 a″점에서 2cm를 나와 q점을 설정한다.

⑯ q–k q점과 k점을 직선으로 연결한다.

⑰ q–n q–k 선을 8cm 연장하여 n점을 설정한다.

⑱ p–n′ k–n 선에 평행으로 2cm 떨어진 선을 그린다.

⑲ n–n′ n–k 선에 직각으로 선을 그린다.

⑳ o–a″ n–n′ 선과 만나면서 a″–o의 길이가 뒷목둘레길이가 되는 o점을 찾는다.

㉑ o–m o–a″ 선과 직각이 되면서 길이가 8cm가 되는 o–m 선을 그린다.

㉒ m–k m점이 직각이 되는 자연스러운 숄칼라의 외곽선을 그린다.

㉓ d–d′ d점에서 2cm를 내려 d′점을 찾는다.

㉔ a″–d′–l a″–d′를 자연스러운 곡선으로 연결한 후, m–k 선에 직각으로 l점을 찾아 칼라절개선을 그린다.

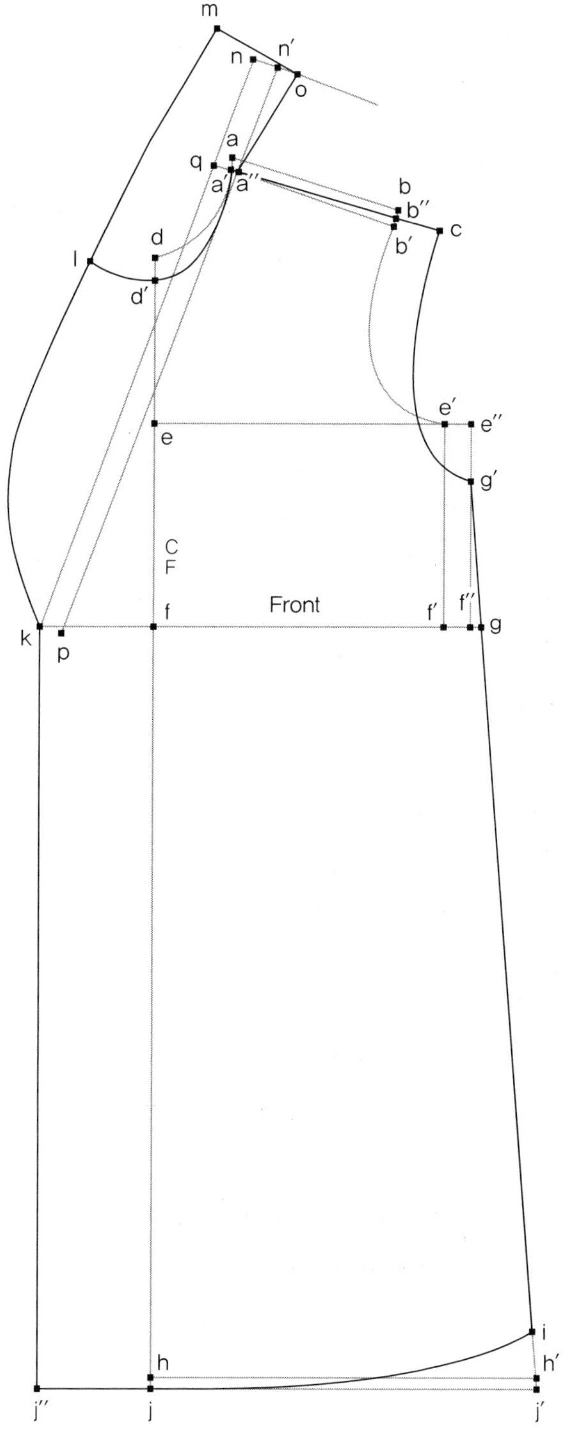

[그림 4-118] 남성용 숄칼라 바스로브의 앞판 제도

① **a–b** 소매길이 62cm에서 소매 드롭분 4cm를 뺀 58cm로 수직선 a–b를 그린다.

② **a–c** 소매산높이 12cm로 a점에서 내려서 c점을 정해준다.

> **Tip** 소매산은 기본, 즉 드롭분이 없을 때 15〜16cm로 설정하며 드롭분이 2cm이면 13〜14cm, 드롭분이 3cm 이면 12〜13cm로 하여 제도한다.

③ **a′–a″, d–e, f–g** a점, b점, c점에서 a–b선에 수직으로 수평선을 그린다.

④ **a–d** a점에서 뒷몸판의 진동둘레−0.5cm가 되면서 c점에서 그린 수평선과 만나도록 d점을 설정한다.

⑤ **a–e** a점에서 앞몸판의 진동둘레−0.5cm가 되면서 c점에서 그린 수평선과 만나도록 e점을 설정한다.

⑥ **d–f** d점에서 a–b 선에 직각인 밑단선에 수선을 내려 f점을 설정한다.

⑦ **e–g** e점에서 a–b 선에 직각인 밑단선에 수선을 내려 g점을 설정한다.

⑧ **a–a′, a–a″** a점에서 양쪽으로 6cm를 이동하여 a′점과 a″점을 설정한다.

⑨ **d–d′, e–e′** d점과 e점에서 안쪽으로 4cm를 이동하여 d′점과 e′점을 설정한다.

⑩ **a′–d′, a″–e′** a′점과 d′, a″점과 e′점을 직선으로 연결한다.

⑪ **d′–j** a–d 선에 직각이 되는 수선을 내려 j점을 설정한 후 d′점에서 직선으로 연결한다.

⑫ **e′–l** a–e 선에 직각이 되는 수선을 내려 l점을 설정한 후 e′점에서 직선으로 연결한다.

⑬ **k** d′–j의 2등분점을 찾아 k점으로 설정한다.

⑭ **a–n–k–d** a점을 지나 a–d 선과 a′–d′ 선의 교차점 n을 지나면서 k점과 d점을 지나도록 뒷 진동둘레선을 자연스러운 곡선으로 그린다.

⑮ **m** e′–l 선의 3등분점을 찾아 m점으로 설정한다.

⑯ **a–o–m–e** a점을 지나 a–e 선과 a″–e 선의 교차점 o를 지나면서 m점과 e점을 지나도록 앞 진동둘레선을 자연스러운 곡선으로 그린다.

⑰ **f–f′, g–g′** 소매둘레가 40cm가 되도록 f–g의 길이를 측정한 후 40cm를 뺀 나머지를 2등분 하여 f–f′, g–g′ 길이를 설정한다.

⑱ **f′–h, g′–i** f′점과 g′점에서 2cm씩 올려 h점, i점을 설정한다.

⑲ **h–b–i** 자연스러운 곡선으로 정리하여 소맷단선을 그린다.

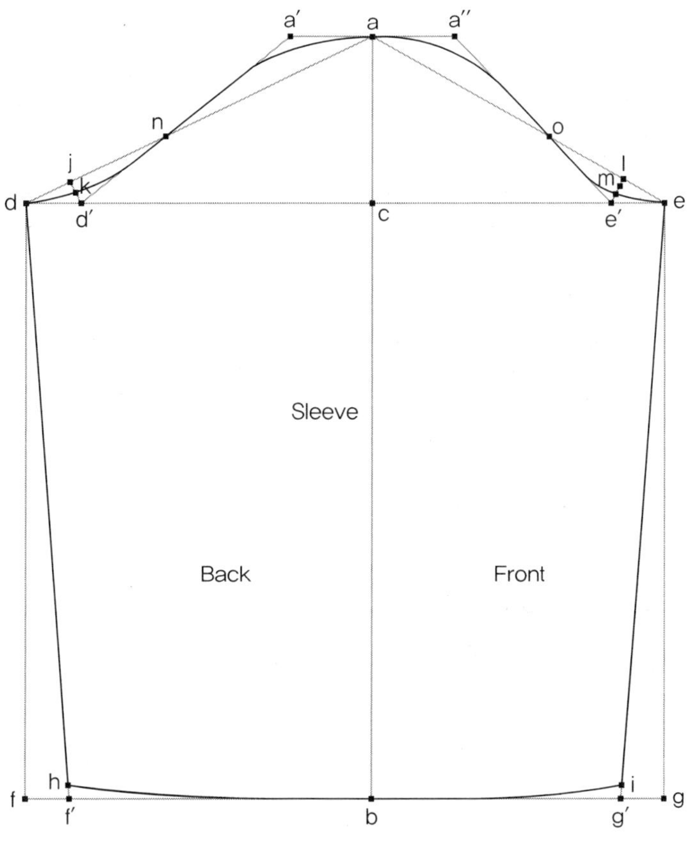

[그림 4-119] 남성용 숄칼라 바스로브의 소매 제도

D. 벨트

① **a-c, b-d** 벨트길이는 190cm로 설정한다.

② **a-b, c-d** 완성될 벨트폭의 2배로 설정한다. 보통 완성시 벨트폭을 4.5cm로 설정하여 패턴 제도 시에는 9cm로 그린다.

> **Tip** 제도 시 너무 길 수 있으므로 95cm 길이로 그려 재단 시 곬선으로 재단한다.

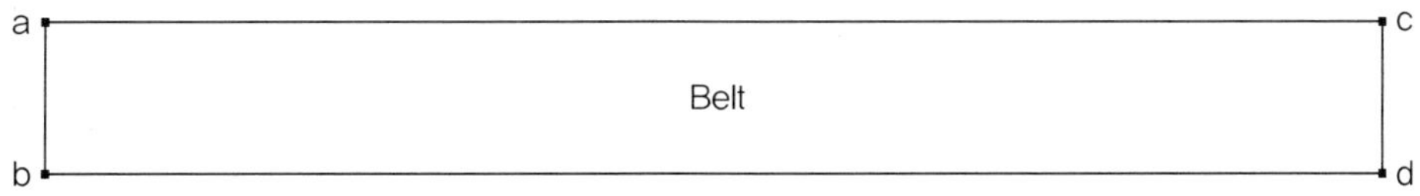

[그림 4-120] 남성용 숄칼라 바스로브의 벨트 제도

(3) 그레이딩

① 뒷목점을 고정시킨다.

② 옆목점 a를 그레이딩 라인 위 방향으로 0.5cm씩 올린 후 뒷목점과 자연스러운 곡선으로 연결한다.

③ 어깨끝점 b를 그레이딩 라인 위 방향으로 0.5cm씩 올리고, 그레이딩 라인에 직각으로 1cm씩 넓혀준다.

④ 겨드랑이점 c를 그레이딩 라인 아래 방향으로 1cm씩 내리고, 그레이딩 라인에 직각으로 1.25cm씩 넓혀준다.

⑤ d점을 그레이딩 라인 아래 방향으로 2cm씩 내리고, 그레이딩 라인에 직각으로 1.25cm씩 넓혀준다.

⑥ e점을 그레이딩 라인 아래 방향으로 2cm씩 내린다.

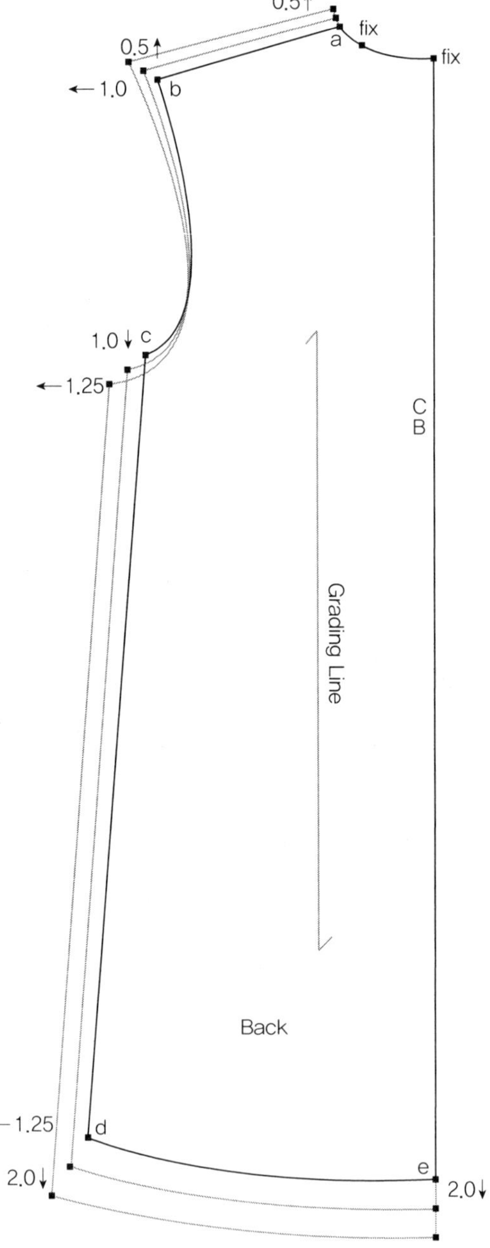

[그림 4-121] 남성용 숄칼라 바스로브의 뒤판 그레이딩

① 앞중심선의 라펠 부분과 목둘레선을 고정시킨다.

② 옆목점 a를 그레이딩 라인 위 방향으로 0.5cm씩 올린다.

③ 어깨끝점 b를 그레이딩 라인 위 방향으로 0.5cm씩 올리고, 그레이딩 라인에 직각으로 1cm 씩 넓혀준다.

④ 겨드랑이점 c를 그레이딩 라인 아래 방향으로 1cm씩 내리고, 그레이딩 라 인에 직각으로 1.25cm씩 넓혀준다.

⑤ d점을 그레이딩 라인 아래 방향으로 2cm씩 내리고, 그레이딩 라인에 직 각으로 1.25cm씩 넓혀준다.

⑥ e점을 그레이딩 라인 아래 방향으 로 2cm씩 내린다.

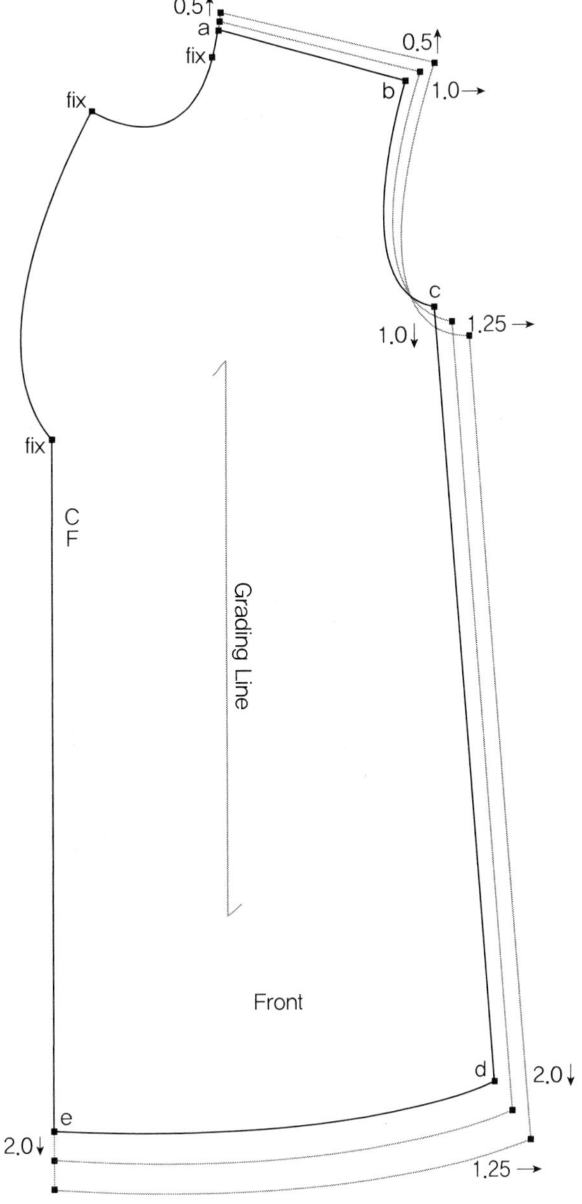

[그림 4-122] 남성용 숄칼라 바스로브의 앞판 그레이딩

① 소매산 부분을 고정시킨다.

② a점과 b점을 그레이딩 라인 아래 방향으로 1cm씩 내리고, 그레이딩 라인에 직각으로 1.25cm씩 넓혀준 후 고정시킨 소매산 부분과 자연스럽게 연결해준다.

③ c점과 d점을 그레이딩 라인 아래 방향으로 2cm씩 내리고, 그레이딩 라인에 직각으로 1.25cm씩 넓혀준다.

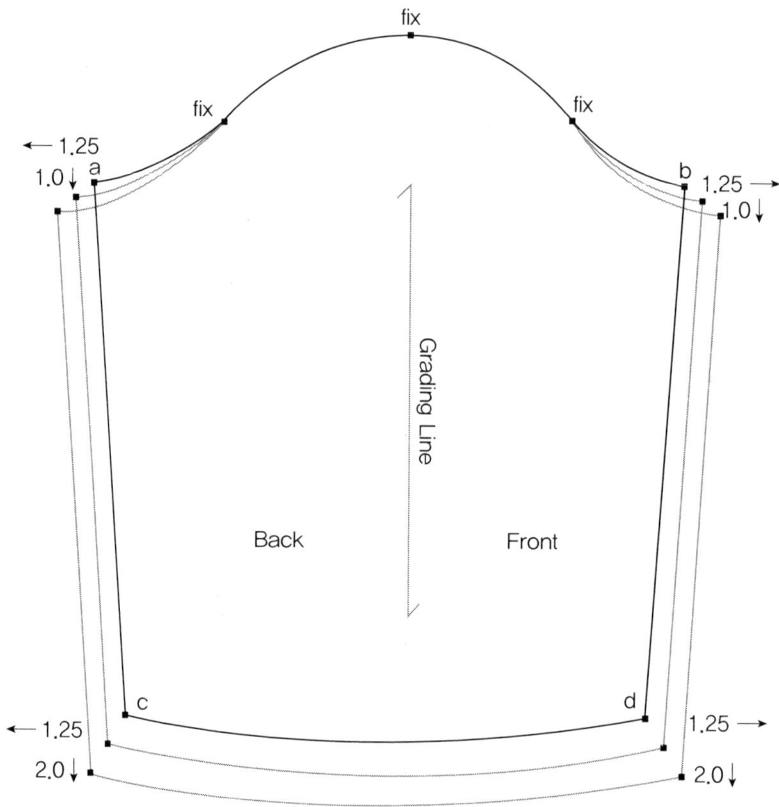

[그림 4-123] 남성용 숄칼라 바스로브의 소매 그레이딩

① 칼라의 뒷중심선 a–b를 그레이딩 라인에 직각으로 1cm씩 이동시킨다.

② 옆목점 c를 뒷중심 방향 및 그레이딩 라인에 직각으로 0.5cm씩 이동시킨다.

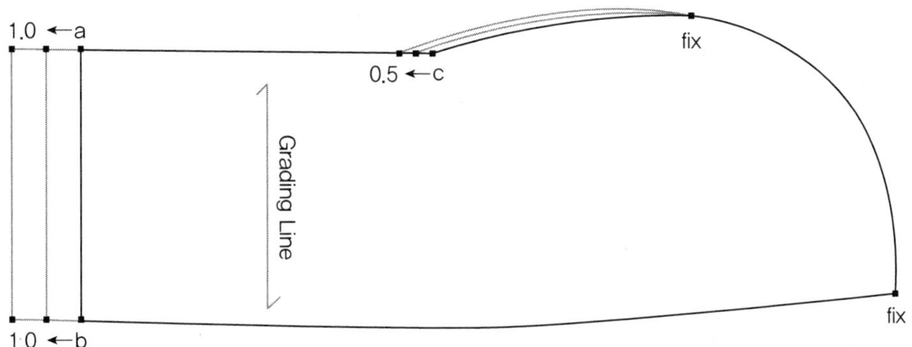

[그림 4-124] 남성용 숄칼라 바스로브의 칼라 그레이딩

E. 벨트

벨트는 기본 사이즈이거나 기본 사이즈보다 한 치수 커지는 경우에는 그레이딩 없이 그대로 사용한다. 그러나 2치수 이상 커질 때는 10cm 정도 길이를 늘린다.

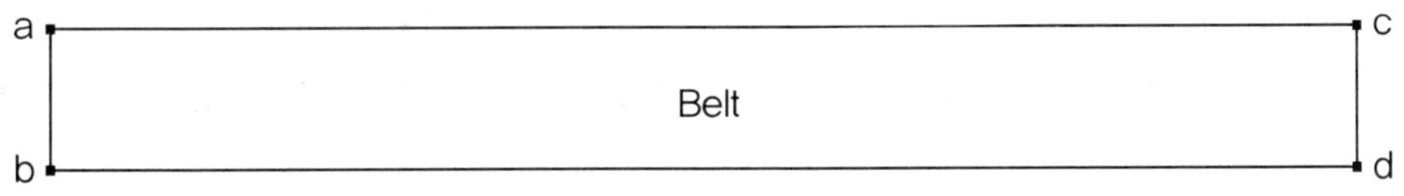

[그림 4-125] 남성용 숄칼라 바스로브의 벨트 그레이딩

REFERENCE

참고문헌

- 고소향(2010). 남성 속옷 패턴 설계에 관한 연구 : 하의 트렁크 스타일을 중심으로. 성신여자대학교 석사학위논문.

- 김수지(2010). 속옷의 조형적 특성을 응용한 패션디자인 연구 : 파운데이션(Foundation Garment)을 중심으로. 이화여자대학교 석사학위논문.

- 비비안(2000). 언더웨어의 모든 것.

- 이연수(2003). 현대 여자 속옷에 관한 연구. 순천대학교 석사학위논문.

- 차수정(2005). 청소년 전기 여학생의 브래지어 착용실태 및 패턴분석. 숙명여자대학교 석사학위논문.

- 차수정(2009). 중국 성인여성용 브래지어 원형 개발 연구 : 상해지역 20대 전반 여성을 중심으로. 숙명여자대학교 박사학위논문.

- Bunka Fashion College(2014). Fundamentals of Garment Design. Bunka Publishing Bureau.

- Jane Farrell-Beck & Colleen Gau(2002). Uplift the Bra in America. University of Pensylvania Press.

PROFILE |||||||||||||||||||||||||||||||||||||||||||||||||||||||||||||||||||||||||||||||||||||||||||||||||||||||||||||||||||||||

저자약력

- 현) 서원대학교 패션의류학과 교수

- 숙명여자대학교 의류학과 졸업(BA)

- 숙명여자대학교 대학원 의류학과 이학석사(MA)

- 숙명여자대학교 대학원 의류학과 이학박사(Ph.D)

- The Hong Kong Polytechnic University, Institute of Textiles & Clothing, Post-doc.
  Research Fellow

- 주) 남영비비안, 주)신영와코루, 주)좋은사람들 디자이너

란제리 패턴메이킹

발행일 / 2017년 12월 1일 초판 발행

저 자 / 차 수 정

발행인 / 정 용 수

발행처 /  예문사

주 소 / 경기도 파주시 직지길 460(출판도시) 도서출판 예문사

T E L / 031) 955-0550

F A X / 031) 955-0660

등록번호 / 11-76호

정가 : 20,000원

• 이 책의 어느 부분도 저작권자나 발행인의 승인 없이 무단 복제하여
  이용할 수 없습니다.
• 파본 및 낙장은 구입하신 서점에서 교환하여 드립니다.

예문사 홈페이지 http : //www.yeamoonsa.com

ISBN 978-89-274-2453-6 13590

이 도서의 국립중앙도서관 출판예정도서목록(CIP)은 서지정보유통지원시
스템 홈페이지(http://seoji.nl.go.kr)와 국가자료공동목록시스템(http://www.
nl.go.kr/kolisnet)에서 이용하실 수 있습니다. **(CIP제어번호 : CIP2017029513)**